沿海农村台风灾害区"避难所"优化布局理论与实践研究

——以浙江为例

潘安平 著

中国建筑工业出版社

图书在版编目（CIP）数据

沿海农村台风灾害区“避难所”优化布局理论与实践研究——以浙江为例/潘安平著. —北京：中国建筑工业出版社，2010.11（2022.9重印）
ISBN 978-7-112-12535-7

Ⅰ.①沿… Ⅱ.①潘… Ⅲ.①沿海-台风-灾区-乡村规划-研究-浙江省 Ⅳ.①TU982.295.5

中国版本图书馆CIP数据核字（2010）第197883号

沿海农村台风灾害区“避难所”优化布局理论与实践研究
——以浙江为例
潘安平 著
*
中国建筑工业出版社出版、发行（北京西郊百万庄）
各地新华书店、建筑书店经销
霸州市顺浩图文科技发展有限公司制版
北京中科印刷有限公司印刷
*
开本：850×1168毫米 1/32 印张：9½ 字数：275千字
2010年12月第一版 2022年9月第二次印刷
定价：**25.00**元
ISBN 978-7-112-12535-7
(19822)

本书包括的主要内容有：绪论、浙江沿海农村台风灾害防灾管理现状调查、沿海农村台风“避难所”选址及布局优化的研究、沿海农村台风“避难所”功能设计标准研究、沿海农村台风灾害防御政策与法规研究、沿海农村台风灾害防御队伍建设与演练研究、沿海农村台风“避难所”的应急避难能力评价研究等内容。

本书的研究成果可为沿海农村台风灾害区进行防灾、减灾以及灾害应急管理提供一种新的思路和方法，为政府有关部门制定相关政策参考并提供依据。对构建和完善沿海农村灾害应急管理体系，建设和谐社会，具有一定的理论和现实意义。

本书可供从事村镇规划的规划人员、研究人员、乡镇管理人员使用。也可供从事台风灾害防治研究、台风灾害应急管理的政府工作人员、研究人员以及相关专业的大专院校师生使用。

* * *

责任编辑：胡明安
责任设计：陈　旭
责任校对：王　颖　赵　颖

前言

我国沿海农村是遭受台风灾害最严重的地区，在灾难突如其来之际，科学有效地抓好防灾减灾工作，确保民生民安，是摆在各级党委政府面前一项十分紧迫而又重大的现实课题。只有提高和增强农村抗御台风灾害的能力，保障人民生命财产安全，才能促进新农村建设的可持续发展。人类无法阻止自然灾害的发生，但可以通过科学的手段进行预警、预测和评估，通过制定相关减灾措施最大限度减少财产损失和人员伤亡。当灾害发生时，往往导致道路中断等情况，农村地区的居民点（村庄）常常等不及外来救援，村庄要具备自救和自保的防灾功能，在灾后的第一时间，确保村民躲避在安全的地方。这就要建立起相对独立运作的区域型防灾体系，包括设立村庄紧急避难场所和医疗救护基地，有简单的应急物资储备，自己能够运作起来，以赢得黄金救命时间。近年来的经验证明，建立应急避难所是灾前应急的最有效的措施。

避灾场所是灾害发生时为群众提供庇护和基本生活保障的场所。规模大的避灾场所集避灾、救灾、减灾和灾时临时指挥于一体，平时则用作减灾宣传教育及公共活动场所。其建设是一个系统工程，涉及规划、设计、施工、检验、管理等各专业。其作为应对自然灾害预案建设的重要内容，有利于增强灾害防御能力，确保人民群众生命安全，把灾害损失减少到最低限度。然而在当前政府财力有限的条件下，面对广阔的农村地区，如何有效配置农村应急避难场所的决策就显得尤其重要。这里涉及的问题主要有：确定其数目及选址、计算服务能力、服务范围和使用率等。

合理的避难场所配置可节省政府维护避难场所的费用，同时也可提高政府进行防灾、救灾的能力。然而，以往在进行避难场所规划时，主要依靠主观判断，变动较大，场所责任范围的划分缺乏科学依据，存在着布局不合理、固定安置场所不足、临时安置场所缺乏必要的生活保障设施等问题。

从科学的角度而言，沿海农村台风灾害不是不可防御的；从社会和经济的角度看，切实提高农村对台风灾害的防御能力也并不是不现实的。就整个台风灾害防御避难体系而言，应形成“法规、规划、预案”三位一体的架构。法规从法律的高度保障整个村镇台风灾害防御体系的顺利推进，规划建设避难场所是台风灾害防御体系硬件形成的必要保证，而应急预案则是台风灾害防御体系的具体应用。这三个层面相互结合，层层推进，构成有机整体。其中避难场所规划与建设在该体系中起到承上启下的作用，它既是对法规层面内容的落实，又是下层次应急预案制订的前提与基础。

本书以“沿海农村台风避难所布局优化研究”为主题，首先通过对浙江省沿海历年来遭受台风袭击严重农村地区的实地考察收集相关资料，了解当地避难场所的现状，总结了历史上发生重大灾害地区应急救援（特别是政府在人员转移安置工作方面）的经验和教训，借鉴国内外相关理论，对避难场所规划原则、选址问题展开了分析，提出了农村台风灾害区避难场所数量、容量的确定方法，并对避难场所布局优化进行研究。然后根据避难场所应具备的基本功能和特殊要求内容，提出了台风“避难所”抗台风设计的指导性意见，根据避难行为必须在合法有序条件下开展的特点，全面分析了沿海农村台风灾害防御政策与法规、台风灾害应急救援队伍建设等非工程性防御措施。最后，利用层次分析法建立了合理的、可行的评估指标体系，评价台风避难所的应急避难能力，并进行了案例分析。

本书的研究成果可为沿海农村台风灾害区进行防灾、减灾以及灾害应急管理提供一种新的思路和方法，供政府有关部门制定相关政策参考，减少决策的盲目性。对构建和完善沿海农村灾害应急管理体系，建设和谐社会，具有一定的理论和现实意义。

温州大学建筑与土木工程学院院长孙林柱教授为本书的诞生起到了至关重要的推手作用，在他再三的鼓励和支持下，我才有勇气将本人近年来在台风灾害研究方面的成果进行了系统的梳理和完善，开始了本书的撰写工作；同时，本书很荣幸获得了温州大学建筑与土木工程学院项目经费支持，受到了同事们的鼓励和支持，在此一并表示真诚的感谢。我特别要向中国建筑工业出版社及本书的责任编辑胡明安先生表示由衷的敬意和感谢，胡明安先生工作作风严谨，待人热心、真诚，令我终生难忘。我还要感谢我的妻子和家人在本书编写过程中对我的全力支持，向含辛茹苦抚育我成长的父母表达最诚挚的感恩之心，并祝我的宝贝女儿天天快乐成长！最后，本书在撰写过程中参考和借鉴了一些专家和互联网上的资料、案例，汲取了他们的研究成果，由于篇幅的限制，不能将他们一一列出，在此向他们表示深深的谢意。

由于作者才疏学浅，书中的谬误之处在所难免，因此恳请读者在使用过程中给予指正并提出宝贵意见。

潘安平

2010 年 8 月于温州

目录

第一章

绪论

我国沿海农村是遭受台风灾害最严重的地区，在历次强台风中房屋倒塌情况严重，并且随着经济的发展，台风灾害带来的损失也随之增大。面对强台风和高强度暴雨，只有果断采取避险措施，将危险地段的人员转移出去，才能有效地减少人员伤亡。因此，防灾减灾工作迫切需要应急避难场所规划。而避灾场所是灾害发生时为群众提供庇护和基本生活保障的场所，规模大的避灾场所集避灾、救灾、减灾和灾时临时指挥于一体，平时则用于减灾宣传教育以及公共活动场所。其建设是一个系统工程，涉及规划、设计、施工、检验、管理等各专业。

第一节　台风和台风灾害

一、台风形成及其活动

(一) 什么是台风?

说起台风，应先从气旋说起。气旋是指在同一高度上中心气压比四周低的水平涡旋。在北半球，空气作逆时针旋转；南半球则相反。在气压场上，气旋又称为低气压（简称低压）。所以气旋和低压只是同一系统的两个不同名称。我们将发生在热带洋面上的一种强烈天气系统称为热带气旋（Tropical Cyclone）。

在海洋面温度超过26℃以上的热带或副热带海洋上，由于近洋面气温高，大量空气膨胀上升，使近洋面气压降低，外围空气源源不断地补充流入上升。受地转偏向力的影响，流入的空气旋转起来。而上升空气膨胀变冷，其中的水汽冷却凝结形成水滴时，要放出热量，又促使低层空气不断上升。这样近洋面气压下降得更低，空气旋转得更加猛烈，最后形成了台风。

按照国际标准，热带气旋是指在海温高于26℃的热带海洋上形成和发展的热带低压、热带风暴、强热带风暴、台风、强台风、超强台风的总称。但由于热带低压破坏力不强等原因，习惯上所指的热带气旋一般不包括热带低压。全球热带气旋主要发生于8个海区。其中北半球有北太平洋西部和东部、北大西洋西部、孟加拉湾和阿拉伯海等5个海区，而南半球有南太平洋西部、南印度洋东部和西部3个海区。其中在全球3个海区影响最大，即西北太平洋（包括南海）、西北大西洋（包括加勒比海和墨西哥湾）和孟加拉湾。热带气旋在热带海洋上生成，绕着中心强烈旋转，同时又向前移动，它是形成于热带和副热带洋面上强大而深厚的气旋性涡旋，常伴有狂风、暴雨、风暴潮和巨浪等，是一种严重的灾害性天气系统。

不同的地区习惯上对热带气旋有不同的称呼。大西洋和东北太平洋沿岸地区习惯按照强度称当地的热带气旋为热带低气压、热带风暴或飓风。南半球和北印度洋地区则采用“气旋”一词作“热带气旋”的简称。发生在孟加拉湾和阿拉伯海的，称为气旋性风暴。气象学上，则只有风速达到某一程度的热带气旋才会被冠以“台风”、“飓风”等名字。

国际上对热带气旋按其中心附近的2min平均最大风力区分的分级标准和名称如下：热带低压（TD—Tropical Depression），中心附近最大风力6～7级；热带风暴（TS—Tropical Storm），中心附近最大风力8～9级；强热带风暴（STS—Severe Tropical Storm），中心附近最大风力10～11级；台风（或飓风）（TY—Typhoon，Hurricane），中心附近最大风力≥12级。其中，强台风（STY）：底层中心附近最大平均风速41.5～50.9m/s，也即14～15级。超强台风（Super TY）：底层中心附近最大平均风速

≥51.0m/s，也即16级或以上（表1-1）。在无特殊说明的情况下，本文一律统称台风。

热带气旋风力等级表 **表1-1**

名　称	风力等级	对应风速(m/s)
热带低压	6～7	10.8～17.1
热带风暴	8～9	17.2～24.4
强热带风暴	10～11	24.5～32.6
台风	12～13	32.7～41.4
强台风	14～15	41.5～50.9
超强台风	16级以上	≥51.0

据中国国家气象中心的统计数据，热带气旋在不同的海洋区域活动时间和生成数各不相同（表1-2）。其中西北太平洋和南海地区平均每年大约有26～27个台风生成，约占全球热带气旋（包括台风、飓风和热带气旋或气旋性风暴）生成总数的30%。

全球热带气旋活动时间和年平均生成数 **表1-2**

区域	开始月份	结束月份	热带风暴以上强度年平均生成数	台风以上强度年平均生成数
西北太平洋	4月	1月	26.7	16.9
南印度洋	10月	5月	20.6	10.3
东北太平洋	5月	11月	16.3	9.0
北大西洋	6月	11月	10.6	5.9
西南太平洋	10月	5月	10.6	4.8
北印度洋	4月	12月	5.4	2.2

（二）影响我国的台风形成及其发展

台风发源地分布在西北太平洋广阔的低纬度洋面上。在东西方向上，热带扰动发展成台风相对集中在4个海区。(1) 南海中北部的海面；(2) 菲律宾群岛以东和琉球群岛附近海面；(3) 马里亚纳群岛附近海面；(4) 马绍尔群岛附近海面。

统计数据显示，西北太平洋上（包括中国南海）台风活动时间长达10个月左右，台风影响时间及生成频次、强度等均大于其他海洋区域。台风影响我国的月份基本集中在6～10月份，6月份以前和10月份以后有影响的台风相对较少，强度也相对较弱（图1-1）。

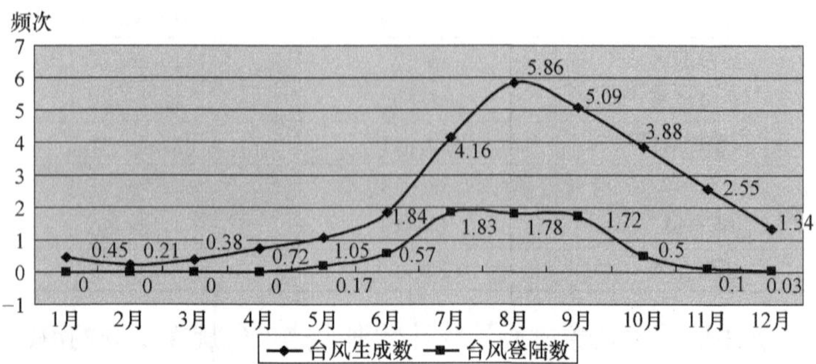

图1-1 影响中国的西北太平洋和南海台风及登陆台风各月频数变化图

图1-2显示新中国成立60年以来，在西北太平洋和南海区域的台风年平均生成数约27～28个，并且生成频次呈现一定的下降趋势。

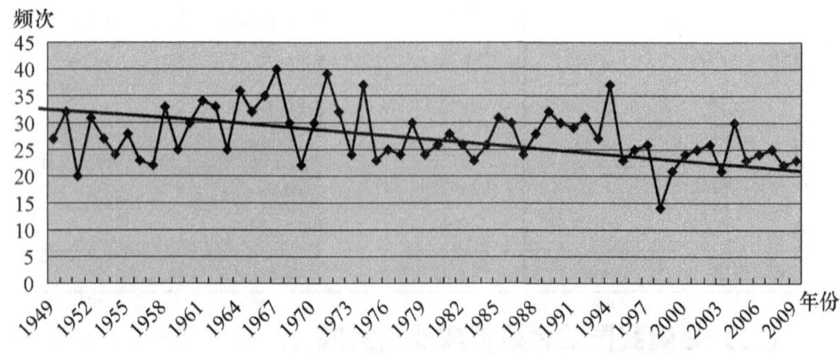

图1-2 1949～2009年西北太平洋和南海台风生成频数变化图

1949～2009年间共60年的数据统计显示，在我国登陆的台风420多次，每年有6～7个台风登陆我国，并有线性上升趋势，最多年份12次（1971年和1989年）（图1-3）。台风登陆，造成降雨，可部分解决沿海干旱缺水问题，但更多时候，带来的强降雨、大风和大潮，特别是突发性强等因素会给当地造成灾害损失。

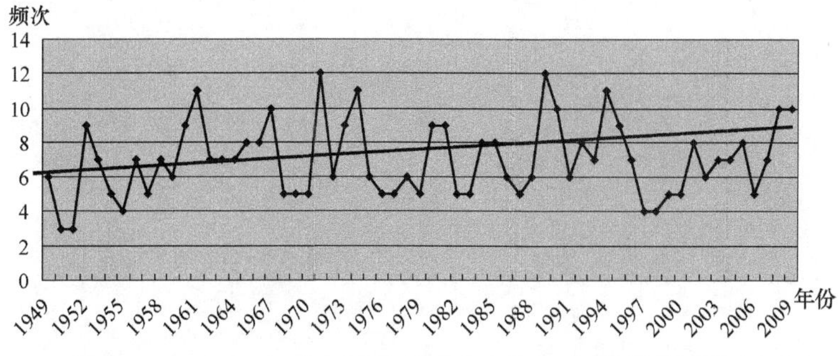

图 1-3　1949～2009 年西北太平洋和南海登陆台风频数变化图

（三）台风移动路径及影响区域

台风形成后，一般会移出源地并经过发展、成熟、减弱和消亡的演变过程。从卫星云图上看，台风就像是一个正在旋转的陀螺，这个虚拟陀螺的尖顶在移动过程中的轨迹，就是台风路径。台风运动除自身呈快速反时针（北半球）旋转移动外，主要受副热带高压和长波槽等大尺度天气系统的引导。正常情况下，台风移动路径平滑、稳定。但少数台风移动路径曲折多变，有停滞、打转，突然转向，移速突然变化，路径飘移不定等多种形式。纵观台风历史，台风路径多种多样，还没出现过路径相同的台风。移动路径基本上沿副热带高压外缘，自东向西移动。影响我国的台风常见路径主要有四种类型，参见图 1-4。

（1）西进型：台风从菲律宾以东洋面生成后，周围的基本气流很弱，这时候台风中心的移动主要是内力运动，方向往西北。由于遭受高空的副热带高压的影响，深厚的偏东气流会引导台风一直向偏西方向移动。经过南海最后在中国海南岛、广西或越南北部地区登陆。沿此路径移动的台风，对我国海南、广东、广西沿海地区影响最大，经常在春、秋季发生。

（2）登陆型：台风在菲律宾东部海域生成后，会遭遇一股轴线是东南向西北的南风，台风在这股深厚气流的引导下，从菲律宾以东洋面向西北方向移动，先经巴士海峡登陆台湾，然后穿过

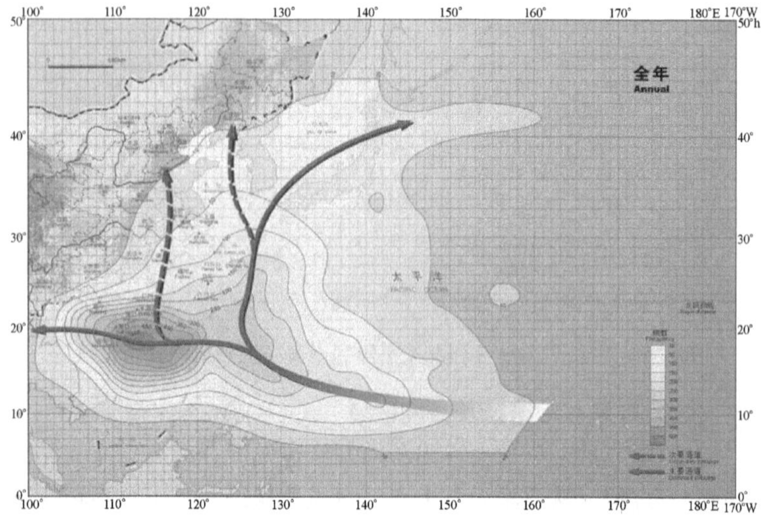

图 1-4　影响中国台风的主要路径（注：本图由上海台风研究所制）

台湾海峡，在中国广东、福建、浙江等省的沿海再次登陆，并逐渐减弱为热带低压。这类台风对中国的影响最大，多见于每年的 7 月下旬到 9 月的上旬。

（3）抛物线型：台风先向西北方向移动，当接近中国东部沿海地区时，在海上遇到西太平洋副高或西风槽的阻挡，不登陆而转向东北，向朝鲜半岛或日本方向移去，路径呈抛物线形状。沿此路径移动的台风对我国东部沿海地区影响最大，这类台风多发生于夏、秋季节，只是转向点的纬度因季节而异，盛夏在最北，春季在最南。

（4）其他型：除上述路径的其他路径。当台风所处的环境形势变化很快，或是海上有多个台风相互影响时，台风的移动路径会变得比较怪异，这就像陀螺在旋转时受到外力的影响，中心将作一气旋式圆弧运动。当这种运动正好和原运动的方向相反时，就会导致台风的停滞和打转，如果所受到的外力作用不平衡，便会左右摇摆，像一条运动的蛇一样。这样的移动路径很复杂，也更难以预测，所以更容易成灾。

二、台风灾害及其对我国的影响

(一) 台风灾害的破坏力

热带气旋（台风）灾害是全球发生频率最高、影响最严重的一种灾害。全球每年发生热带气旋 80～100 个，对人类生活产生巨大影响。平均每年约 1.5 万到 2 万人死于热带气旋灾难，每年造成全球经济损失 60 亿～70 亿美元。在目前威胁人类生存的 10 大自然灾害（即热带气旋、地震、洪水、雷暴和龙卷风、雪暴、雪崩、火山爆发、热浪、山体滑坡、海潮）中，热带气旋（台风）是造成死亡人数之冠，约占 41%。而且，单次灾害造成死亡人数最多的也是热带气旋（台风），即 1970 年 11 月袭击孟加拉湾的热带风暴（死亡人数达 30 余万人）。

热带气旋（台风）致灾能力强，它主要通过三种方式酿成灾害，一是强风，二是暴雨，三是风暴潮，而在台风登陆过程中，往往是三种方式同时影响沿海地区，并且由于热带气旋（台风）登陆时多与天文大潮期重合，结果在天文潮高潮、风暴潮和短周期波浪的综合影响下，往往造成沿岸地区严重程度不同的潮灾和浪灾，从而造成重大损失。例如，2008 年 5 月 2～3 日，热带风暴“纳尔吉斯”袭击缅甸，登陆时最大风速超过了 190km/h，风暴潮、巨浪和高海平面共同作用，导致 14.5 万人丧生，其中许多人至今下落不明，同时它所造成的损失高达 100 亿美元。“纳尔吉斯”是缅甸有史以来遭受到的最惨重的自然灾害。图1-5所示为被台风吹垮的民房。

(二) 我国受台风灾害影响区域的分布

台风所带来的灾害是综合性的，这种灾害又具有明显的地域性。我国地处西北太平洋沿岸，是世界上受台风袭击次数较多的国家。受台风影响的沿海地区，从北方的辽宁、山东，到中部的江苏、浙江，到南部的福建、广东、广西、海南，沿海各省都曾遭受到过台风灾害（图 1-6），沿海受台风直接威胁面积约 480000km^2，涉及 82 个地级以上城市，直接影响 2.35 亿人。

图 1-5　被台风吹垮的民房

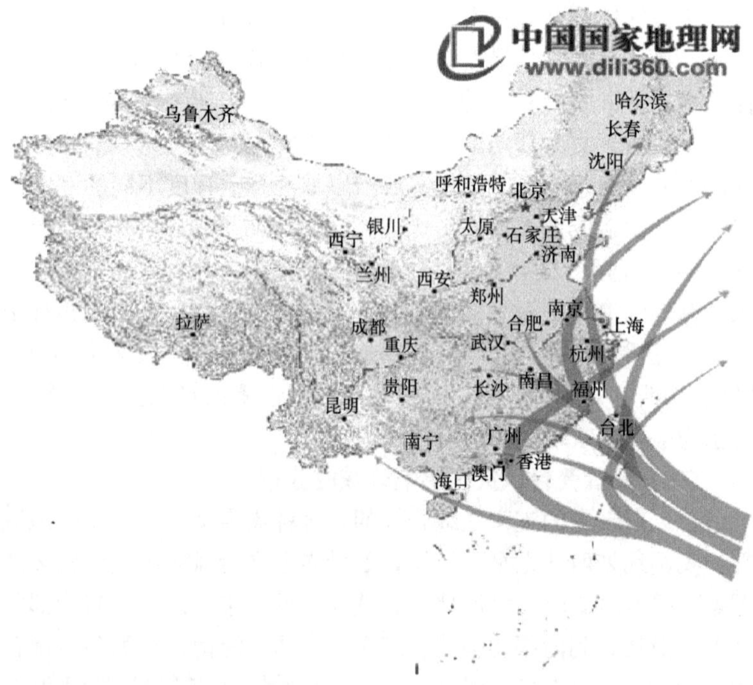

图 1-6　台风灾害对我国的影响范围（资料来源：中国国家地理网）

在我国沿海各省（市、自治区）中，广东遭遇热带气旋的次数最多。沿东海岸向北，福建、浙江、江苏、山东、辽宁等省（市）遭遇热带气旋的次数依次减少；同时，由沿海向内陆，遭遇热带气旋的次数也是减少的（图 1-7）。

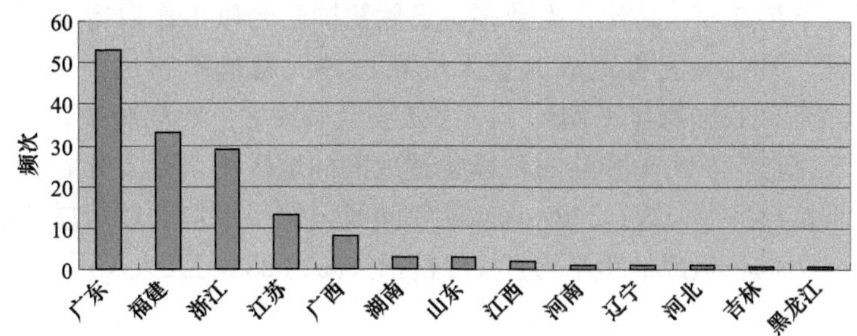

图 1-7　我国大陆台风灾害影响区域分布

由于台风分布的地域性加之其他因素的影响，我国台风灾害主要发生在闽粤琼浙等长江以南地区，而每个省区又由于地形、承灾体等原因也具有地域集中性的特点。我国遭受台风等热带气旋损失的地域分布，见图 1-8。受台风影响导致损失，影响最大的是浙江地区。

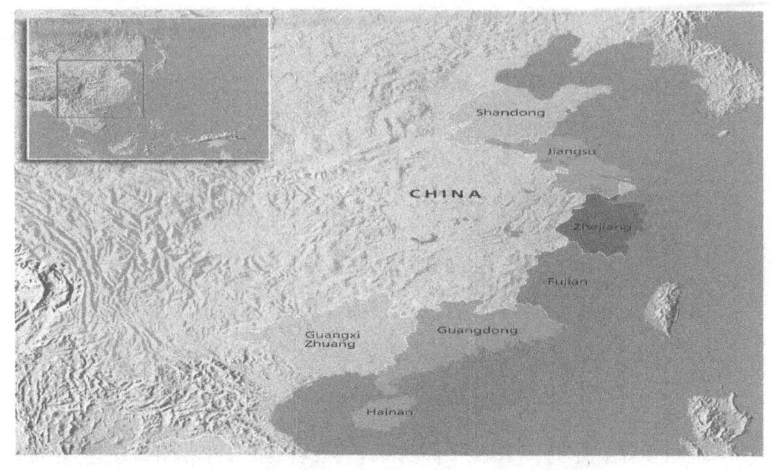

图 1-8　我国大陆台风灾害损失大小分布图（资料来源：阳光财产保险）

（三）我国近年来遭受的台风灾害统计分析

在我国，台风灾害也是造成直接损失最严重的自然灾害之一。据笔者对1989～2009年间影响中国的台风灾害分析数据统计结果表明（分别见图1-9、图1-10、图1-11），我国的台风灾害具有以下特点：一是死亡人数多。虽然我国防台风工作取得了巨大成就，但台风灾害造成大量人员死亡的问题仍然突出。1989～2009年间我国每年平均约440人死于台风灾害。回溯历史，1922年8月在广东汕头登陆的台风曾造成潮汕地区约7万人死亡。二是直接经济损失大。1989～2009年间我国每年平均倒塌房屋数达29.3万间，造成的年平均直接经济损失高达286亿元人民币。

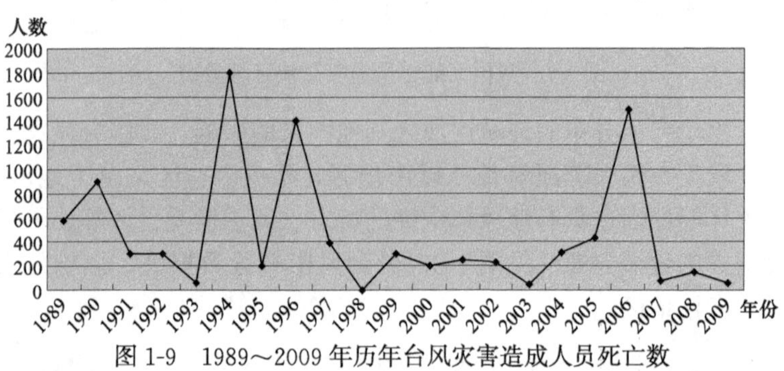

图1-9　1989～2009年历年台风灾害造成人员死亡数

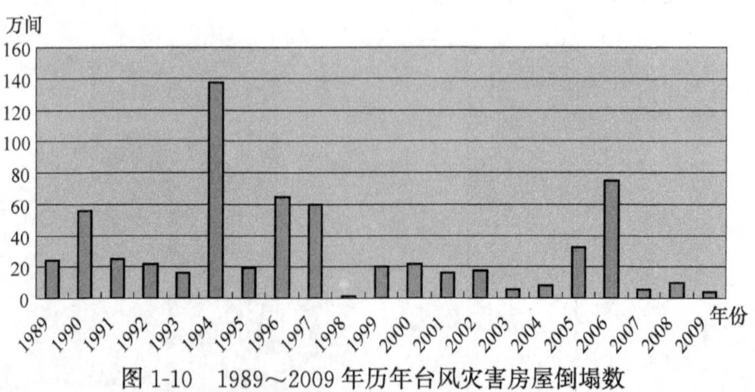

图1-10　1989～2009年历年台风灾害房屋倒塌数

统计数据表明，1989年以来，随着国民经济的高速发展，我国台风灾害直接经济损失呈线性增长趋势。与此同时，由于各

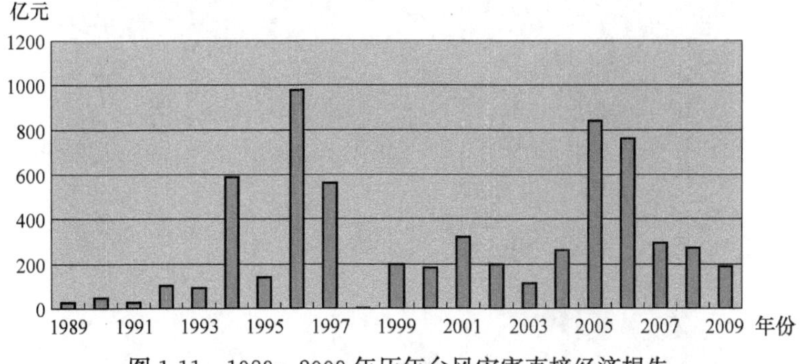

图 1-11　1989～2009 年历年台风灾害直接经济损失

地采取了种种工程与非工程防御措施，例如加大了资金投入，防灾应急预案的实施等，使得防灾救灾能力得到明显提高，房屋倒塌数、人员死亡数则呈下降趋势。特别是单次台风死亡人数明显减少。例如，2004 年 0414 号“云娜”台风与 1956 年的 5612 号“温黛”台风相比，两个台风的量级、时间、破坏力都差不多，但是 2004 年的 14 号台风死亡 179 人，而 1956 年的 12 号台风却死亡 4925 人。

（四）我国近年来遭受的典型台风灾害——“桑美”台风介绍

0608 号超强台风桑美（SAOMAI）2006 年 8 月 10 日在浙江苍南县马站镇登陆，“桑美”中心气压特别低（登陆时中心气压达 920hPa）、风力特别强（登陆时近中心最大风力 17 级，12 级风圈半径达 90km，17 级风圈半径达 45km）、降雨特别集中，破坏力巨大，为新中国成立以来登陆我国大陆最强的一个台风，比 2005 年登陆美国的“卡特里娜”飓风还强，其带来的风雨造成了严重的人员伤亡。图 1-12 所示为“桑美”的卫星云图。

由于“桑美”登陆当天是农历七月十七，适逢农历七月天文大潮期，容易出现我们常说的风、雨、潮“三碰头”，破坏力极大。沿海增水超过 100cm 的验潮站有 6 个，最大增水发生在浙江平阳县鳌江镇，达 401cm。6 个验潮站的最高潮位超过当地警戒潮位（图 1-13），浙江瑞安潮位超过当地警戒潮位 62cm。浙江

图 1-12　超强台风“桑美”的卫星云图

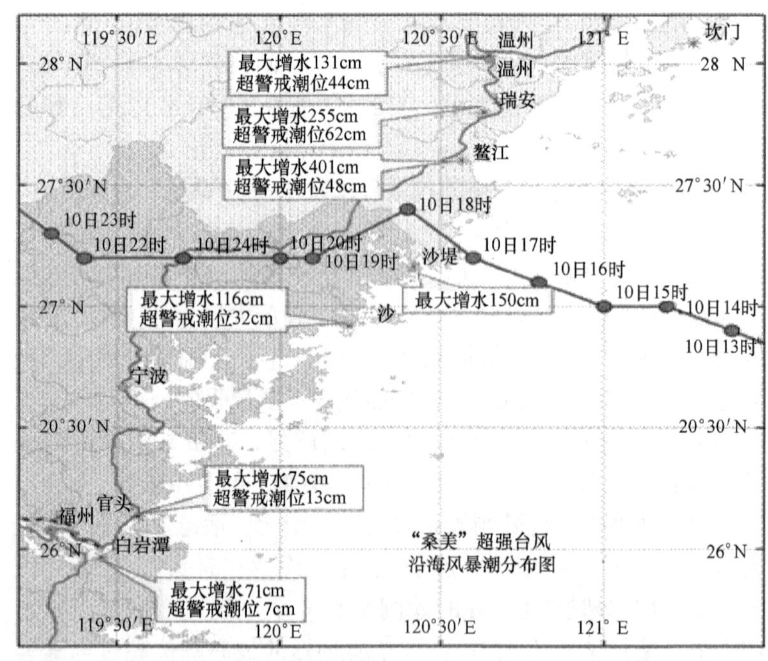

图 1-13　“桑美”风暴潮分布

省台州、温州、丽水等地受灾人口 345.6 万人，农田受淹 103200hm²，堤防决口 674 处、81.1km，损坏堤防 5180 处、396.4km，损毁护岸 1833 处，冲毁塘坝 678 座，海洋水产养殖损失 10600hm²、水产品 20000t，渔船沉没 1003 艘（其中小船 899 艘），受损 1153 艘，养殖和渔船损毁造成的直接经济损失为 6.3 亿元。据不完全统计，福建、浙江共有 458 人在这次灾难中遇难。可谓是：狂风骤雨，水漫金山，肆虐之处满目疮痍，一片惨败的景象……凶猛无比的超强台风“桑美”给温州市的苍南、平阳、泰顺和文成等地带来重创（图 1-14）。

三、台风灾害防御相关的基本概念

我国两千多年前著名的思想家、哲学家老子有句名言：“祸兮福所倚，福兮祸所伏”，这里所说的“祸”，意即“灾害、灾难”。古人以朴素的辩证法认识到福与祸的对立转化关系，意味着除害即兴利，减灾即增产与减少死亡。

灾害（disaster、hazard、calamity 或 Catastrophe）是自然系统与人类物质文化系统相互作用的产物。没有人员伤亡及财产损失，任何自然事件都不能构成灾害。因此，灾害是由某种不可控制或没有采取控制的破坏因素引起的，突然或在短时期及一定时期内造成一定规模人员伤亡和物质财富的毁坏现象。

“防灾”，即对自然灾害采取避防性措施，这是代价最小的且成效显著的减灾措施。防灾是指尽量防止灾害的发生以及防止区域内发生的灾害对人和人类社会造成不良影响，但这不仅指防御或防止灾害的发生，实际上还包括对灾害的监测、预报、防护、抗御、救援和灾后恢复重建等。

“减灾”，简单理解就是减少或减轻灾害的损失，在观念上它是尽人类之所能去减少灾情，而不是“人定胜天”去硬拼。实际上，减灾包含两层意义，一是指采取措施减少灾害发生的次数和频率；二是指要减少或减轻灾害所造成的损失。

“抗灾”，指对灾害所采取的工程性措施。“救灾”，这是灾情

浙江省苍南县鹤顶山风电站

被拦腰切断的电线杆

苍南县金溪乡被摧毁的房屋

福建省福鼎市区

被摧毁的大型广告牌

被摧毁的高速公路收费站

图 1-14　超强台风“桑美”造成的破坏场景

已经开始或者遭灾之后最紧迫的减灾措施，必须制定有效的救灾预案并且常备不懈，即可取得明显的减灾效果。“灾后重建”，包括灾区生产和社会生活的恢复，也是重要的减灾措施之一。

台风灾害作为一种不可抗拒的力量，想拦是拦不住的，但防和不防却大不一样。如何趋利避害，尽最大努力减少灾害损失，是人类与自然相处过程中孜孜以求的一种和谐发展境界。人类通过自己的努力，可以对台风灾害进行适度控制，或者使台风灾害损失减轻。人类防台减灾的行为主要包括：(1) 在灾害发生前采取有效的预防性措施，使个别灾害或灾害损失得以避免；(2) 在灾害发生时或灾害发生后采取有效的抢救性措施，有效减轻灾害的危害程度及其损失；(3) 利用分散灾害风险和灾后救助或保险的手段，使灾害危害的区域、单位和居民家庭尽快从灾害的打击中恢复正常的生产与生活秩序，从而最大限度避免灾害的间接损失。因此，人类完全可以通过自己的努力，通过实施综合管理，减轻灾害的破坏和损失程度。

第二节　研究的背景、目的和意义

一、加强农村地区的台风避难所建设刻不容缓

台风等恶劣天气作为一种不可抗拒的自然灾害，难以阻挡和消除。但是，健全的应急机制可以减少人员伤亡和财产损失。在现有技术经济条件下，由于我国沿海部分农村地区受经济条件的限制和居住习惯的影响，住房存在建筑材料质地差，结构简易，墙体老化，抗灾害能力弱等特点，这些农村住房在台风来袭时，往往容易遭到破坏和摧毁。而台风造成房屋倒塌，成为人员伤亡的主要灾因。在台风登陆之前，危险地带人员若不撤离必定会发生群死群伤事件。

实践证明，面对强台风和高强度暴雨，只有果断采取避险措施，将危险地段的人员转移出去，才能有效地减少人员伤亡。这是确保“不死人、少伤人”的成功经验。在“以人为本”的执政理念指导下，防台工作不折不扣地实践了“防”“避”“抢”新理念。台风登陆之前是“防”，登陆时候要“避”而不是抗，登陆以后是“抢”即抢险救灾，使防御工作更加符合客观规律。因

此，防御台风最关键、最有效、最重要的措施是转移。应急避难场所是为了人们能在灾害发生后一段时期内，躲避由灾害带来的直接或间接伤害，并能保障基本生活而事先划分的带有一定功能设施的场地。它是政府和社会应对重大灾害性事件临时安置灾民的场所。建设紧急避难场所是提高该地区整体抗灾能力的重要途径之一。其作为应对自然灾害预案建设的重要内容，有利于增强灾害防御能力，确保人民群众生命安全，增强防灾、避灾能力，把灾害损失减少到最低限度。图 1-15 为新华社报道版面。

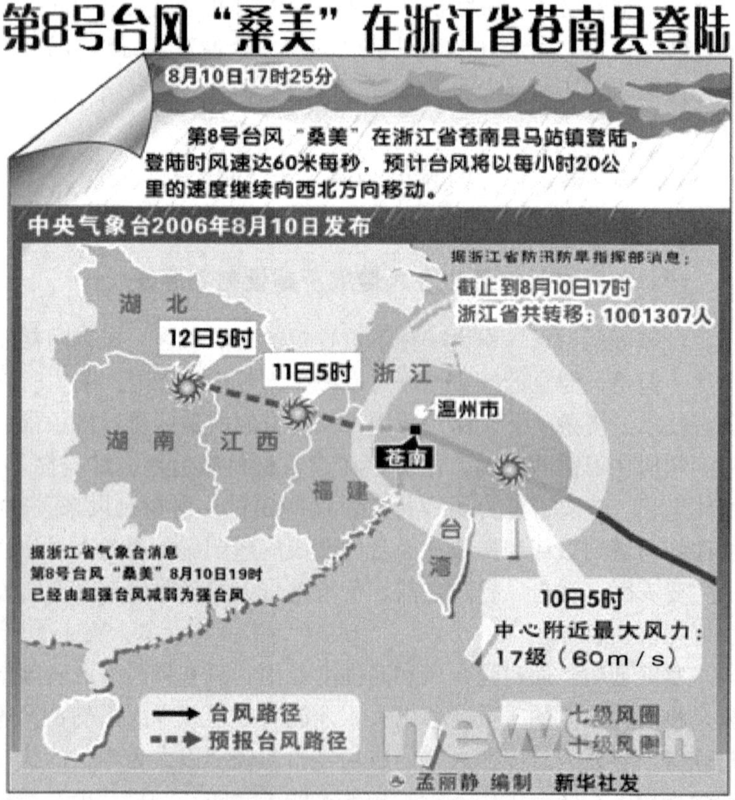

图 1-15　第 8 号超强台风“桑美”
在浙江省苍南县登陆（新华社提供）

应急避难场所能为危险中的人们提供生存保障，无疑体现了“生命至上”的原则。在这一点上，我国与发达国家差距太大。美国每年有上千个龙卷风，中西部更是被称为龙卷风之乡，在发布龙卷风警报后，所有市民被通知前往避难区，避难区一般就是较坚固的房子，在某些地区，暴风地窖也是人们的避难所，如果看过电影《龙卷风》就会有深刻印象。日本是一个饱受自然灾害的国度，自然因素决定它必须要加强国家应对灾害的能力，日本是最早有规划地建设应急避难场所的国家之一。不仅有应急避难场所的规划、方案，而且每年还定期组织本国居民进行应急避难演习，加强了国民应急意识。同时还统一了全日本的应急避难场所标志，使每一个本国居民无论在哪里，一旦遭遇灾害，都能根据标志可以很快地找到最近的应急避难场所。在日本的很多城市，因为地震频发，所有建筑都有高抗震的设计要求，高楼大厦很少。宾馆酒店的墙体用的是轻质材料，卫生间是整体筑模成型的，发生地震时，卫生间就是安全庇护所。正是由于美国和日本在应急机制建设上数十年的不断完善；在救灾应急设施的硬件上和民众防灾意识教育、技能培训的软件上舍得投入。当遭遇灾难时，政府和国民才能做到从容应对。

目前应对台风的主动措施往往就是大范围地（也可以说是盲目地）撤迁转移，劳民伤财不说，多了不免会有“狼来了”的疲倦。人员转移工作总体来说是“干劲热情有余，理性规范不足”。防台风预案和转移命令往往要求在某某时间前将危险区域人员转移至安全地带。但对什么是“安全地带”，却没有具体标准可依照，这就给基层干部的具体实施带来困难。在许多农村地区，农民居住的往往是木结构、砖混结构的房屋，简陋破旧，承受与抵抗强台风能力极差。“在这些地方找一处安全一点的房子转移群众，是矮个里头挑高个——将就着办。到底安全不安全，只能碰运气了。”

在超强台风暴虐发威之时，稍有不慎，防灾避险知识的缺失和相关标准的模糊失范带来的往往是灾难性的后果。据法制日报记者陈东升报道，受2006年第8号“桑美”超强台风的影响，在8月9日下午4时许，苍南县金乡镇河尾垟村风狂雨骤，许多村民家矮小的旧房子漏雨了。正在此处检查防台的金乡镇老城办事处几名工作人员见状，挨家动员十几户村民转移到邻近的河尾垟97号杨××家中避险。危难时刻执行上级命令转移危险地带群众，镇干部的用意良好，本来无可非议，然而，殊不知镇干部的百密一疏。原来，杨家这两间两层砖混楼房在几年前曾遭受“森拉克”台风重创，被掀掉一层半后草草修复，地基已经发生动摇，本身已不牢固。当50余人躲避进了杨家不久，在台风肆虐下突然倒塌，造成43人死亡（图1-16）。这是一起有关部门盲目大范围转移而酿成的悲剧，套用一位网民的评论：“这事件看起来像是天灾，其实更是人祸”。

图1-16　桑美重灾区金乡镇一民房倒塌造成43人死亡（图为抢险队伍现场营救）

“河尾垟事件”突出反映了当前沿海农村地区开展应急避难场所建设的必要性和迫切性，也引起了政府有关部门的重视，为此，浙江开展了“避灾工程”建设工作，用以在灾害来临时给群众提供安全庇护以及给予基本生活保障。

二、研究的目的

我国沿海农村地区台风灾害点多面广，部分地区（如温州市的苍南、平阳，台州的温岭、玉环）、连年受灾的情况屡见不鲜。在沿海农村地区，灾害防御能力与实际要求相差很远，存在着公共安全制度供给严重缺位，公共安全产品供应严重不足，农民灾害风险意识薄弱，致使目前的农村灾害防御体系还不健全。在现有技术经济条件下，沿海农村地区不少农房还难以抵御超强台风的袭击，极易造成人员的伤亡。

合理的避难场所配置可节省政府维护避难场所的费用，同时也可提高政府进行防灾、救灾的能力。与美国、日本及我国台湾地区相比，避难场所的建设工作在我国沿海大部分农村地区还是处于起步阶段，涉及学科多，参与部门多，实施和操作难度大。各地均在摸索过程，建成和成功的案例屈指可数，而且各地的地域差别较大，很难进行照搬；特别在理论研究方面比较薄弱。

基于上述背景，本文研究目的是：主要针对我国沿海农村地区经常遭遇台风等自然灾害袭击的特点，将试图结合风险分析结果，根据沿海农村地区中的人口数量、分布状况和重要程度等特点，道路交通能力、避难所需物资的分布等资料，利用运筹学中的理论，建立台风“避难所”设施区位的网络优化模型和最大覆盖模型，为科学合理地进行基础设施建设与布局提供定量化的决策依据。提出避难场所应具备的基本功能和特殊要求内容，避难场所遴选流程，保障避难场所本身的安全有效性，确保群众在进入避难场所后，避难场所能够安全有效运行。与此同时，依据应急过程的内在特点，根据避难所的功能特点，从避难场所的规划设计、内部硬件设施、外部软件环境三个方面出发，建立合理的、可行的评估指标体系，选定相应的评价指标，建立体现量化思想的农村应急能力评价指标体系；针对应急能力指标体系的结构，筛选和完善应急不同方面的应急效果评价方法；构建农村避难场所应急能力综合评价数学模型。

三、研究的科学意义

本文的研究工作可为我国沿海农村台风灾害区进行防灾、减灾以及灾害应急管理提供一种新的思路和方法，供政府有关部门制定相关政策参考，减少决策的盲目性，对构建和完善我国沿海农村灾害应急管理体系，建设和谐社会，平安中国，具有一定的理论和现实意义。图 1-17 为某农村台风避灾点。

图 1-17　某农村台风避灾点

第三节　国内外研究动态综述

一、区位（选址）理论发展的简述

避难场所的区位决策是一项系统工程，宜采用系统工程和管理科学的理论和方法。避难场所区位（选址）是系统工程和管理科学领域中研究的重要课题之一。

“区位”一词源于德语的“standort”，英文译为“location”，日文译成“立地”。关于区位的含义有多种解释和理解，有的学者把它作为事物存在的场所，或事物存在的位置来理解；也有的学者认为区位是确定某事物活动场所的行为，从这层意义上讲区位具有动词的性质，类似于“空间布局”一词；还有的学者认为区位是某事物占据场所的状态，类似于“空间分布”一词。不管怎么样解释，区位一词有场所的含义，但又不同于通常所说的场所，它是指被某种事物占据的场所或空间。总之，区位是指人类行为活动的空间。

设施区位问题是一类微观的区位问题，它从具体的一个设施的角度来衡量所在位置的优劣。设施区位是在对特定的目标函数（如最小化交通费用、获得最大的市场域等）进行优化的情况下确定一个或多个设施位置的问题。Drezner 对设施区位的研究涉及多区位分析中的若干可计算模型研究领域，如运筹学、管理科学、地理学、经济学、计算机科学、数学、城市规划等。

现代设施区位问题的研究萌芽于 18 世纪末 19 世纪初（Owen and Daskin）。Hakimi 研究了在电信网络中如何确定交换中心的位置，从此设施区位问题引起了众多学者的兴趣，各种设施区位问题被提出来研究讨论。根据设施区位问题中设施的属性可以把要布局的设施分为两大类：期望型（Desired）设施和非期望型（Undesired）设施。所谓期望型设施是指这一类设施能为人们的生产生活提供便利，而对人们生活的生态环境、人文环境不会造成有害影响的设施。这一类设施包括医院、图书馆、学校、菜市场等。非期望型设施是指人们在生活中必须要用到的，但是与此同时它的存在又会对人们的生存环境造成影响。这一类设施包括污水处理厂、垃圾填埋场、核电站等。针对这两类，研究人员提出了多种准则来满足对不同设施布局的要求。

1909年，韦伯（Weber）研究了在平面上确定一个仓库的位置使得仓库与多个顾客之间的总距离最小的问题（称为Weber问题），正式开始了选址理论的研究。1964年，Hakimi提出了网络上的P-中位问题与P-中心问题。根据Owen和Daskin（1998）的分类，设施区位模式与理论依其特性的不同可分成静态、确定的区位问题（Static and Deterministic Location Problem）、动态的区位问题（Dynamic Location Problem）、随机的区位问题（Stochastic Location Problem）等三类。静态、确定的区位问题假设所有状况都是确定的，目前已发展的一般公共设施类型区位分派模式，其所定义的数学方程式分别为P-中位问题（P-median Problem）、P-中心问题（P-center Problem）及区位覆盖问题（Location Set Covering Problem，LSCP）及最大覆盖区位问题（Maximal Covering Location Problem，MCLP）均属于静态、确定的区位问题。

根据设施区位问题背景条件的不同可以把设施区位模型分为以下几类：

1. 韦伯型设施区位（离散型）：韦伯型设施区位问题，是指出现在一个欧几里得空间上，在已知所有需求点位置的情况下，确定若干服务点源的区位的问题（Teiz. Bart 1968）。在这种情况下，需求是以离散的点的形式出现在空间中，所以一般也称为离散型设施区位问题。

2. 帕兰德设施区位（连续型）：帕兰德区位问题，是指在一个欧几里得空间上，需求是以连续的面状分布在空间中的情况下，确定若干服务点源的区位的问题。在这种情况下，需求是连续分布的，所以一般也称为连续型设施区位问题。

3. 网络设施区位（网络型）：网络型设施区位问题，是指在网络背景下，需求点为网络的节点，设施点也必须局限在网络空间中，由此确定若干服务点源的区位的问题。网络型设施区位问题一直以来都是学者所关注的问题。

随着人类文明的发展，设施区位问题也逐渐多元化，除了以上这三种传统的设施区位问题，现在也出现了越来越多的其他设施区位问题：新增设施区位问题、动态设施区位问题、区位分析中的若干可计算模型研究有限能力设施区位问题等也受到越来越多的关注。

二、沿海农村地区开展防灾减灾能力建设的理论研究综述

从大量国内外有关自然灾害研究的文献看，目前已逐渐形成自然灾害学的基本理论体系。一般认为自然灾害学是研究自然灾害的成因、机制，阐明自然灾害的征兆、规律，准确预测、预报，确定防灾、减灾与抗灾对策的一门综合性学科。由于自然灾害具有突发性强、群聚性明显、所预知性低、后果严重、对外依赖性高等共同特征，因此，必然要形成一整套完整的理论与技术，从而实现减轻灾害损失的最终目的。从自然灾害造成的损失来看，灾害对策研究的重点是特大毁灭性灾害、重大灾害。从灾害过程来看，灾害对策研究必须综合性、系统性，以减轻主灾害、次生灾害、三次灾害的损失。

在最初的自然灾害研究，人们将自然灾害的原因归结为自然界诸因素，这就是所谓的“致灾因子论”。该理论认为致灾因子是影响人类社会和经济发展、造成生命财产损失或资源破坏的主要原因。受人类对灾害认识的影响，工程技术和自然科学在灾害学领域的发展早于社会科学，在灾害学中仍居于主流地位。人们了解最多的是极端环境事件的地球物理和大气方面的成因、建筑物的性质，而对社会因素所起的作用知之甚少。这也是灾害防御与减灾中重视结构性措施，轻视非结构性措施的原因。这种灾害认识的局限性已在世界各国的灾害实践中暴露出来。因此，20世纪70年代开始，人们关注灾害形成中致灾因子与承灾体脆弱之间的相互关系，形成了著名的灾害脆弱性理论。该理论主要观点有：“灾害是社会脆弱性的实现”；“灾害是一种或多种致灾因子对脆弱性人口、建筑物、经济财产或敏感性环境打击的结果，这些致灾事件超过了当地社会的应对能力”。即人类社会虽不能

控制自然灾害，但可调整自身行为，并通过调整人类行为达到预防灾害发生和减灾的目的。进入 90 年代，防灾、减灾实践向综合化方向转移。美国学者 Kenneth Hewitt（1997）进一步将脆弱性研究和“调整”的思想扩展到自然、技术、人为灾害的各个领域和减轻灾害的各个环节。对自然灾害的研究，已从单纯的自然科学研究转向囊括自然科学和社会科学的多学科的综合研究；从对自然灾害本身的研究转向对自然界物理系统与生态系统相互影响、相互作用和相互依存关系的系统研究；从研究如何与自然灾害直接对抗以战胜自然转向研究如何调整人类行为以适应自然；在此基础上，逐渐形成了综合减灾理论和灾害防治的可持续发展理论。

1992 年，美国 Keith Smith 在《环境灾害》（Environmental Hazards）一书中，将灾害风险评估、灾害认识、人类对灾害的脆弱性及对灾害的调整进行了系统总结，并对地质灾害、气象灾害、水文灾害和技术灾害等不同类型的灾害进行了灾害特征和减灾调整分析；White 等（1993）针对美国洪水灾害加剧的形势，提出了人类适应灾害的“调整模型”；Blaikie 等（1994）在此基础上提出灾害形成的压力与释放模型（灾害＝致灾因子＋脆弱性），认为“脆弱性”是灾害形成的根源；以美国学者 Turner 等人为代表，从可持续性发展的角度，提出了可持续理论的脆弱性模型；美国 Mileti（1999）提出了灾害系统的结构体系；Kates 等（2001）建立了包括地球系统、人类发展和可持续性在内的综合的动力学模型；日本 Okada（2003）提出了“综合灾害风险管理”的塔式模式，强调协调社会各方面与减灾相关力量的能动性，实现整体管理的优化；美国 Janssen 等（2006）提出了减轻灾害与可持续发展科学。美国 Edwin 等（2009）还对洪都拉斯、密克罗尼西亚等的易发泥石流地区的脆弱性展开研究。

随着世界各国观测网站的改善，使对台风的研究和预报有了长足的进步。台风预报精度的提高，台风灾害的提前预控等能力就会相应增强，这大大减少了台风灾害所造成的损失。在防抗台风公共安全管理方面，我国学者也作了一些有益的探索，赖先庆对福建省 2005 年防抗台风工作进行了总结，认为福建省防台风工作做到了领导到位、指挥到位、措施到位、保障到位，把台风造成的损失减少到了最低程度。姚润丰分析了我国浙江、福建 2004 年抗击台风“云娜”，实行危机管理的成功经验，认为各级政府和有关部门在预案编制、预测预报、组织指挥、调度决策、群众转移、灾民安置、卫生防疫、灾后恢复等方面做了大量卓有成效的工作，有效地减轻了人员伤亡和财产损失。唐黎标、白超海、袁艺等介绍了美国、日本等国灾害管理的主要特点，翟久刚则对我国与美国的防抗台风体制作了比较。另有一些研究人员、决策者对我国当前防抗台风工作的现状和存在的问题进行了分析与总结，如姚文广的《浅析我国台风灾害及防范措施》、张文渊的《我国防台风工作中存在的问题及对策》、富曾慈的《中国海岸台风暴雨风暴潮灾害及防御措施》等。席酉民等提出了“和谐管理”模式；史培军从综合灾害风险管理的角度，提出了由政府、企业与社区构成的区域综合减灾范式；尚春明等在对我国综合防灾和应急管理现状分析的基础上，提出我国综合防灾的指导思想、思路及对策；陈香以福建省为例，根据台风灾害承灾体特征，构建了台风灾害承灾体脆弱性评价指标和评价模型，对福建省台风灾害承灾体脆弱性时空动态进行评价。特别是 2008 年 5·12 汶川特大地震发生后，我国灾害理论研究得到空前发展，但总体上看，研究重点侧重于城市、偏向于地震灾害，而对农村地区防灾减灾能力，特别是台风灾害区的理论研究偏弱。

三、我国沿海农村地区紧急避难场所的研究现状

在村镇防灾减灾规划中，防灾减灾设施的空间规划（也即防灾减灾设施的选址决策）是一项重要的内容。由于设施在获取和建设上需要很大投资和较长时间，因而，村镇防灾减灾设施选址

涉及管理与开发系统（或组织）所需要的资源，这些资源是为满足客观需求所必需的，其与系统的特定目标是一致的。这项工作要确定防灾减灾设施的空间分布（设施位置和设施的服务区域）和规模（设施数量和设施服务能力大小），并决定防灾减灾设施所提供的合适的服务水平。

国内对防灾空间的研究，有吕元（2005）主要从防灾空间系统的宏观构建方面作了论述，侧重于整体性和系统性的研究；苏幼坡等（2004）对地震避难场所的规划也有论述；姚清林（1997）对城市地震应急避难场地的选择有关于数学优化方法方面的研究和论述。至于在城市紧急避难场地的规划选址方面，国内的专著和文献资料并不多，而且大部分都限于理论方面的论述，很少有涉及具体的城市应急避难场地选址方法的研究。由此可见，目前我国国内理论界对紧急避难场所的研究、规划的重心集中在城市，对广大的农村地区普遍缺乏关注。而在台风的袭击下，很显然农村地区的抗灾能力明显弱于建筑物众多的城市地区，无论是财产损失还是人员伤亡，农村都是个重灾区。2006年8月的苍南县“河尾垟事件”发生以后，在温州大学领导及有关部门的大力支持下，由本书作者牵头组织有关专家开始介入沿海农村台风灾害区“避难所”的研究工作。

我们深入各受灾严重的乡镇，开展相关领域一些基础性的调查研究工作。在调研过程中，我们切身体会到：虽然这几年国家开展社会主义新农村建设，并加大了对农村地区基础设施的投入，沿海农村地区救灾避难机制也已有初步的发展，然而现有的一些紧急避难点（如大部分乡镇将村办公楼、老人活动中心、学校、祠堂、教堂等建筑指定作为台风避灾场所），在最初的规划建造时，并没有完全从防灾角度来规划，因此分布不均、部分建筑物老化、道路宽窄不一等。目前沿海农村地区在进行避难场所规划时，主要依靠主观判断，变动较大，场所责任范围的划分往往缺乏科学依据，容易出现许多漏洞，急需科学方法和评价标准。

第四节　研究的思路、内容和方法

一、研究思路

本书的研究思路如图 1-18 所示。

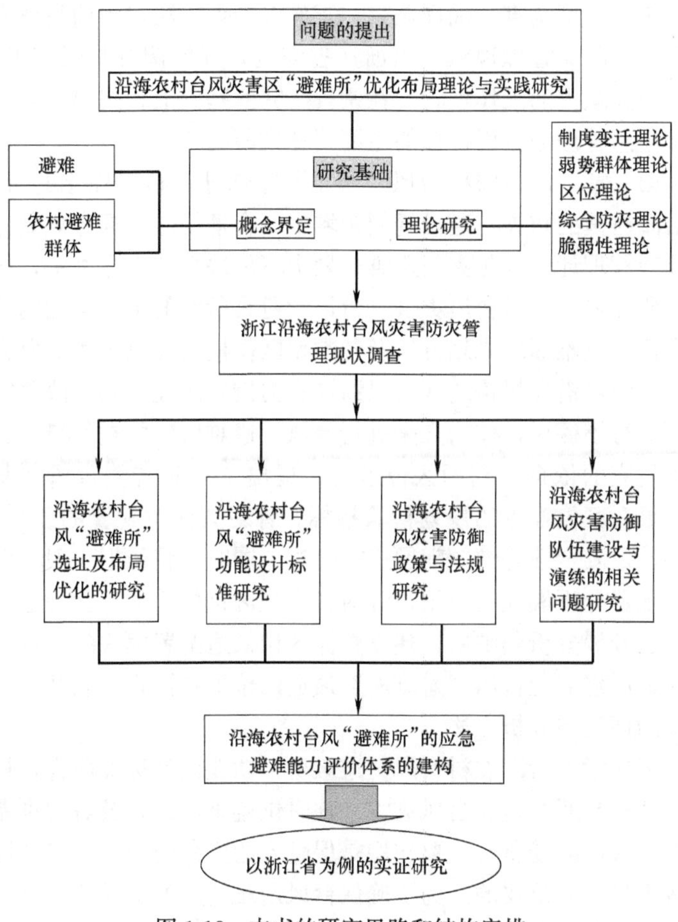

图 1-18　本书的研究思路和结构安排

二、研究内容

第一章　绪论，简要阐述在沿海农村台风灾害区开展避难所建设研究工作的背景、目的及其意义，综述国内外台风避难场所研究现状，介绍本书研究的基本思路、内容和方法，概括本书的创新点。

第二章　浙江沿海农村台风灾害防灾管理现状调查，采用文献分析、典型调查、抽样调查、工作参与等方法对当前沿海农村台风灾害防灾管理现状（以浙江省为例）开展调查与研究工作，了解防灾减灾的工作现状，在调查研究的基础上，找出在防灾减灾和应急管理等方面存在的主要问题或薄弱环节。

第三章　沿海农村台风“避难所”选址及布局优化的研究，在沿海村镇的防灾与避难规划领域中，合理的避难据点规划标准及改善管理计划为防灾与避难规划中不可缺少的重点之一，故本章的研究将通过对台风灾害、台风“避难所”的定义与国内外灾害案例、避难圈域规划方法及各类型区位模式理论等相关研究的汇总，针对沿海村镇地区（以浙江省为例）防灾规划与改善管理计划进行了探讨，作为未来进行台风“避难所”的空间最适区位配置研究的依据。利用区位理论，提出了一套有关台风“避难所”最适区位配置的规划检验指标，针对其区位配置的公平性、效率性及安全性等绩效问题进行探讨。同时，将依据一般类型的区位配置分析模式的介绍，针对各类型区位模式的特性及适用情形，在开展分析归纳后，建立整体区位最适配置模式的架构与假设，最后建立起台风“避难所”最适区位配置模式，以及其模式结果的评估与分析方法。

第四章　沿海农村台风“避难所”功能设计标准研究，根据台风“避难所”是在台风灾害来临时供避难者避难及对避难者进行紧急救援的场所，主要作用是保障人的生命安全，其安全性和高效率是十分重要的。为了确保台风避难场所的实质功能。本章的研究工作将锁定在各台风避难据点本体与其周边环境防灾机能的检验上，根据国内外近年来有关风荷载的研究资料以及大量的灾后调查和试验资料，分析了沿海地区的风气象及风灾害特点，对影响建筑物抗风性能的主要因素进行较全面的归纳和分析，分析了建筑物的台风侵袭特征和破坏机理。在上述分析的基础上，提出了台风“避难所”抗台风设计的指导性意见。

第五章　沿海农村台风灾害防御政策与法规研究，法规是整个村镇台风灾害防御体系得到顺利推进的法律保障，而当前农村地区还存在着：缺乏减灾综合性法律法规，相关配套政策不够完善，灾害保险的作用未得到充分发挥，灾害救助、恢复重建等方面补助标准偏低等问题；因此，要研究如何建立有利于推进建设系统防灾减灾工作的制度，及时将城乡防灾规划、工程抗灾设防、防灾应急管理和灾后恢复重建的有关工作制度和政策措施纳入法制化的管理轨道，为开展建设系统防灾减灾工作提供制度保障。

第六章　沿海农村台风灾害防御队伍建设与演练研究，提出人既是灾害的承载体，同时也是抵御灾害的主体。工程措施的主要功能是保护人们免受灾害的伤害，是一种外在的保护，而非工程措施则能增强人的能动性，是抵御灾害的内在力量。加强台风灾害应急救援队伍建设。这里的队伍建设，既包括应急救援专业队伍建设，也包括非专业的志愿者队伍建设，目的在于共同做好防灾减灾工作。加强公众的安全文化、法制教育，提高公众的防灾减灾意识；并通过普及防灾减灾的基本知识，使公众掌握各种应急自救方法，消除对灾害的恐惧感，从而提高个人的灾害应急能力，实现从灾后的反应向灾前预防的转变。

第七章　沿海农村台风“避难所”的应急避难能力评价研究，研究内容以层次分析法为基础，根据台风避难所的功能特点，从台风避难场所的规划设计、内部硬件设施、外部软件环境三个方面出发，选定相应的评价指标；构造在台风袭击下紧急避难据点的应急能力影响因素的层次结构，建立综合评价模型，求出各指标的合成权重；利用线性加权模型得出综合应急适应能力评价结果，确定改进的工作重点；对评价模型的优缺点进行理论上的分析。

三、研究方法

本书立足于实证研究，因此，在文献研究的基础上，研究特别注重面上调查与典型地区的案例研究相结合，规范研究与实证研究相结合的方法，对所述问题进行深入细致的探讨。具体而言，本书采用的研究方法主要有：

（一）文献调查法

通过计算机网络检索、图书馆查询等渠道，广泛收集与本研究有关的各种文献和资料。例如，热带气旋资料取自气象出版社出版的《台风年鉴》，人口、耕地面积和国内生产总值均取自于《浙江统计年鉴》，热带气旋造成的直接经济损失来源于国家气象中心的统计数据。特别是近年来沿海地区遭遇的台风灾害，如2004年的“云娜”台风、2006年超强台风“桑美”、2007年台风“韦帕”、2008年台风“海鸥”、2009年台风“莫拉克”等的紧急应变资料，充分了解和掌握国内外有关避难所选址设计技术、评价技术等的研究前沿理论，并以此为借鉴。

（二）实地调查法

深入到历年台风灾害严重地区，实地考察收集相关资料，例如各村的人口数及面积、人口密度分布，土地使用现况分布，现有可作为避难所的学校、村办公楼等的数量、面积、服务范围，以及实证地区现有相关防灾与避难资讯等，总结历史上发生重大灾害地区应急救援（特别是政府在人员转移安置工作方面）的经验和教训。结合农村经济发展水平，确定人均避难场所面积；同时根据事故灾难的影响范围，初步划定适宜建设避难场所的区域；统计该区域内当前可用作避难的场所分布，如学校、教堂等的分布；针对农村中人口数量和分布，确定所需重新建设的避难场所的数量及容量。在调查的基础上总结避难场所选择的影响因素，根据各因素的重要程度确定相应的权重系数，采用专家打分的方式对每个场所进行评价，从而建立评价体系。

（三）区位分析法

本书主要以 MCLP 模式和 LSCP 模式对沿海农村地区紧急性台风“避难所”的区位配置进行分析研究。

第五节　创新发展

本书在借鉴前人研究成果的基础上，取得了以下创新成果：

（1）解决应急避难所如何有效配置的问题，以逃生者的角度切入当台风灾难来临之际，该往何处去？哪些地方是合适的避难场所？本项目研究将应用数学定量方法规划避难场所的位置，构建设施区位模型，提出网络优化模型并对其进行完善。用若干评价指标作为最优化的目标函数，设置关于设施数目、服务圈等制约条件，相互联系地确定设施的区位地点和其服务范围。

（2）解决应急避难所本身的问题，如场所安全否？对现有避难场所功能进行评价。由于紧急避难场所主要功能是供避难者避难及对避难者进行紧急救援，为了防止类似苍南县“河尾垟事件”再次发生，确保紧急避难场所的实质功能，为此，本书的研究工作将锁定在各紧急避难据点本体与其周边环境防灾机能的检验上，及各据点内完整可供避难面积是否满足实际需求的调查评估。相关研究主要有以下两方面：①防救据点的有效性：为确保防救据点防救机能的有效性，使灾害发生时避难人员可以顺利抵达并进入避难据点进行避难活动，针对避难据点本体与其周边环境进行调查。调查内容包括据点周边的使用状况、建筑物开口部大小以及据点内完整可供避难面积等。②防救据点的安全性：为确保防救据点的安全性，使避难人员进入避难据点后，可安全避难，针对据点本体及周边建筑物或构筑物的使用状况、在台风灾害中可能产生的破坏而造成人员伤害等相关因素进行了调查分析。

（3）通过统计方法和数学模型，建立了合理的、可行的评估指标体系，评价沿海农村台风“避难所”的应急避难能力，为政府决策提供依据。以层次分析法理论为基础，根据应急避难所的功能特点，从应急避难场所的规划设计、内部硬件设施、外部软件环境三个方面出发，选定相应的评价指标；构建了在台风袭击下紧急避难据点的应急能力影响因素的层次结构，建立综合评价模型，求出各指标的合成权重；利用线性加权模型得出综合应急适应能力评价结果，确定需要改进的工作重点。

第二章

浙江沿海农村台风灾害防灾管理现状调查

台风灾害以其突发性强、危害程度重、影响范围广和灾害链长而成为浙江省的主要自然灾害之一。如何有效防御台风，尽最大努力减少人员伤亡和经济损失，确保经济社会可持续发展，成为浙江省特别是沿海地区面临的一项重大任务。

第一节　浙江省是台风灾害严重的地区

一、浙江省地理及人文环境简介

浙江省位于东经 118°01′～123°08′，北纬 27°01′～31°10′，地处中国东南沿海，长江三角洲南翼。东临浩瀚的东海，南接福建，西与江西、安徽相连，北与上海、江苏接壤。境内最大的河流钱塘江，因江流曲折，又名之江、浙江，省以江名，简称“浙”。省会杭州。

浙江省位于我国东南沿海，东西和南北的直线距离均为 450km 左右，陆域面积 101800km^2，为全国的 1.06%，是中国面积最小的省份之一。现辖杭州、宁波 2 个副省级城市，温州、绍兴、湖州、嘉兴、金华、衢州、台州、丽水、舟山 9 个地级市，共 11 个省辖市。截至 2009 年底时，下分设 90 个县级行政区，包括 32 个市辖区、22 个县级市、35 个县、1 个自治县。再下分为 1513 个乡级行政区，包括 735 个镇，445 个乡，333 个街道办事处。常住人口为 5100 余万人。

浙江省地形复杂，山地和丘陵占70.4%，平原和盆地占23.2%，河流和湖泊占6.4%，耕地面积仅2081700hm^2，故有“七山一水两分田”之说。地势由西南向东北呈阶梯状倾斜。西南多为千米以上的群山盘结，其中位于龙泉市境内的黄茅尖，海拔1929m，为全省最高峰。主要山脉自北而南分别有怀玉山，天目山脉，括苍山脉。大致可分为浙北平原、浙西丘陵、浙东丘陵、中部金衢盆地、浙南山地、东南沿海平原及滨海岛屿等六个地形区。因此，浙江省的地貌以丘陵山区为主，地面起伏较大，主要山脉呈西南东北走向。西南山高坡陡，多为河流的发源地。全省河流众多，省内有钱塘江、瓯江、灵江、苕溪、甬江、飞云江、鳌江、京杭运河（浙江段）等八条水系；八大水系中除苕溪入太湖、运河沟通杭嘉湖平原河网外，均为独流入海河流，中上游江河源短流急，洪水暴涨暴落。下游河口受潮水顶托，易造成大面积的洪涝。海岸线总长6400余公里，居全国首位，易受风暴潮破坏。

二、浙江省沿海农村台风灾害区的划分

（一）浙江省台风灾害的特点

由于浙江位于中、低纬度的沿海过渡地带，属于亚热带气候，加之地形起伏较大，受到东西风带天气系统的交替影响，而且有着绵长曲折的海岸线，东临大洋，深受太平洋西行台风的影响。夏季，近海海温在24～27℃之间，有利于近海台风的形成和发展。因此，特殊的地理位置和地形地貌导致浙江省成为我国遭受台风灾害较重的省份之一。每次强台风登陆后，浙江各地都遭受不同程度的灾害损失，特别是温州、台州、舟山、丽水等沿海地区。以2005年为例，据民政部门统计，全年浙江因台风受灾人口2137万人，转移安置人口347.9万人，因灾死亡人口65人，农作物受灾面积81.07万hm^2，绝收面积15.99万hm^2，倒塌房屋4.4万间，倒塌居民房屋1.9万间，直接经济损失421.94亿元，农业直接经济损失153.80亿元。（如图2-1、图2-2）。

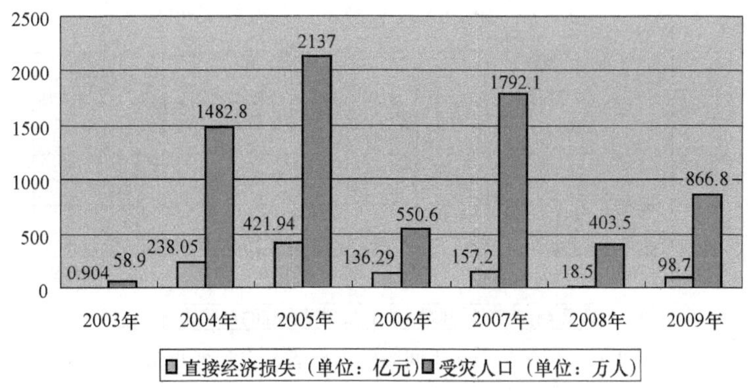

图 2-1　浙江省 2003～2009 年台风灾害损失

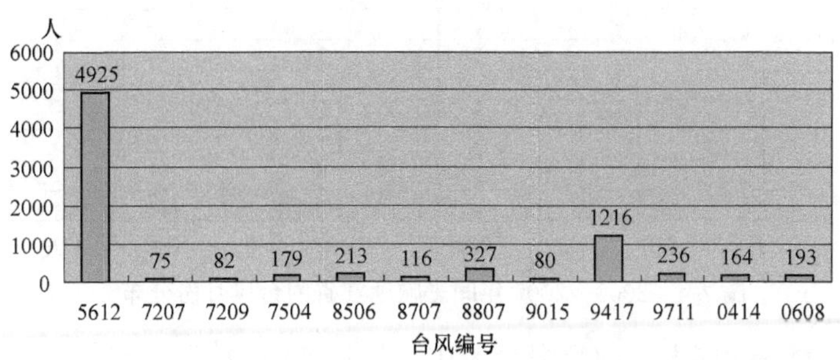

图 2-2　新中国成立以来登陆浙江超强台风中因灾死亡人数

进入 21 世纪以来，浙江省遭遇台风等热带气旋共 37 个，平均每年 3.7 个，其中直接浙江省境内登陆的热带气旋有 11 个，平均每年 1.1 个（图 2-3）。2004 年是有记录以来影响浙江省的热带气旋数最多的一年（共有 7 个），其中 3 个在浙江省登陆（近 50 年来最多年有 6 个热带气旋影响，其中 2 个登陆）。

影响的浙江省台风时间发生在 5～12 月，主要在 7～9 月（图 2-4）。其中 0428 号台风“南玛都”是影响浙江省最晚的热带气旋（发生在 12 月）。

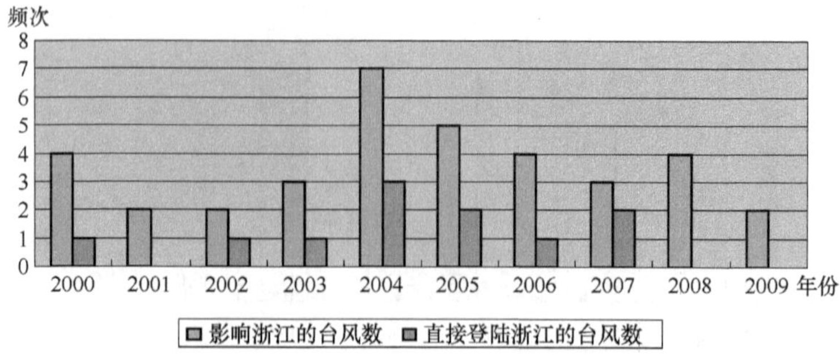

图 2-3　2000～2009 年间影响浙江省的台风年度分布

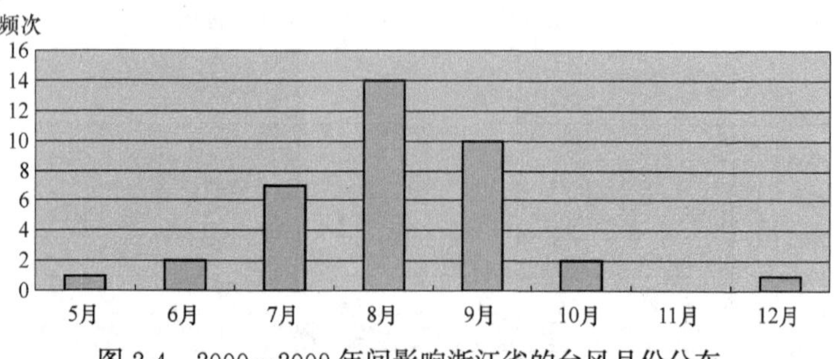

图 2-4　2000～2009 年间影响浙江省的台风月份分布

登陆我国大陆的超强台风中，将近 60％在浙江登陆。造成这一现象的原因在于，登陆广东的台风多起源于南海，而南海的海域东西向宽度还不到 1000km，难以形成直径达 2000km 的巨型台风，另外，广东纬度较低，距南海台风源地很近，还没充分发展加强时就登陆减弱了。而正面登陆浙江的台风都来自太平洋，这里有足够大的空间形成巨型台风，浙江纬度偏北些，移动过来的台风大多得到了充分发展壮大，尤其浙江以东辽阔的洋面毫无屏障，不像福建，东有台湾的阻挡而削弱台风，因此，巨型超强台风不出现在广东、福建，反而出现在浙江。台风带来的风暴潮、狂风和强暴雨破坏力极大，往往造成人员伤亡和严重经济损失。表 2-1 列出了 1956～2007 年间登陆浙江省强台风的统计。

1956～2007年间登陆浙江省强台风统计表（风速≥30m/s）

表2-1

年份	台风编号	登陆情况					
		日期	地点	台风中心气压(hPa)	中心最大风速(m/s)	降水(mm)(测站)	最大风速(m/s)
1956	5612	8月1日	象山	923	55(17级)	241(富阳)	>40(石浦)
1972	7207	8月2日	平阳	990	30(11级)	342(建德)	34(大陈)
1972	7209	8月17日	平阳	965	40(13级)	244(温州)	42(石浦)
1975	7504	8月12日	温岭	970	42(14级)	228(温岭)	44(玉环)
1985	8506	7月30日	玉环	965	40(13级)	409(温岭)	47(玉环)
1987	8707	8月27日	瓯海	978	30(11级)	256(青田)	>40(北麂)
1988	8807	8月7日	象山	970	35(12级)	139(临安)	>40(北仑)
1990	9015	8月31日	椒江	970	35(12级)	342(温岭)	54(石浦)
1994	9417	8月21日	瑞安	960	40(13级)	338(瑞安)	50(玉环)
1997	9711	8月18日	温岭	960	40(13级)	380(三门)	57(大陈)
2004	0414	8月12日	温岭	950	45(14级)	337(乐清)	58.7(大陈)
2005	0509	8月6日	玉环	950	45(14级)	588(宁海)	49.2(普陀)
2005	0515	9月11日	路桥	945	50(15级)	424.5(黄岩)	59.5(大陈)
2006	0608	8月8日	苍南	920	60(17级)	466(苍南)	81(苍南)
2007	0713	9月19日	苍南	950	45(14级)	530.8(乐清)	55.3(苍南)
2007	0716	10月7日	苍南	975	33(12级)	545.8(永嘉)	39.8(洞头)

浙江省台风灾害的特点：(1) 台风日益频繁，活动频率高。据统计[①]，1949～2009年间影响浙江省的台风有204个，年均3.4个，在省内直接登陆的有39个。在全球气候变暖的大背景下，从历年登陆或者影响浙江省的台风来看，近年来台风发生频率有增加趋势。其中，2004年有7个台风、2005年有5个台风、2006年有4个台风登陆或影响浙江省。(2) 台风强度强。登陆我国大陆的超强台风中，将近60%在浙江省登陆。在浙江引起较明显灾害的有44年，87例，年均1.98例，2006年0608号台

① 数据来源：浙江省气象统计年鉴。

风“桑美”在浙江省苍南马站登陆，是近 50 年来登陆我国大陆强度最强的台风。（3）台风灾害重。台风带来的风暴潮、狂风和强暴雨破坏力极大，往往造成人员伤亡和严重经济损失。1949 年以来共造成浙江直接经济损失 930 余亿元，死亡万余人，农田受灾 1000 余万公顷。表 2-1 为 1956～2007 年间在浙江省境内登陆的强台风统计表。由于浙江省台风强且潮位高，正面袭击冲击力大，经常遭受台风风暴潮的袭击，降雨总量大，强度集中。每次台风风暴潮均会导致严重的越堤和溃堤洪水灾害。例如“麦莎”风暴潮造成浙江省堤防损坏 2234 处，总长 453.5km，堤防决口 583 处。

（二）影响浙江沿海的台风路径

台风中心路径是描述台风灾害系统致灾因子危险性的重要指标。台风的移动路径决定了台风的登陆地点，而台风移动的方向和速度则决定于作用于台风的动力。作用于台风的动力可分为内力和外力两种类型，内力是由台风范围内南北纬度差造成的地转偏向力带来的，与台风所在的位置、台风的范围以及自身的结构有关，也就是由台风自身的条件和情况决定的；外力则是台风外围环境流场对台风涡旋的作用力，即外围流场基本气流的引导力。按照台风中心与浙江省的位置不同，可以分为：（1）台风在浙江沿海地区登陆影响；（2）近海或紧擦沿海北上影响；（3）福建登陆对浙江的影响；（4）华南登陆对浙江的影响；（5）福建或两广登陆后北上经过浙江时的影响；（6）长江口或以北地区登陆对浙江的影响等。

影响浙江沿海的台风绝大多数源于西北太平洋，即在马里亚纳和马绍尔群岛附近洋面，菲律宾以东洋面及关岛、琉球群岛附近洋面生成；少数则在南海、东海生成。各种不同路径的台风对浙江的影响不同、登陆型或近海转向型台风影响较大，其中尤以登陆型台风威胁最大。这类登陆型台风多数来自西北太平洋，在广阔的东海大陆架上可充分发展。从 1949～2006 年登陆在浙江省的台风路径集合图（见图 2-5）中看到，台风在浙江南部登陆的位置还是相对较为均匀的，并未见集中在某些个别地点的情况出现。

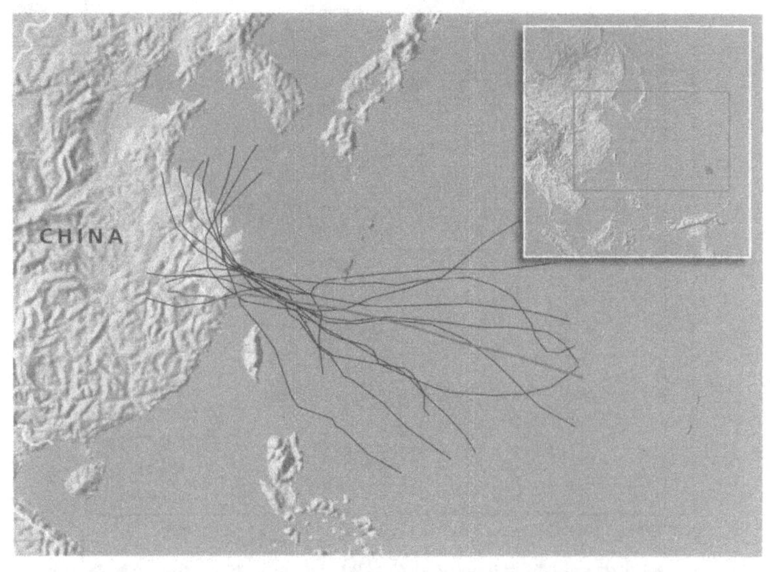

图 2-5　1949～2006 年登陆在浙江省的台风路径集合图

（三）浙江省台风灾害区的分布

在进行浙江省台风影响分区时，主要考虑致灾因子暴雨和大风的分布，并适当参照各区域地形、经济增长速度、产业结构等承灾体因子的影响。按照上述因子，可把浙江省分为台风严重影响区、台风较严重影响区、台风一般影响区和台风轻影响区四类区域（如图 2-6 所示）。其中暴雨因子主要考虑台风影响时日最大降水量＞100.0mm、台风影响过程降雨量＞200.0mm 的分布；台风大风因子主要考虑台风影响过程瞬间极大风速和 10min 最大风速的分布。

1. 台风严重影响区域：本区域大部为经济增长快速发展区，也是台风影响最多的区域，主要涉及苍南、平阳、文成、象山、青田、黄岩、临海、三门等 15 个县（市、区），平均每年受台风

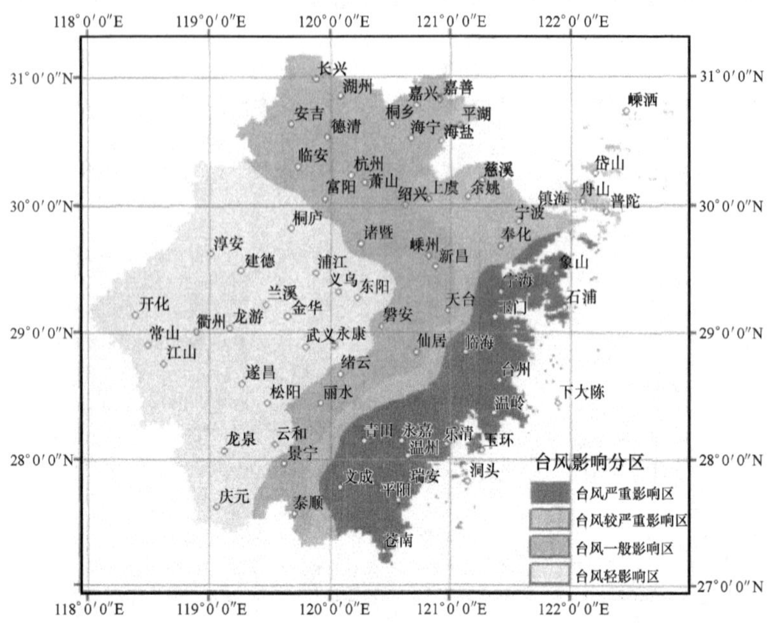

图 2-6 浙江省台风影响程度区域分布图（资料来源：浙江省气象中心）

影响 3～4 次，登陆台风约占全省登陆台风总数的 2/3；台风影响时瞬间极大风速达到 12 级以上，其中苍南霞关瞬间极大风速达到 68m/s。该区域台风过程降水量＞50.0mm，平均每年有 2～3 次；＞100.0mm 平均每年 1～2 次；＞150.0mm，平均每年 1 次；＞200.0mm 平均 2～3 年 1 次，最大 700～800mm 以上。根据 2005～2009 年台风灾情统计，这一区域受台风影响年均每平方公里经济损失约 70 万元。

2. 台风较严重影响区：涉及岱山、定海、北仑、镇海、奉化、慈溪、上虞、平湖等 12 个县（市、区），大部地区为浙江省的经济发达区。平均每年受台风影响 2～3 次，登陆台风约占全省登陆台风总数 1/3。

3. 台风一般影响区：长兴、海宁、新昌、天台、丽水等 22 个县（市、区），大部区域为浙江省经济的稳定发展区，台风影响较东部轻，但仍较中南部内陆地区重，平均每年受台风影响1～2次。

4. 台风轻影响区或基本无影响区：桐庐、开化、常山、龙游、义乌、东阳、龙泉等18个县（市、区）。本区位于浙江省中西部，是浙江省经济的相对滞后区。该区域地处浙江的内陆，受台风影响为全省最轻地区，平均每年不足1次，台风大风（除局部外）一般8～10级或不足8级。台风对该区域影响基本是利大于弊，台风带来的降水可大大缓解夏秋旱情。

三、浙江省沿海农村台风灾害风险评估

对于台风灾害而言，台风风险评估首先要对台风致灾因子强度概率分布、承灾体的脆弱性、承灾体的空间分布进行评估，然后进行一定致灾因子强度下的损失概率以及损失的平均期望值评估。2008年，浙江省气象局组织相关专家利用典型相关分析法、经验分析法等方法对浙江省全境开展了台风灾害风险评估工作。主要成果包括浙江台风致灾因子分析、浙江台风孕灾环境分析、浙江台风灾害承灾体潜在易损性分析、浙江台风灾害风险区划等（分别见图2-7、图2-8、图2-9）。下面就对该研究成果进行简单介绍和评价：

（一）浙江省台风灾害致灾因子强度分布

所谓致灾因子是指可能引起人员生命伤亡、财产损失及资源破坏的各种自然与人文因素。台风诱发的致灾因素，主要包括最大风速和影响范围，风暴增水，降雨量，巨浪，以及台风诱发的次生灾害，如洪水、山洪、山体滑坡、泥石流、水库溃决等。对一些重要的河口，海岸城市及工业区，还必须考虑台风暴潮，巨浪，上游传来洪峰与天文大潮联合出现的可能性。

图2-7为浙江省台风灾害致灾因子强度分布图。很明显，浙江影响台风致灾因子强度呈现自东而西递减的特征，其中海岛最强，浙西最弱。

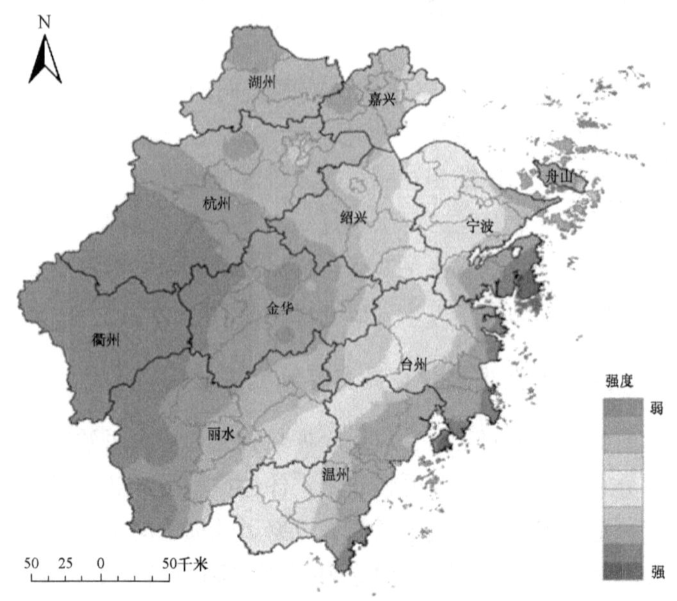

图 2-7　浙江省台风灾害致灾因子强度分布图
（资料来源：浙江省气象中心）

（二）浙江省台风灾害孕灾环境分布

孕灾环境是孕育灾害的地质条件、地理环境和气候背景等因素构成自然环境。广义来说，它包括空间、时间和人文社会背景。

从图 2-8 可看出，浙江全省都不同程度地存在灾害发生条件，其中灾害最容易发生的地区是在山地和平原（盆地）的过渡地带。除浙北杭嘉湖和宁绍平原外，台风灾害区的地理分布具有明显的山脉走向性，即不同灾害程度的台风灾害区的区界走向与山脉走向相似。多年资料统计表明，台风受山脉影响，强度衰减较剧。浙江全省都不同程度地存在灾害发生条件，其中灾害最容易发生的地区是在山地和平原（盆地）的过渡地带。在浙中和浙南地区，台风经两道屏障山脉的衰减，其降水量和风力在较短距

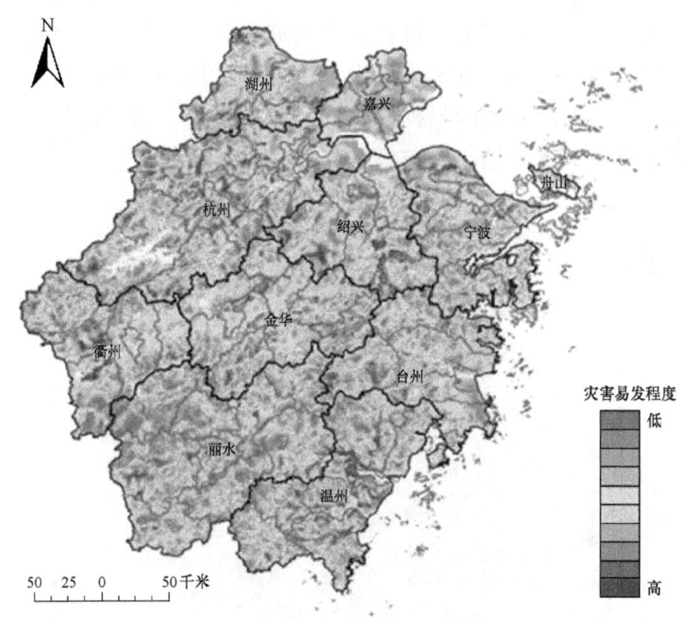

图 2-8 浙江省台风灾害孕灾环境分布图

（资料来源：浙江省气象中心）

离内相继迅速减少和减弱，台风灾害的危害性也由沿海向内陆呈梯级而急剧减弱，由重灾区经狭窄的中灾区，迅速过渡到轻灾区，并导致轻灾区的面积约占了浙中和浙南面积的一半左右。这点与几乎不受山脉影响的浙北平原地区有明显区别。不言而喻，从防灾减灾角度而言，增强第一道屏障山地生态系统的稳定性和自我调控能力和提高山地森林植被持水、蓄水能力以及水利工程的效能，对减轻浙江的台风灾害具有特别重要的意义。

（三）浙江省台风灾害承灾体易损性分布

承灾体（exposure），也译作暴露，是指社会环境中自然灾害的受体，它们在灾害过程中可能遭受不同程度的损失，比如人、房屋、交通设施等。承灾体常与致灾因子、脆弱性一起，并称自然灾害风险评价的三要素，缺一不可。易损性指承灾体可能受到的损失程度，这与许多社会因素有关，包括居民、建筑物等的分布，经济发展程度，抵御灾害的能力等。台风灾害易损性产生的原动力是台风本身携带的大风、暴雨和风暴潮的强度、入侵频率与社会经济系统的易损性共同作用的结果，易损性的高低会起到“放大”或“缩小”灾情的作用。

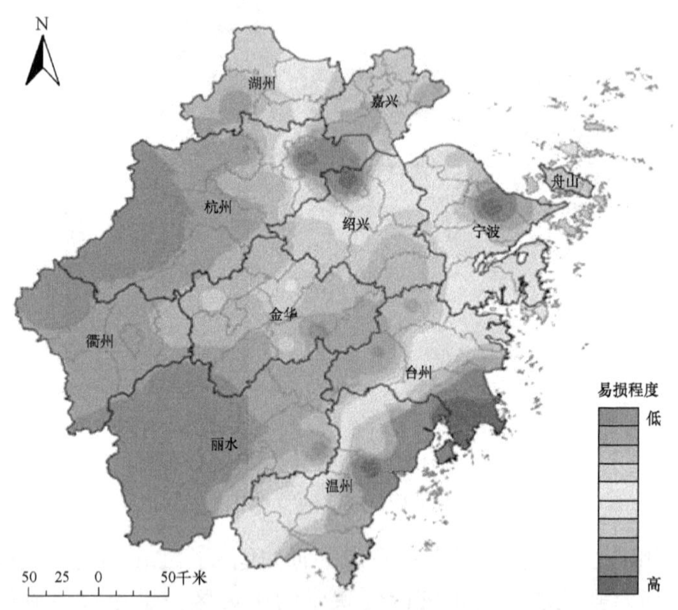

图 2-9 浙江省台风灾害承灾体易损性分布

（资料来源：浙江省气象中心）

理论上，致灾因子强度越强、入侵频率越高，区域抵御灾害的能力就越弱，易损性就越强，实际上，社会经济系统（如人口密度与分布、财富聚集程度、农作物播种面积及分布）和防灾水平（如人口素质、防灾投入、交通通达性以及医疗卫生水平）等是将受灾转化为成灾的根本原因。因此，评价台风灾害的易损性，主要是对区域社会经济系统易于遭受台风致灾因子强度和频率影响，导致人员伤亡、财产损失、水利交通等生命线工程中断，以及灾后恢复难易等作出判断和评估，预测致灾因子强度和降低承灾体易损性是抗灾减灾的重要途径。若人口密度大、财富密集等，则暴露于台风中的承灾体多，容易遭受台风灾害，易损性强；而若人口素质高、医疗水平高、交通通达性好、防灾投入多等，则救灾抗灾能力强，台风灾害损失小，易损性小。

就浙江省而言，温州南部、台州北部由于经济发达、人口密集、沿海农房易损性高等成为台风影响的潜在损失最大区域，而杭州地区东部、绍兴北部地区、宁波北部地区由于经济发达、人口密集也成为为台风灾害潜在易损性较大区域（图 2-9）。以浙江省温州市为例，如 9417 号、9711 号、0216 号、0414 号、0508 号、0608 号、0713 号等台风都在温州附近沿海登陆，造成大量人员伤亡和严重的经济损失。例如，1994 年 8 月 21 日晚，9417 号台风在温州瑞安梅头镇登陆，温州沿海受 12 级以上风力袭击的时间长达 10h，伴有大雨量和大潮，给浙江东南沿海地区造成了极大的灾害，经济损失严重。受灾人口达 1100 万人，死亡 1126 人，失踪 319 人，对温州市的低层民房破坏尤为严重，共损坏房屋 691300 间，其中倒塌 210247 间，直接经济损失超过 100 亿元。

（四）浙江省台风灾害风险区划介绍

台风灾害风险是台风影响频率及致灾因子（风、雨、潮）强度和可能造成的损失的综合估量。2009 年，浙江省气象台周福、陈海燕等合作完成了《浙江省台风灾害风险区划》课题研究，该课题组对台风灾害风险形成中起作用的致灾因子、孕灾环境、承灾体潜在易损性、防御能力做了系统的详细分析，并且综合考虑各因子，绘制了浙江省台风灾害风险区划图（图 2-10）。

2009 年 7 月 2 日，《浙江省台风灾害风险规划》编制工作已全面完成，从前生涩难懂的材料和数据“变脸”为直观通俗的区划图。并由浙江省农业自然资源调查和农业区划委员会办公室和浙江省气象局联合下发执行。

针对沿海农房调查数据，进行了沿海农房的专题风险分析，同时还计算了浙江省各市县 2 年、5 年、10 年、20 年、30 年、

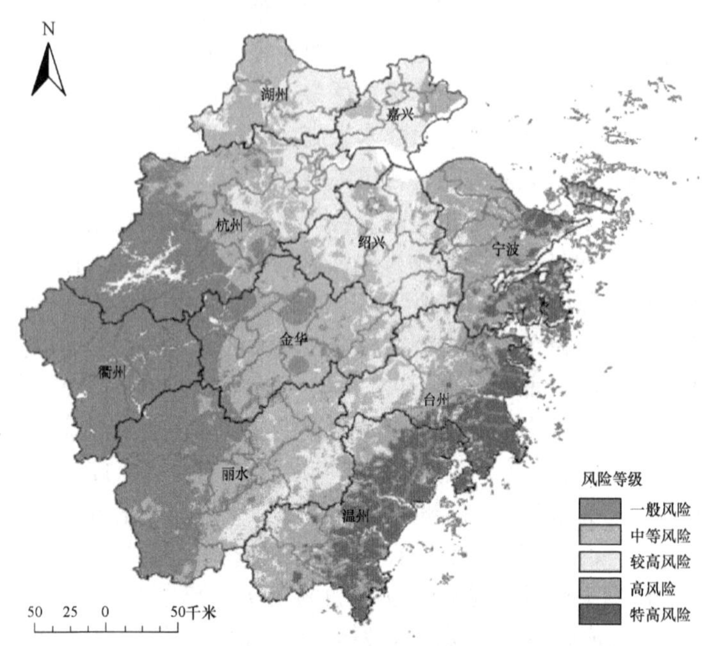

图 2-10　浙江省台风灾害风险区划图
（资料来源：浙江省气象中心）

50 年、100 年一遇的台风暴雨和台风大风的理论值。根据区划原则和方法，按照台风影响的严重程度，分成五个区域：台风影响相对最高风险区、台风影响相对高风险区、台风影响相对较高风险区、台风影响相对中等风险区、台风影响相对一般风险区。

浙江省的台风灾害风险分布，东部风险大于西部，东南沿海风险最高。特高风险区、高风险区主要在东部沿海，陆域面积约有 25000km^2，涉及温州市、台州市、舟山市、宁波市，以及绍兴市、嘉兴市、杭州市的部分地区；较高风险区主要为杭嘉湖、绍兴市、丽水东部等；金衢地区、杭州西部、丽水西部为中等风险区或一般风险区。浙江省下辖的 68 个县（市）中，温岭市台风灾害风险最高。浙中南沿海农房的风险比浙北高，尤其浙南沿海农房风险最高；面对相同强度台风，海岛农房防台能力略强。

台风区划是农业区划和城乡规划工作中的一个创新，为进一步提高抗台工作的科学性、有效性提供了科学依据。台风灾害风险区划有以下作用：一是为编制台风灾害防御规划奠定坚实基础；二是为城乡建设及基础设施规划提供依据；三是为建立社会化救灾救助保障体系，建立台风灾害风险分担长效机制提供基础；四是为各级党委政府台风灾害防御决策提供科学依据；五是台风灾害风险区划可以直观展示各地的台风风险程度，指导社会公众提高防灾意识和避险自救能力。

四、台风灾害对浙江省沿海农村地区的影响

台风的直接成灾方式有风、浪、暴雨和风暴潮，而这四种方式在台风由海向陆进行中又有着不同的组合方式，在海上主要是风浪，在海岸带主要是风、浪和风暴潮，在陆上主要是风、暴雨。每种灾害又可衍生出次一级灾害，由此形成台风灾害链（图 2-11、图 2-12）。

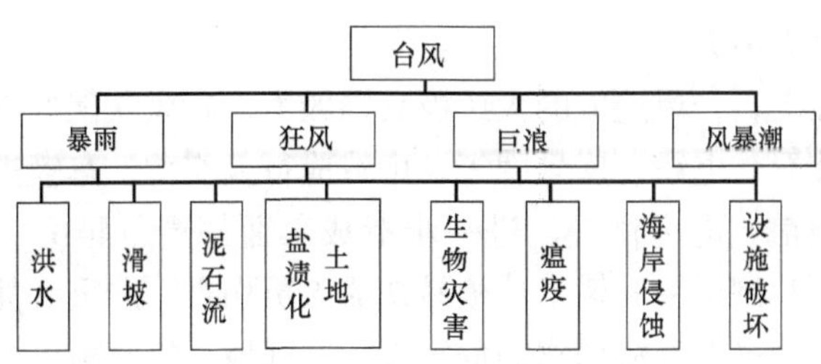

图 2-11　台风及其灾害链

（一）狂风灾害

摧毁性大风是台风的主要特征之一。台风是一个巨大的能量库，其风速都在 17m/s 以上，甚至在 60m/s 以上。台风的气压场表现为极低的中心气压和极大的气压梯度，所以一个产生成熟的台风其中心最大风速可达 12 级以上。据测算，当风力达到 12 级时，垂直于风向平面上每平方米风压可达 230 公斤。

在海上，狂风能掀起巨浪，倾覆过往船只，造成灭顶之灾。

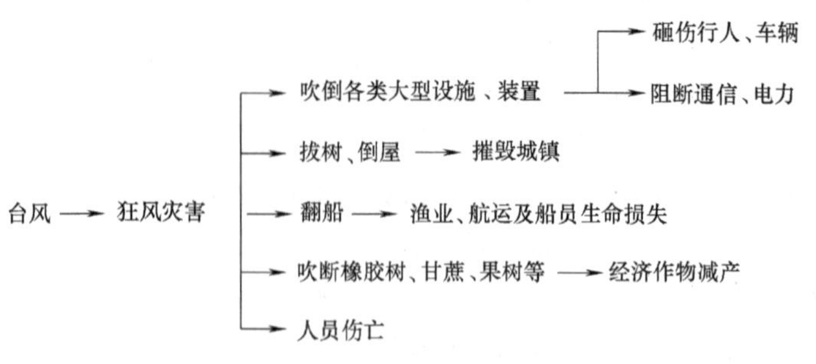

图 2-12　狂风灾害链成灾系列

海上自然破坏力的 90% 来自海浪，仅 10%的破坏力来自风。据统计，海上巨浪所造成的海难占世界海难的 60%～80%。在海上灾害性海浪能掀翻船只，还往往给海上工程、海上运输、海上军事活动及海洋渔业带来灾害性的影响。在岸边，灾害性海浪能冲毁海堤、码头，还常常由于其波浪涌水效应而加大风暴潮侵入陆地的面积，从而给海岸带的种植业、水产养殖业及人民的生命财产带来重大损失。

在陆上，台风造成的大风极具摧毁力。狂风吹倒各类大型公用设施装置、电缆、广告牌等，可造成行人伤亡、车辆被砸，同时阻断通信、电力供应，进一步造成工业停产、居民生活受影响；狂风吹倒房屋和树木，极易造成人员伤亡，严重者甚至可摧毁城镇。台风对经济作物的危害极大。狂风直接吹断果树，毁坏甘蔗等经济类农作物，影响它们的生长。

狂风灾害以直接损害为主。因此，加强各类设施的抗风强度，及时预报和预防狂风尤为重要。同时，停止一切高空及户外危险作业，组织力量做好在建工程脚手架、户外广告、高空设施以及各类危房加固，并提前做好危房居民转移安置的准备工作，牲畜及重要物资要保证得到安全保护和转移，尤其是容易引发泥石流的区域更不能心存侥幸；组织力量抢收成熟的农作物，对易倒作物要进行保护。

（二）风暴潮灾害

台风风暴潮灾害居各类海洋灾害之首，它是由台风的强大风力及中心低气压引起的海水位异常升高，加上近海海底摩擦作用的抬高以及海湾特殊地形的能量蓄积作用形成的一种破坏力巨大的沿海地区严重海洋灾害。台风挺进海域的风暴巨浪，会给其间的海上人命及船舶安全构成严重威胁，尤其是台风中心区域和“危险半圆”的灾害性海浪，浪高可达10～20m，其最大作用力每平方米约30～40t，能使船舶首尾腾空，甚至把万吨巨轮折成两段。因此，也有人称风暴潮为“风暴海啸”或“气象海啸”，在我国历史文献中又多称为“海溢”、“海侵”、“海啸”及“大海潮”等，把风暴潮灾害称为“潮灾”。

历史上我国沿海的风暴潮灾害触目惊心，在较详细记载的个例中，仅20世纪我国沿海就发生过5次淹死万人以上的台风风暴潮灾害。最严重的是1922年8月2日广东汕头的特大风暴潮灾害。据史料记载：“8・2”风灾引发的风暴潮，淹及澄海、饶平、潮阳、南澳、揭阳、惠来、汕头等县市，150多公里的海堤被悉数冲毁，海水入侵内陆达15km。有户籍可查的，死亡7万～8万人。新中国成立后，我国几乎每年都有潮灾发生，成重灾者平均每两年一次，也有一年中多次受灾，图2-13、图2-14分别统计了在1992～2007年间风暴潮给我国造成的灾害损失。

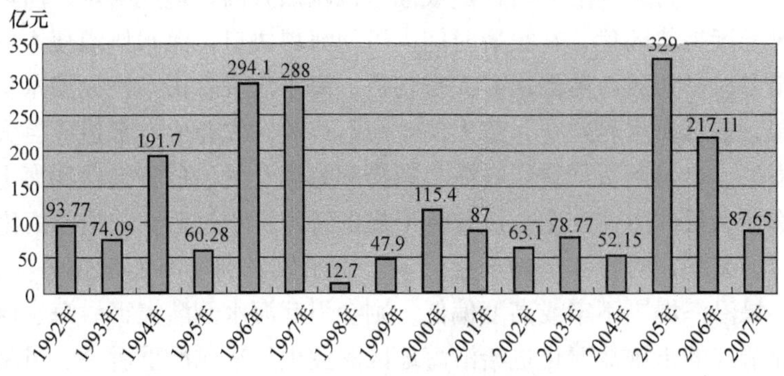

图2-13　我国1992～2007年间风暴潮灾害造成的经济损失

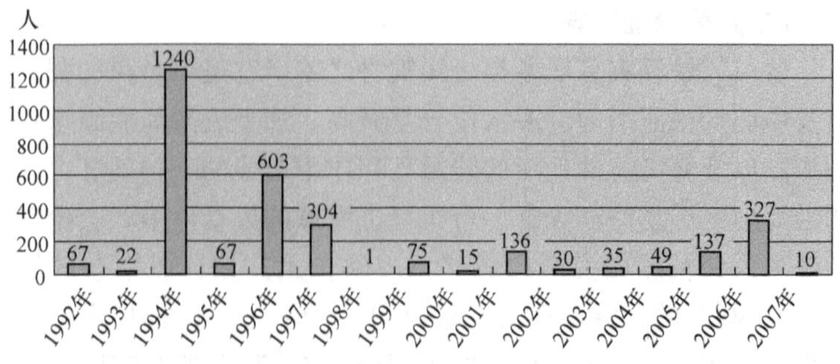

图 2-14 我国 1992～2007 年间风暴潮灾害造成的死亡（失踪）人数

风暴潮的空间范围一般为几十公里至上千公里，时间尺度或周期约为数小时至 100 小时，介于地震海啸和天文潮波之间。由于风暴潮的影响区域随大气扰动因子的移动而移动，因此有时一次风暴潮过程往往可影响 1000～2000km 的海岸区域，影响时间可多达数天之久。

风暴潮灾害的轻重，除受风暴增水的大小和当地天文大潮高潮位的制约外，还取决于受灾地区的地理位置、海岸形状和海底地形、社会及经济情况，一般来说地理位置正处于海上大风的正面袭击、海岸形状呈喇叭口、海底地形较平缓、人口密度较大、经济发达的地区，所受的风暴潮灾相对来讲要严重些。如果风暴潮恰好与天文高潮相叠，尤其是与天文大潮期间的高潮相叠，则会酿成巨大灾难。

由于台风登陆时时常造成潮水位剧烈升高，造成涌水，所以风暴潮来势凶猛，在很短时间内可使海堤决口，海水倒灌侵入城镇乡村，造成房屋倒塌，人畜伤亡．海水淹没农田，污染淡水资源，破坏海水养殖业，给人民生命财产和工农业生产都造成巨大损失。台风巨浪严重影响海上捕捞和海洋开发，危害渔民和海上作业人员的生命安全。风暴潮形成的特殊沉积过程，造成沿海港口的淤积，对海洋运输产生影响。由于风暴潮使海面水位升高，如果沿海堤围不牢或高度偏低，则会引起海水倒灌灾害。海水倒灌造成的土壤盐渍化也给沿海地区农业生产造成严重后果。风暴潮构成的自然灾害链如图 2-15 所示。

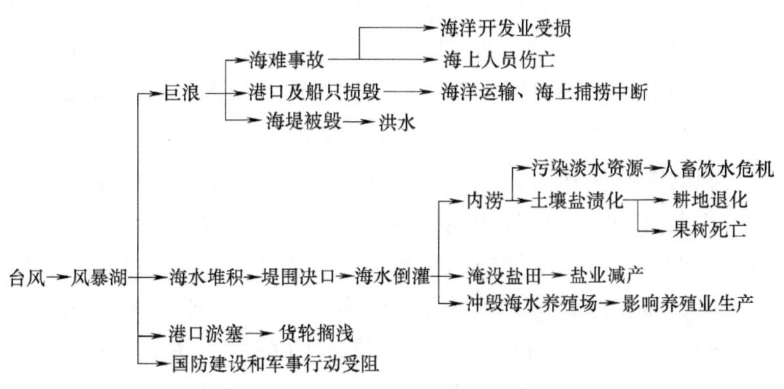

图 2-15　风暴潮灾害链成灾系列

浙江省处于我国东南沿海地区，海岸面朝台风进袭的方向，加之沿海地区多平原、港湾，所以浙江省是台风风暴潮的频发区和多发区。特别是在地势低平的海湾凹入部分及平原河口地区，海水利于堆积而难于扩散，尤其是在呈漏斗状的河口地区往往是洪水与风暴潮叠加而加重潮灾，若此时和天文大潮高潮叠加更易造成灾难性的后果（图 2-16）。

图 2-16　1997 年 11 号台风冲毁后海塘现场（资料照片）

浙江省风暴潮的重灾害地域，浙北多集中于杭州湾两岸的杭嘉湖平原和宁绍平原；浙东则发生在宁波、舟山一带及象山港沿海；浙中、南部的灾区主要是台州湾两岸的温黄平原及乐清湾沿海。据初步统计，自宋代（103 年）至民国（1912 年）间，有明确记载的海潮淹死万人以上者达 11 次之多，如咸丰四年（1854 年农历七月初五）在台州地区发生风暴潮淹死五六万人。可见，浙江省沿海自古以来就是风暴潮灾的多发区。新中国成立后，该省沿海曾多次遭受特大风暴潮的袭击。1956 年 12 号强台风在象山港登陆。风暴潮伴随巨浪使象山门前涂海堤溃决，纵深 10km，一片汪洋，倒塌房屋 7 万余间，淹死 4925 人，为新中国成立以来我国死亡人数最多的一次风暴潮灾害。值得庆幸的是，这次风暴潮发生在小潮汛期间，如果遇上大潮，损失将更为惨重。

现在，随着濒海城乡工农业的发展和沿海基础设施的增加，承灾体的日趋庞大，每次风暴潮的直接和间接损失正在加重。风暴潮正成为沿海对外开放和社会经济发展的一大制约因素。防治风暴潮灾害链，重点在于解决港口建设，加固堤围等方面。海堤是在沿海地区修筑的一种专门用来挡水的建筑物，用于防止天文大潮、风暴潮以及风浪的侵袭，以免造成土地淹没。在短期难以大幅度提高自然防护能力的现状下，应建设高标准的防潮堤防，开展海堤达标建设，合理搭配消浪石、防波堤坝、泄洪闸以及干渠等配套设施。

浙江海岸线长达 6633km，居全国首位，沿海属于台风暴潮频发地带，且台风强潮位高，破坏力大，海塘工程屡遭破坏，灾情严重。自 9711 号台风以后，浙江省适时启动了“浙东千里标准海塘”建设工程，至 2002 年 7 月基本建成，全省海岸线建有 2132km 海塘（浙东海塘 1732km，钱塘江海塘 400km），防潮标准为 20 年一遇及以上的标准海塘长 1464km，其中：100 年一遇 218km，50 年一遇 900km，20 年一遇 346km。沿塘水闸 1324 座（浙东 1261 座），其中大型水闸 7 座，中型水闸 106 座，小型水闸 1211 座。保护人口 1800 多万，保护耕地面积 1500 多万亩。标准海塘的建成，大大提高了沿海防台御潮能力，为沿海地区经济社会持续发展提供了重要的基础保障。

（三）暴雨、洪水灾害

台风降水的多少与许多因子有关，包括台风本身的结构、登陆后的环流情况、登陆点的地形等。根据国内外暴雨的分析和研究最强的暴雨常常是由台风或与台风有关的天气系统造成的。台风登陆后如果维持不消，并在适当条件下（如有充沛的水汽、适量的冷空气、有利的地形等），很可能造成持续性的特大暴雨，尤其是停滞或移动缓慢的台风，或在中纬度系统相结合的台风造成的暴雨更强。台风暴雨造成的洪涝灾害，是最具危险性的灾害。

影响浙江的台风所造成的暴雨，主要落区分布在浙江沿海地区，其中雁荡山、括苍山、四明山和天目山的东麓为最大，浙江省西南部山区相对较小。台风登陆浙江前及登陆后所经过的地区，常可出现过于集中和较大范围的暴雨、大暴雨，甚至特大暴雨，往往造成山洪暴发，江河陡涨，甚至导致河堤溃决，水库垮坝；公路、铁路、桥梁被冲毁；农田被淹，作物倒伏，酿成灾难，同时还会引发泥石流、山体滑坡等次生灾害。图 2-17 为台风暴雨灾害链成灾系列。

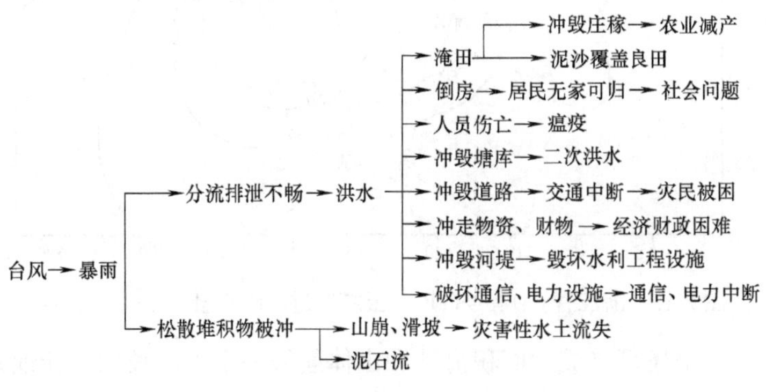

图 2-17　台风暴雨灾害链成灾系列

图 2-18 为 2004 年“云娜”台风过程降水量，该台风 8 月 12 日 20 时在温岭市石塘镇登陆。降雨区域广，强度强，雨量大。浙江省全省雨量超 100mm 的气象、水文站 286 个，其中 88 个超 200mm，36 个超 300mm；500mm 以上面积 2300km^2，700mm 以上面积 100km^2，最大过程雨量为砩头站 916.7mm，其中 12h 雨量 661.8mm，24h 雨量 874.7mm，最大 1d 雨量 873.0mm，均破历史降雨实测记录，其中 12h、24h 和 1d 最大雨量相当于百年一遇。临海、仙居、洞头、天台、丽水 12 日日雨量也超过历史最高记录。该台风使浙江省遭受严重灾害，其中台州、温州 2 市损失尤为惨重。全省有 75 个县（市、区），765 个乡（镇）受灾，共有 164 人死亡，24 人失踪，受灾人口达 1299 万人，直接经济损失达 181.28 亿元。

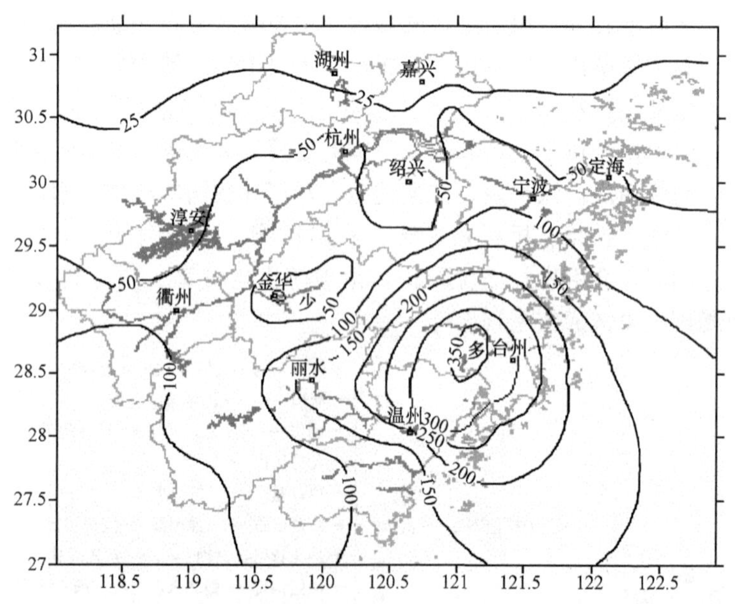

图 2-18　浙江省 0414 号台风“云娜”过程降水量（单位：mm）

暴雨还可造成大面积滑坡和山体崩塌一个地方长期不断地发生崩塌，其积累的大量崩塌堆积体可转化为滑坡。崩塌与滑坡产生的松散堆积物在暴雨作用下又可形成泥石流灾害，极大地威胁着山区的工程和道路交通设施。同时，由此而引发的水土流失也对生态环境和河流下游淤积问题有很大影响。

五、浙江沿海农村地区防灾减灾能力建设的实践综述

由于浙江沿海台风灾害区中农村大部分地区生产力水平较低，科技、教育、卫生的整体水平还比较落后，资金短缺的情况比较严重，不能满足严峻的防灾形势的要求和保障人民群众生命财产安全的需要，而经济落后地区如：温州市下辖的苍南、文成、泰顺等县往往又是自然灾害发生频度比较高的地区，灾害发生又引起或加剧了贫困，使这一矛盾更加突出。因此，建设社会主义新农村中防灾减灾的任务异常艰巨繁重，同时也面临着大好机遇，错过这个机遇，就可能使村镇建设在未来的灾害面前留下隐患。

人类无法阻止台风灾害的发生，但可以通过科学的手段进行预警、预测和评估，采用相关减灾措施最大限度减少财产损失和人员伤亡。由于农村相对于城市客观存在着通信、电力、交通等基础设施建设滞后，农房建设水平低下，部分农房抗灾能力薄弱，农民居住偏僻、分散，科学文化素质较低、防灾减灾意识较淡薄、应用科学技术预防和减轻自然灾害的能力不强，加之目前台风灾害监测预报客观上存在着“城市密、农村稀”的状况，在台风的袭击下，很显然农村地区的抗灾能力明显弱于建筑物众多的城市地区，无论是财产损失还是人员伤亡，农村都是个重灾区。加强这些地区的防灾减灾能力建设势在必行。

自 20 世纪 80 年代以来，我国的防灾减灾工作从监测、抗灾、救灾为主转入到以预防为主的综合减灾新阶段。我国政府积极响应联合国的号召，于 1989 年 4 月成立了由 28 个部委、局组成的“中国国际减灾委员会”，成立“国家减灾委专家组”。于 2005 年初经国务院决定更名改建为“中国减灾委员会”和“减灾专家委员会”。2006 年 10 月，回良玉副总理在加强综合减灾能

力建设座谈会上，全面阐述了“加强综合减灾能力”的重要性和紧迫性。2007年8月国务院颁布《国家综合减灾“十一五”规划》，提出：“加强综合减灾能力建设，促进经济社会协调发展。”建设社会主义新农村，是十六大以来党中央全面落实科学发展观，解决“三农”问题的基本思想和思路的集中体现，是中国现代化进程中的重大历史任务。2006年中央一号文件——《中共中央国务院关于推进社会主义新农村建设的若干意见》中要求，“注重村庄安全建设，防止山洪、泥石流等灾害对村庄的危害”。2008年10月，党的十七届三中全会通过的《中共中央关于推进农村改革发展若干重大问题的决定》用一个完整章节篇幅部署“加强农村防灾减灾能力建设”。这些均充分体现了全党对农村防灾减灾工作的重视。

浙江历届省委、省政府高度重视防灾减灾对基础设施建设，特别是20世纪末以来，顺应经济社会发展的新要求，实施了千里标准海塘、高标准城市防洪工程体系、千库保安等一系列工程建设，防灾减灾能力得到了明显提高。但近年来，浙江省频繁受到台风等自然灾害的袭击，防灾减灾仍存在许多薄弱环节。

为此，2008年年初，浙江省委、省政府决定在全省全面实施“强塘固房”工程，其中“强塘”的重点是加强对海塘、江塘、山塘以及病险水库的除险加固工作，加强对上述工程的管理维护，健全应对洪、涝、台等自然灾害的非工程措施，提高综合减灾能力。病险水库除险加固、浙东海塘加固工程、钱塘江等干堤加固工程等作为“强塘固房”列入省政府的“三个千亿”工程中的千亿惠民工程。2009年省财政新增3.1亿元用于“强塘”工程建设。“固房”的重点是提高全省特别是沿海地区农房抗灾水平。以消除部分区域“病险水库未除、御潮海塘不强、农民住房不固”的隐患，全面加强综合减灾能力建设，切实增强防范和应对台风等自然灾害能力，使广大人民群众拥有安全踏实的住所和环境。

第二节　浙江省沿海农房建设及其台风灾害防御能力调查

作为台风、洪涝、泥石流等自然灾害频发的省份，浙江省不断总结近年来灾后倒房的经验教训，开展了农村住房（以下简称“农房”）防灾能力普查，加强农房规划建设与管理，实行农房建设许可证制度，向农民无偿提供农房标准设计图纸。农房建设整体水平和防灾抗灾能力逐步提高。

一、农民居住现状与特点

（一）农民居住条件持续改善

改革开放以来，随着农民收入的提高，农村住房也经历了几轮翻建，农村住房条件得到极大改善。如图 2-19、图 2-20，村镇建设统计显示，浙江省每年新建农房约为 14 万～16 万户。到 2007 年底，全省农村（包括建制、集镇、村庄）住宅建筑面积达 14.72 亿 m^2，比 2002 年提高 40.64%。2007 年全省建制镇人均住宅使用面积为 46.05m^2，集镇为 42.56m^2，村庄为 48.23m^2，三者均居全国前列。

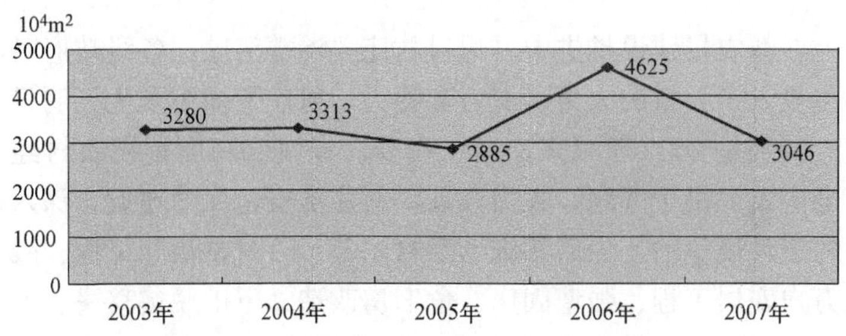

图 2-19　2003～2007 年浙江省农房建设量变化图

随着农民生活水平的不断提高，浙江省农户的建房品位也不断提升。20 世纪 80 年代农民建房以满足生活基本需求为主，90

年代建房以居住改善为主。进入新世纪，农户建房已进入到居住和享受共发展的阶段。以往农村建房普遍存在档次低、使用年限短问题。现在的农民越来越注重建房品位，开始重视房屋结构设计等，甚至向庭院式、别墅式方向发展。以往农民建房由于条件限制，住房内在装修以经济型为主，有的基本上就是毛坯房。当今农民越来越注重内在质量，尤其发达地区，随着农民收入水平的不断提高，对房屋建造品位、面积、装修越来越讲究，新建农房普遍为 2～3 层楼房，砖混结构和框架结构的比例已达到 97.6%，还有相当部分农房进行了“改水改厕”，接入自来水、使用冲水式卫生厕所，并安装三格式化粪池或污水收集管道，对生活污水进行收集处理，使用功能和配套设施明显改善。

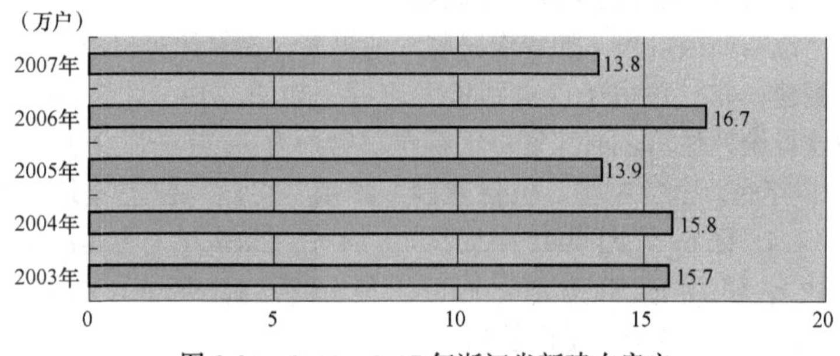

图 2-20　2003～2007 年浙江省新建农房户

在新农村建设推进中，通过村庄整治等活动，各级政府对农村也投入了大量的人力、财力和物力，村庄的面貌发生了明显变化。特别是 2003 年以来，浙江省委、省政府高度重视农村经济社会中重大民生问题，大力开展农村住房安全保障建设，深入推进村庄环境整治，先后实施“千村示范、万村整治”工程、残疾人万户安居工程、强塘固房、危旧房改造、下山脱贫移民、地质灾害搬迁、水库移民异地安置、灾后重建等一系列惠民安居工程，建成了一批布局合理、环境整洁、服务健全、文化丰富、管理民主、生活舒适的农村新社区。浙江省广大农村群众的住房条件和村庄人居环境得到明显改善。

根据“千村示范、万村整治”工程实施的需要，各地按照“建设中心村、拆除空心村、缩并自然村和小型村”的要求，确定了各自行政区域内的中心村和基层村。在此基础上，又对规划确定的中心村和基层村制定了建设规划，促进农村人口向中心村集聚。各地按照“先行试点，逐步推开”的要求，根据不同区域，具体村落的实际情况，因地制宜地开展村庄整理、旧村改造和新村建设，并与经济发展、生态旅游、下山脱贫、文化保护等紧密有机结合，不断丰富村庄整治建设的内涵，一大批“脏、乱、差”的村庄变成了“水清、路平、灯明、村美”的洁净村庄。到 2007 年底，全省累计投入村庄整治建设资金超过 650 亿元，全省农村新增垃圾箱（池、房）569643 个，消除露天粪坑 824530 个，新增绿化面积 15892hm^2，累计建设、改造农村公厕 5 万多个，开展农村的生活污水治理的行政村覆盖面达到 14.62％。

（二）存在的主要问题

据住房和城乡建设部研究项目—《浙江省农村困难群体危旧房基本情况研究》课题组对浙江省农村危旧房现状调查表明，2008 年底全省农村低保标准（2007）150％以下困难家庭中，住房质量安全状况为“差”（即危房）的还有 15.2 万户。随着富裕程度的提高、人口变动等，农户对建房投资的需求仍然较强。尤其一些旧房，由于年久老化，大多缺乏功能设施，品位档次低，又部分成为危房，存在安全隐患等问题。而这些老房子往往占地相对狭小，并且不少是成片连体建造，原地拆建十分困难，也不符合发展要求，客观上要求批地新建。

近两年来，社会主义新农村建设如火如荼，有关部门也要求各地必须制订村庄发展规划，今后村庄的发展和建设必须按规划进行。这对于今后合理利用土地、优化村庄环境，改善村容村貌起到很好的规范作用。然而，在许多地区存在着规划不落实和难落实的现实。规划不落实，主要是农民建房存在着随意性。由于建房审批难，农户就采取见缝插针，用以空补缺的形式建房，有的干脆在村庄四周随意建房，造成新房不成排，巷道不成线，村内交通堵塞，排水不畅，村庄基础设施无法按照规划进行建设。规划难落实，主要是可操作性差。有一些规划事先没有经过翔实地实地调研，起点高、标准高，不太符合实际，在实践中无法操作。

为此，2009 年 6 月，浙江省委、省政府制定下发了《加快农村住房改造建设的若干意见》；省政府决定，从 2009 年到 2012 年，用 4 年时间改造农村危旧房 115 万户。据测算，浙江农民每户建房投入在 10 万至 20 万元不等，加上配套基础设施投入，户均投入一般在 25 万元左右，未来四年内改造建设 115 万户农房将直接拉动投资和消费 2500 亿元。为避免大规模农房建设带来“有新房无新村”的局面，浙江省此轮农村住房改造过程中，提前规划被放到了重要位置，规定没有规划不得实施。全省近 1.8 万个村完成了村庄建设（整治）规划编制，村庄规划编制率达到 54.3%，为优化农房布局、强化农房规划管理开展村庄整治，提供了实施依据。各地严格依据村镇规划，控制农房占地面积、建筑面积，建筑层次和建筑高度等。

二、沿海地区现有农房防灾能力普查结果分析

笔者对 1990 年以来正面登陆浙江省的几起典型的破坏力较强的强台风导致人员死亡的原因进行过统计比较（表 2-2）。表中明显看出 9417 号台风死亡人数达到 1000 人以上，这次台风的大多数遇难者是由于在风暴潮冲击下海塘决堤而被淹死的，因房屋倒塌死亡的比例不到一半。与 9417 号台风相比，0414 号“云娜”台风和 0608 号“桑美”死亡人数显著下降。尽管从台风强度而言，这两个台风并不比前者弱，导致人员死亡的原因却发生了本质变化：这两次台风中因房屋倒塌而导致死亡的人数达到或超过了总死亡人数的 2/3，这是因为 20 世纪 90 年代末，浙江省建起了高标准的海塘和江堤，明显减少了因风暴潮引发海水倒灌导致人员死亡的数目，而强风作用下房屋倒塌开始成为人员伤亡

的最主要原因。

近年来，浙江省沿海和山区部分农房抗灾能力薄弱，部分农村低收入家庭住房困难，农房防灾减灾保障体系亟待健全和加强。在台风袭击下，许多农房极易发生倒塌事件。因此，确保农村住房安全是有关政府部门研究和工作的重点。

1990年以来登陆浙江典型强台风人员死亡统计　　表2-2

台风名称	登陆时台风中心风速等级	登陆时间	灾后死亡人数	因房屋倒塌至死人数	
				人数	占死亡总数比例
9417号弗雷德台风	13级	1994年8月21日	1126	475	42.18%
0414号云娜台风	14级	2004年8月12日	164	109	66.46%
0608号桑美台风	17级	2006年8月10日	193	144	74.61%

为提高沿海地区农房抗灾能力，保障农村群众生命财产安全，2006～2007年，根据浙江省政府部署，沿海地区188个易受台风灾害影响的重点乡镇开展了农房防灾能力普查。根据《农村危旧房质量安全状况评价指导意见》，通过评估农房本身的质量状况，结合考虑农房建造年代、结构类型、所处地理环境等因素。

普查中主要通过对农房的地基基础、墙体、梁柱、楼面、屋盖及围护结构等主要部位和构件质量状况进行全面调查，综合考虑房屋所处环境（主要致灾）因素，对农房的整体防灾能力按照“较好、一般、较差、差”四个等级进行了认定。

在此基础上，向农户印发《农村住房质量情况和防灾建议卡》，建立农村住房质量数据库，制定农村住房防灾应急预案，明确将防灾能力认定为差和较差的农房，作为防灾重点。

数据显示（分别见图2-21、表2-3），在普查的174余万幢农

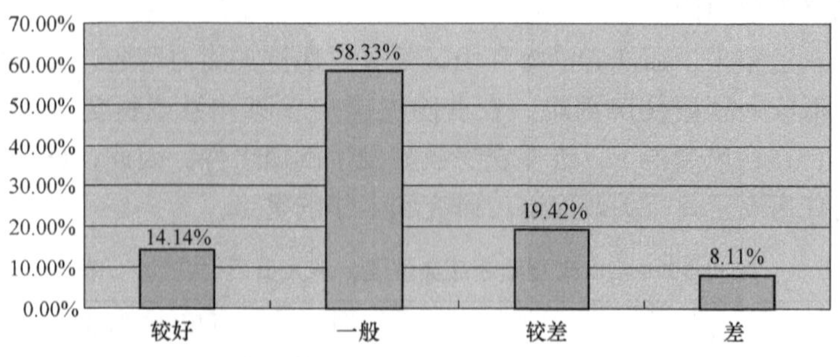

图 2-21　沿海农房防灾能力四个等级比例

房中，防灾能力被认定为“较好”、“一般”、“较差”、“差”四个等级的农房所占比例分别为 14.14%、58.33%、19.42%、8.11%。这就意味着全省沿海地区有 27.5%的农房存在比较严重的质量安全隐患。

2006～2007 年浙江省沿海地区农房防灾能力普查结果　　表 2-3

市地名	普查乡镇数	普查总户数	农房防灾能力等级							
			其中:较好		其中:一般		其中:较差		其中:差	
			户数	比例%	户数	比例%	户数	比例%	户数	比例
宁波	40	418963	72647	17.34%	257194	61.39%	58949	14.07%	30172	7.20%
温州	50	435910	41395	9.50%	185913	42.65%	158142	36.28%	50460	11.57%
舟山	57	189057	16575	8.77%	131021	69.30%	28855	15.26%	12606	6.67%
台州	41	697879	115734	16.58%	441842	63.31%	92398	13.24%	47905	6.87%
合计	188	1741809	246351	14.14%	1015970	58.33%	338344	19.42%	141144	8.11%

注：数据来源住房和城乡建设部研究项目——浙江省农村困难群体危旧房基本情况研究报告。

另外，浙江省有关政府部门组织广大设计人员走进农村，努力做到按照农村农户所盼所需，提供一村一规、一户一图的规划设计服务、安全施工技术服务。编印并免费下发了《浙江省农村住房改造建设“百例”》，《2009 年浙江省农村住房设计方案图集》、《浙江省农村住房建筑及结构详图》、《浙江省农村住房建设施工技术实务》等多种技术标准 1 万多册，供各地农房改造参考，着力改变千村一面和农房建设无序状态，使农村住房更加安全、实用、经济、美观，使村庄环境更加协调、自然和谐、富有特色。例如，2006年“桑美”超强台风过后，苍南县针对当地台风灾后倒房重建工作，因地制宜，合理确定重建方式。倒房重建主要有原地重建、异地重建、购买闲置民房等重建方式，并专门安排驻村干部一对一地帮助灾民制订倒房重建计划，筹集资金，把倒房重建工作做细做实。严格把关，确保质量，严格按照“防灾、避灾、抗灾”的要求，要求各乡镇严格落实《灾后民房结构构造验收最低标准》，向农户发放《灾后重建明白卡》，免费提供不同的户型设计图纸，加强对重建工作的技术指导和把关，并组织有资质的建筑施工企业建灾民新区，还总结了“打圈梁、砌实墙、有立柱、现浇板”的顺口溜，让重建户都知道具体的建房标准。有效提高了受灾群众的建房质量安全意识，提升了农房重建的质量和抗灾减灾能力。

三、全面开展农房风险防范建设

浙江省是自然灾害频发省份之一。每年在台风、泥石流、山洪、地震等自然灾害中都有大量农房倒塌受损和人员伤亡。目前，浙江省在防台工程建设、台风灾害应急预案的确立以及灾后迅速组织人员迁移和灾后救济等方面取得了显著的成绩，一直处于国内领先水平，力求将台风损失降为最低，但是由于技术发展水平的限制，至今仍不能完全掌握台风规律，因台风而造成损失仍然数额巨大，对经济的增长、社会的稳定和人民的生活质量有巨大影响。每年台风等灾害造成农房大量倒塌，给广大农民群众带来严重的财产损失，政府救灾工作压力也很大。

浙江省沿海地区具有人口众多、房屋密集的特点，当台风正面袭击浙江省时，往往会对房屋的安全构成极大威胁。尤其是近几年连续遭受多次强台风袭击，2004年倒塌农房8.26万间，2005年倒塌农房4.4万间，2006年仅台风“桑美”过境就倒塌房屋3.9万间（图2-22）。从近几年抗灾救灾的情况看，各级政

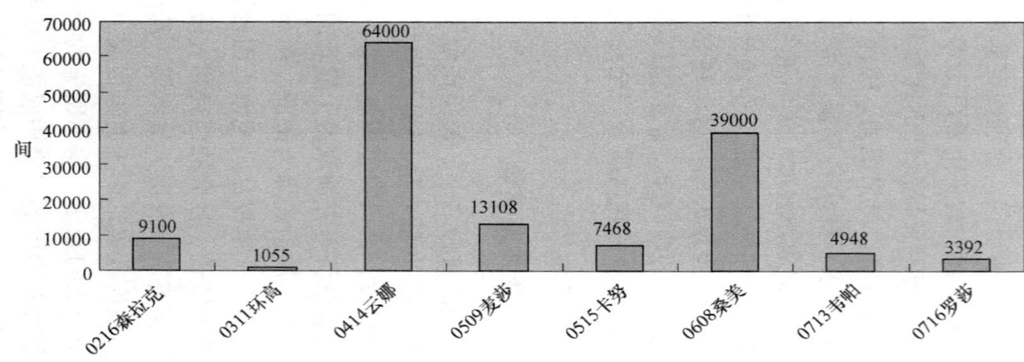

图 2-22　2002～2007 年浙江省境内登陆的强台风造成房屋倒塌数

府投入了大量人力物力，但相对于庞大的受灾面积而言，救助毕竟是有限的，还存在着救灾渠道单一化、定损简单化、救灾补助平均化等问题。2005 年浙江省因倒塌房屋造成的直接损失为 4.2 亿元，当年民政救济补助为 5000 多万元，只占全部损失的 12% 左右。可见，完全依靠政府的救助，并不利于受灾农户尽快重建家园，恢复生产生活。

经过多年的发展，浙江已形成了较为完善的商业保险机制，工商企业投保率较高。但农民住宅的投保率较低，原因是高风险、高赔付，商业保险很难找到结合点。为扶持弱质产业，支持农民灾后重建，在调研的基础上，省政府已出台了政策性农房保险文件。构建农村社会保险体系，完善救灾保障机制，为农民建立起抗灾的保障方式。通过农村居民的生活住所保险，引入保险机制，投入少量的资金对农村住房实施政策性保险，是花小钱办大事的科学选择。充分运用保险大数法则，提高救灾资金使用效率；有利于准确反映灾情，提高救灾资金补助的科学性、合理性和规范性。这种运行模式改革了传统救灾机制，变灾后救济为灾前保险补助，来实现对农民的保障。

2006 年 11 月出台《浙江省人民政府关于开展政策性农村住房保险工作的通知》（浙政发〔2006〕67 号），明确了政策性农村住房保险的实施办法和政策措施。并于 2006 年年底，全省全面推行了政策性农村住房保险制度。探索实施政策性农村住房保险，创建实行“政府补助推动＋农户自愿交费＋市场经营运作”的运行模式。由商业保险公司承担政策性农房险的经营业务，实行“单独建账、独立核算、以丰补歉、自负盈亏”。

保险原则：农户自愿参保、政府补助推动、保险公司市场运作。

保险主体和对象：保险主体为全省范围内具有浙江农业户籍的所有农户。保险对象为农村居民自有的生活住所，仅指房屋主体，不包括围墙、院门、车库、柴草间、禽畜间、杂物间等附属建筑。因受台风、热带风暴、洪水、暴雨、地质灾害等自然灾害

（地震灾害除外）和火灾、爆炸等非自然灾害造成的农民房屋倒塌，均可按约定标准理赔。一户多宅者，政府只补助一宅参保，其他房屋可自愿选择投保商业性农村住房保险。根据调查摸底，全省涉及农村住房保险任务的有 86 个县（市、区），共 1025 万户。

风险区域的划分：由于浙江省地处沿海，受台风等巨灾因素影响，地区间风险差异仍然较大。为比较精确地反映浙江省内各地风险程度，有关部门对全省 11 个市近三年来遭受自然灾害风险系数进行了详细测算，把风险系数大于 0.5 的作为一类地区，小于 0.5 的作为二类地区。按照风险系数将全省划分为两大风险区域：一类风险区域为温州、台州、舟山、丽水等 4 个市，二类风险区域为杭州、宁波、绍兴、湖州、嘉兴、衢州、金华等 7 个市。

保费标准：政策性农村住房保险根据历年来的农村房屋的损失概率，划分了两类风险区域，制定了不同的保费标准，高风险高收费、低风险低收费，体现了公平的原则。一类风险区域（温台舟丽）每户农户每年保费 15 元，其中农户交费 5 元，省财政补助 4 元，市、县财政补助 6 元；二类风险区域按每户农户每年保费 10 元，其中农户交费 3 元，省财政补助 3 元，市、县财政补助 4 元。政策性农村住房保险以政府补助为主，农户只承担 30%，促进了公共财政体制建设，有利于财政进一步向农民倾斜，使人民群众得到了更多实惠。

赔付标准：每户最高赔付 1.8 万元，其中每间最高赔付 3600 元。由于农村困难家庭往往居住面积较小、间数较少，这些农户交纳一样的保费，如果只按间数理赔，就不能得到相同的保障金额。因此，保险条款约定如投保自然间数低于 2 间（含），每户按 9000 元赔偿；如投保房间数为 3 间（含）以上的，每户按 18000 元赔偿。考虑到受灾农户恢复基本生活的时效性，保险公司制定了快速理赔的制度，即与农民达成赔偿协议后，要求在 3 个工作日内实行一次性全额赔付。

为调动农民参保的积极性，浙江省出台规定，按照分级负担方式，根据不同区域的补助标准，省、县两级财政给予政策性农村住房保险专项补助，并建立了“三结合”激励机制，即农户自愿参保与政府补助相结合，省财政补助与是否完成参保率相结合，中央及其他救灾资金补助与农户参保相结合，中央财政及其他用于恢复重建的救灾资金，优先、从优支持参加政策性农村住房保险的农户。财政资金对农村低保户和没有实行集中供养的“五保”人员的保费给予全额补助。2007～2008年，全省各级财政共投入农房保费补助资金1.42亿元，其中省财政7322万元、市县财政6874万元。

为确保受灾农户及时得到有效赔付，浙江省专门制定《浙江省政策性农村住房保险倒塌房屋界定标准和裁定办法》，明确分级赔付的标准和要求，规定裁定程序，仲裁索赔农户与保险公司之间的异议，有效地保障参保农民利益；培训组建了1.2万人的理赔队伍，有效提高了理赔质量和效率。例如，2007年，浙江温州苍南县龙港镇章良村连续遭受了“韦帕”和“罗莎”两次台风直接登陆袭击，共造成35户农户受灾，倒塌房屋140间。大灾发生后，苍南县保险公司当天就赶到村里查勘定损，及时将全部赔款送到了农户手中，不到1个月时间全村80％的受灾农户都已盖好新房。农民自救能力增强，灾后能够及时重建家园、恢复基本生活——这一切都得益于浙江省政策性农村住房保险发挥的效应。

政策性农村住房保险是一项开创性的工作，需要时间的检验，因此浙江省把2007～2009年确定为3年试行期。据2009年数据统计，全省共计承保农户1003.36万户、农户参保率达到98.58％，收取保费11816.33万元；赔付方面，全省共赔付7787.34万元，赔付率69.9％，圆满完成了政策性农村住房保险项目的续保工作，基本实现全省应保尽保的目标任务。经过3年试行期后，浙江省政府又颁布《浙江省人民政府办公厅关于将政策性住房保险试点转为日常工作的通知》决定将政策性农村住房保险试点转为日常工作，并在全省全面展开。

多年的实践证明，由于实行低费率、高赔付、政府补助为主的政策，该保险受到了广大农民群众的欢迎。浙江省政策性农村住房保险实现了“农户有需求、政府能承受、保险公司可经营”。该项制度是目前国内同类制度中保障农户最多、保障标准最高、保险责任最广，比较符合浙江实际、可持续发展的一项制度。

四、沿海村镇民房建设存在的安全问题

根据我们近几年对浙江沿海台风灾害区农村建设的调查了解，当前农村建房中存在不少亟待解决的问题。首先是地质构造条件容易发生灾害。我省沿海台风灾害区工程地质构造复杂，极易诱发崩塌滑坡、泥石流及基础沉陷等地质灾害。其次是农村建房的防灾减灾意识还有待提高。如建设中讲面子、比排场、贪大求洋，在建筑高度和装饰装修上盲目攀比而不重视防灾减灾质量要求以及一些封建迷信观念等。由于浙江省人多地少，土地紧缺，一些山区，半山区农村住宅多是在坡杂地采取后削坡前填方的办法依山而建。沿海沿溪边的则填海（溪）围地而建。一些农民因抢建滥建而对房屋安全缺乏考虑。据统计，2003～2007 年，在灾害中的人员伤亡，因房屋倒塌致死的比例为 84.3%。其中，因洪水、台风造成房屋倒塌致死的人员占 56.2%，泥石流、山体滑坡造成房屋倒塌致死的人员 28.1%。在灾害中倒塌受损的农居，既有老旧的砖木、泥木结构房屋，也有 20 世纪 90 年代以及近几年新建的砖混结构房屋。造成房屋倒塌的主要原因有以下几方面：

（一）突发性地质灾害的影响不容小觑

所谓的突发性地质灾害，是指不可预料的因自然因素或者人为引发的危及人民生命和财产安全的山体崩塌、滑坡、泥石流、地面塌陷、地裂缝、地面沉降等与地质作用有关的灾害。由于全国一些地质性灾害的频频发生，预防地质性灾害工作越来越受到重视，现已成为建设部门和国土地质部门的重要工作内容。地质

灾害的频发主要是由于受灾地区地质环境条件脆弱且局部强降雨现象严重，另外，人为工程活动以及山区人民防灾意识薄弱也是诱发地质灾害和致灾的重要因素。

山区平缓土地很少，泥石流扇就成为当地重要的土地资源。尤其是几十年甚至上百年未发生泥石流的沟口，基本上成为当地人口密度和经济密度最大的高度利用地段。同时，由于这些沟谷长期未发生泥石流，人们对泥石流灾害的防范意识淡漠。低频性的泥石流沟平时不发生泥石流，物质积累多，一旦暴发泥石流则为大规模泥石流。因此，低频性泥石流沟一旦发生泥石流，就会产生严重损失。如 2004 年 8 月 12 日，第 14 号台风“云娜”在温岭市石塘镇登陆后，继续往西偏西南方向移动进入乐清市北部地区，过程最大降雨量达 916mm，属乐清市百年未遇的降雨。由于降雨量大，降水过程相对较短，8 月 13 日凌晨乐清北部地区大面积暴发山洪，3 处 1000 多米长的巨大泥石流分别从龙西乡、福溪乡、仙溪镇的山上奔泻而下，在泥石流所过之处，村庄全部被毁，变得面目全非（图 2-23）。这场历史罕见的特大泥石流导致上山村等 9 个村 42 人死亡、5 人失踪，288 间房屋倒塌（不包含受损房屋）共需 2 亿元赈灾资金。

图 2-23　2004 年“云娜”台风袭击乐清市龙西乡造成泥石流

乐清市的泥石流暴露了沿海地区在应对泥石流灾害方面灾害评估能力和灾害预报能力的不足，在日常活动中对泥石流无防范意识，从而造成了严重灾害，应引起了各级防灾部门的高度重视。

（二）民房建设选址不当易发生灾害

沿海村镇民房建设中另一个要充分重视的安全问题是：危险地段的农村盲目建房。由于人们的安全意识淡薄，把房子建在不宜建设的危险地段，如在不稳固的江堤上，在开山取石后的崖壁下，在山区溪流的滩石地，结果造成房屋坍塌。这些地段的住宅建筑极易突然坍塌，或者被崩塌的巨石砸毁，被洪水冲走。与此同时，危险地段建农房的特点之一就是这些建设大都是违法建设。建房地点没有地质安全方面的考虑，更不用说地质勘探，由于是违章建设，匆忙上马，房屋安全根本没有保证。许多倒塌的房屋位于风力汇聚的山谷口、山岙或具有明显风力增强效应的迎风或侧风山坡附近。这些区域或为抗风不利区域，该范围内的房屋要比其他房屋承受更大的风荷载作用，倒塌的可能性明显增大。

浙江省沿海地区有许多村镇地处山区、半山区或者丘陵地带。由于耕地太少，可居住地有限，成为制约这些地区农村住宅选址重要因素。例如永嘉县地处楠溪江流域，主要乡镇分布于各溪流两岸，村民多居住在山边坡地和溪边滩地。为了留出耕地，山区村民只能选择在山坡地和河滩地建房，人们选址的判断标准是经验，只要某地在经验中没有发生过危险事件或者表面看来不会有危险，就会在此建房居住。而经验选中的地方往往是地质灾害隐患地带和山洪行洪地带，极易受灾。平时溪流水小，村民住房和家庭财产不会有大的危险，一旦遇到强台风所引发的山洪暴发，几个小时之内山谷变成汪洋一片，沿溪村民的生命和财产难逃劫难。例如 2004 年受 14 号台风“云娜”袭击的影响，楠溪江流域引发山洪，造成永嘉全县受灾，其中 18 个乡镇被洪水长时间淹没，受灾群众 51 万，死亡 6 人，失踪 1 人，直接经济损失

11 亿元。

连片建设的城镇住房，整体抗风性能远好于单幢楼房。如“桑美”台风中苍南县灵溪镇的多幢 2 层砖木结构房屋，位于城镇中心，外围均是结构性能较好的四五层住宅，经其遮挡，砖木房屋仅有少量掉瓦现象。而零星散布的同结构类型农房倒塌数量多。这些房屋处于村镇边缘或空旷田野的孤立位置，没有和相邻房屋形成一个整体的布局，缺乏成片建筑群中房屋之间的相互遮挡效应，其承受的风荷载要比建筑群内部的房屋更大，因此更易受台风袭击而倒塌（图 2-24）。

图 2-24　苍南县金乡镇洪岭下村在“桑美”台风中倒塌的房屋

因此，在进行民房建设的选址时，应注意潜在危险的发生，尽量避开不安全地带。选择地势平坦、开阔，上层密实、均匀或稳定基岩等有利的地段。不宜在软弱土层、可液化土层、河岸、湖边、古河道、暗埋的滨塘或沟谷、陡坡、松软的人工填土，以及孤突的山顶或山脊等不利地段建房。不应在可能发生滑坡、崩塌、地陷、地裂、泥石流以及有活动断裂、地下溶洞等危险地段建房。

（三）许多村镇建筑结构不合理

“台风灾害”实质上是房屋本身的强度不够，组成一幢房屋的各部件连接不牢或锚固不好以及不注意抗风等造成的“自垮”或“自毁”的结果，是房屋自己抗不住台风形成的灾害。应当指出的是房屋抗台风灾害能力的决定因素是整幢房屋的刚度和整体性，整体性越好，越能显出房屋的刚度大，其抗风能力越强。而并不是完全取决于墙体厚薄，或者全部改用钢筋混凝土。我们曾对历年来台风灾后民房的倒塌原因进行了认真分析，发现许多倒塌的房屋在结构方面都存在严重的缺陷，特别是那些在当地村民眼里认为是非常安全的新建多层（大部分为 4 层）砖砌体结构民房，存在的缺陷更严重。而恰恰也正是这些房子的倒塌带来了大量的人员伤亡！这是因为许多在台风侵袭考验后幸存下来的房屋，尽管从外表看仍能维持原状，但终究已经过大风、大雨、大浪的冲击，在房屋结构构造方面难免会产生裂缝、变位、脱落、错位、倾斜或粉刷脱离等各种现象，致使结构强度不够，导致工程失事；由于结构设计施工管理中的问题，会导致许多结构安全性得不到保障。因此，对这类房屋不能掉以轻心，应认真做好“风后检查、风前加固”并订立经常性定期维修制度加以维护。

在台风中倒塌的房屋最多的是木结构、砖木结构等简易结构房屋。砖混结构的房屋是刚度大、抗水平力好的结构体系。但有的砖混结构房子照样倒塌，其原因是在设计上有问题，如底层层高过高，每间房屋仅有两道横墙，大部分没有设置纵墙，采用木楼板等等，使砖混结构的房子整体性减弱，造成失横倒塌（图 2-25）。“桑美”台风中，温州市苍南县一幢四开间三进深的 4 层楼房，无构造柱和圈梁，前后无外围护纵墙；木楼梯置于房屋中部，内部无纵墙；2 层楼板至屋面为木楼盖，直接搁置在横墙上。台风作用下，顶层山墙倒塌，屋盖砸落，进而下层楼盖坍落，以致房屋整体坍塌。

设置构造柱对增强房屋抗倒塌能力有重要作用，在墙体达到破坏的极限时，由于构造柱的约束，使破碎墙体中的碎块不易散

图 2-25　砖混结构房屋倒塌破坏实例

落，从而保持一定的承载能力。而在这些倒塌的房屋中，一般都不设圈梁，有的设圈梁但圈梁不连续。房屋中不设构造柱成为这些倒塌房屋的一个致命原因。

另外，房屋采用开大门窗，转角无墙垛，也是造成房屋在台风中倒塌的原因。房屋受灾时往往是狂风、暴雨，并夹带毁坏物、断枝、碎片等，以很高的速度直接冲击房屋的迎风墙面；遇到开孔的门窗往往将其击破形成进入屋内的突破口；房屋屋顶在强大的风吸力以及暴雨冲刷下，首先是屋面材料被吹走，继而屋盖结构被损坏或塌陷，最后将使全部屋顶被掀掉；四周墙体被风力袭击和暴雨冲刷后破坏或倒塌。

（四）许多村镇建筑的体型欠佳

合理的选择房屋体型可以有效减轻风荷载，是提高台风多发区村镇房屋抗风能力的首要措施。但随着沿海台风多发地区村镇经济的发展，人们片面追求房屋的面积大、层数多、层高高，盲目攀比现象严重，许多房屋的高宽比（长细比）过大，如单间造到三至四层或更高，或其中一间局部突出。一方面，这种房屋所承受的风力比正常房屋更大，因为在其他条件不变的情况下，房屋的表面风压随着房屋高宽比的增大而增大；另一方面，这种房屋本身的刚度和整体性一般都较为薄弱，更易于变形和倒塌。

在许多农村地区普遍存在着“重规模、轻质量”的思想，从而忽视了其对抗风的不利影响。从灾后调研情况来看，大量村镇房屋在体型上对抗风极其不利，这些房屋的长宽比、高宽比通常在 1∶3.3 以上，过大的进深和层高使承重墙自稳定性较差，受风面积大，在台风中极易破坏；有些房屋结构不对称，局部突出一间，在台风中极易倒塌并压塌相邻房屋；有些房屋孤立建造，高宽比过大，易产生倾覆或失稳破坏。如苍南县某村有一幢四开间砖木结构民房，其边缘一间为三层，其余均为二层，房屋进深达 15.5m，底层层高为 3.8m，上二层层高 3.4m。台风经过后，先将端部三层部分的承重山墙吹倒，并导致相邻的二层房屋全部压塌。

（五）构造措施不到位

许多村镇建筑在抗台风构造措施方面存在以下问题：

（1）屋盖、楼盖与竖向构件无可靠连接。楼（屋）盖仅搁置于墙体上，易滑落。上覆结构重量轻，瓦片被成片刮起。

（2）门窗、玻璃质量差，与主体结构连接不牢固。其破坏后，台风进入室内形成负吸力，加剧了台风作用。

（3）女儿墙与主体连接差，未设混凝土压顶和构造柱。近年临海新建的砌体房屋，因设置了圈梁和构造柱，“桑美”台风中房屋主体完好，但女儿墙受损数量多，大多沿根部被削平。

（4）围护墙与主体结构未形成整体，从而形成悬臂构件，抗侧力差。

（5）纵横墙无可靠拉结，空斗墙房屋转角处未按规范要求实砌，使承重墙无可靠的侧向支承。整体抗弯能力差。

（六）村镇建设工程质量安全亟待重视

建筑质量的好坏直接关系到建筑在灾害中的生存能力。在各种自然灾害中，地震、台风、龙卷风、水灾等都会给住宅造成不同程度的破坏。农村住宅建设如果自身建造牢固，建成后有一定的防灾、抗灾能力，那么造成灾难后果的几率将大大减少。反之，粗制滥造的住宅刚建成就可能变成危房，有自行倒塌的危险。在历次台风灾后的调查中，我们对倒塌的房屋从建筑质量角度进行考察，发现农村地区的一些普遍的习惯建造手法其实存在很大的安全隐患。农村建筑的质量安全问题表现在以下几个方面：

（1）施工队伍总体水平较差

部分村民不愿意找正规施工队伍施工，自找地方普通工匠建造。农村工匠普遍都是从泥瓦工过渡过来的，文化水平普遍不高，缺少房屋结构知识，凭经验盖房，没有现代意识和减灾意识，造成部分房屋构造不合理。如：不少房屋的楼梯构造不正确、施工缝位置不当；几乎所有的房屋都没有设置构造筋；部分铝合金窗安装固定方法不符合要求；混凝土、砂浆原材料不计量；空斗墙构造不符合、砌筑工艺错误；不少房屋窗间墙、女儿墙等墙体中间缺少构造柱等。由于施工质量差，影响了住宅的整体性，减弱了房屋的刚度、抗风和抗侧移能力。这些问题造成了住宅房屋的抗台能力不足。要想从本质上改变农村建房的致灾隐患，就必须大力培训农村工匠，让他们获得一定的资质，持证上岗，对所建造的房子，要签订保修期限，承担一定的责任。

（2）结构不合理

在台风中倒塌的房屋最多的是木结构、砖木结构等简易结构房屋。砖混结构的房屋是刚度大、抗水平力好的结构体系。但有的砖混结构房子照样倒塌，其原因是在设计上有问题，如底层层高过高，每间房屋仅有两道横墙，大部分没有设置纵墙，采用木楼板等等，使砖混结构的房子整体性减弱，造成失横倒塌。

据统计，倒塌的房屋以 20 世纪 70～80 年代建造的最多，约占 70％。温州、台州等沿海农村地区 90 年代曾出现建房高潮，当时钢筋、水泥等建材比较紧缺，就地取材建房，一般采用石板、石块、木头等建材，木构屋（俗称墙头扛）、青砖空斗墙与石板组成的混合结构体系（俗称大寨屋）曾大量应用，这是两种既不稳定又不安全的房屋结构体系。这些倒塌的房屋一般都不设圈梁，有的设圈梁但圈梁不连续。房屋中不设构造柱，这点成为受灾房屋的致命伤。设置构造柱对增强房屋抗倒塌能力有重要作用，在墙体达到破坏的极限时，由于构造柱的约束，使破碎墙体中的碎块不易散落，从而保持一定的承载能力。房屋采用开大门窗，转角无墙垛，也是造成房屋在台风中倒塌的原因。大风在破坏大门窗后，气流直接作用于后屋面下部，易造成屋盖破坏、雨水侵入墙体，使墙体承载力下降。

（3）建材不合格

建房成本投入是农民的血汗钱，钱来之不易，所以在开支上，也是精打细算，谨小慎微。但是建一回新房，舍不得投入，什么都将就，是留下致灾隐患的祸根。一些村民的房屋由于无钱对外墙进行粉刷，长时间受雨水侵蚀会丧失承载力。有的农村建筑施工队为个体利益不惜偷工减料，一些房屋虽然也采用水泥砂浆或水泥石灰砂浆，但由于水泥含量低、杂质多，导致水泥砂浆强度很低。另外，一些劣质钢材也流入管理薄弱、贪图价廉的农村市场，使农民的房屋质量雪上加霜。

五、浙江省的“固房”工程介绍①

在现有技术经济条件下，浙江省沿海农村地区不少农房还难以抵御超强台风的袭击，极易造成人员的伤亡。这些危险农房建造年代久远、长期失养失修，多数仍由五保户、低保户、因灾因病因学返贫户等农村低收入困难群众居住使用，这些困难农户既无能力建造满足安全居住要求的新房，也基本无能力自主改造修缮危险住房，需要政府给予扶助和保障。

2008年，浙江省人均生产总值已接近5000美元，已经达到中等发达国家水平。根据“创新强省、创业富民”的总战略，浙

① 本节的部分内容摘选自浙江省政府实施“强塘固房”工程的相关文件及领导讲话稿。

江省省委、省政府适时提出了全面实施“固房”工程。浙江省实施“固房”工程的目的是：为了加强综合减灾能力建设，增强防范和应对台风等自然灾害能力。“固房”的重点是提高全省特别是沿海地区农房抗灾水平，由住房城乡建设部门牵头。通过若干年努力，在全省建成布局合理、标准适宜、体系完备、功能完善、管理规范、保障有力的防灾减灾工程体系，使防灾减灾能力达到中等发达国家水平。

（一）“固房”工程的工作任务

浙江省通过实施“固房”工程要实现“六个基本”：

（1）基本完成重点区域、重点对象既有危旧房改造。重点对沿海易受台风灾害影响地区、地质灾害易发地区危旧房和农村困难家庭危旧房进行改造加固，基本消除既有危旧房结构安全隐患。

（2）基本完成地质灾害严重隐患区域搬迁或治理。开展应急勘查、治理、排险等防治工程，基本完成地质灾害严重隐患区域的农户搬迁或工程治理。

（3）基本完成农村避灾安置场所建设。修订完善防灾应急预案，建成县、乡、村三级避灾安置设施网络，确保灾害来临时人员科学有序转移和妥善安置。

（4）基本建立农房救助体系。以农村困难群体中的无房户、住房困难户和因灾倒房困难户为主要救助对象，通过新建、改建、修缮、置换等多种方式，保障其基本居住条件。

（5）基本建立比较完善的农房规划建设管理体系。加快法规规章和标准规范体系建设，使农房建设实现“有法可依、有规可循、专人管理”，新建农房基本做到“选址科学、结构合理、施工规范、选材可靠、体现乡土特色”。

（6）基本建立三位一体的农房防灾减灾保障体系。不断完善政策性农村住房保险、避灾转移安置和灾后重建扶助政策，实现灾前、灾中、灾后全过程防控和帮扶，切实提高农民群众防灾意识和能力。

(二)“固房”工程的重点工作

浙江省实施“固房”工程的重点工作包括：

(1) 农村危旧房改造是实施“固房”工程的重点。农村困难群众危旧房改造是农村危旧房改造的重点。农村困难群众住房救助对象主要有四类：一是不宜实行集中供养的农村五保户；二是农村最低生活保障家庭中的无房户和住房困难户；三是因灾倒房户；四是县级以上人民政府规定的其他困难家庭。要深入开展农村危旧房现状调查工作，以沿海易受台风影响地区、地质灾害易发地区及农村经济困难群众为重点，兼顾其他地区非经济困难群众危旧房；摸排农村年久失修、残损破旧、不具备基本居住条件的住房；存在严重结构缺陷和安全隐患，不能保证居住安全的住房。调查内容主要包括农村困难家庭的人口和收入情况、现有住房质量安全状况和房屋改造意愿等。摸清农村危旧房底数，对调查掌握的农村危旧房，要按其家庭收入状况进行分类，为稳步扩大农房救助覆盖面提供依据，并提出农村危旧房改造计划。

(2) 扎实推进农村困难群众住房救助。完成一定数量的农村困难家庭危旧房改造任务。农村困难群众住房救助方式根据救助对象住房实际状况、村镇建设规划以及救助对象的意愿，采取新建、改建、扩建、修缮、置换、租用等方式实施救助，基本建立与群众需求和发展水平相适应的农村困难群众危旧房改造救助体系。在省级财政资金补助的基础上，县级、镇级财政均应安排配套资金，使每户农村困难群众平均能够得到1.2万元以上的危旧房改造补助资金。同时要分轻重缓急，逐年推进救助改造工作。依次确保完成农村五保户、低保户危旧房改造，确保完成农村低保标准120%以下的困难群众危旧房改造，有条件的要逐步覆盖到农村低保标准150%以下和200%以下的困难群众。

(3) 加快实施农村地质灾害避险。农村地质灾害避险无非是三条路，一是工程治理，二是临时转移，三是农户搬迁。对严重地质隐患区，农户搬迁是一举多得、彻底解决隐患的好办法。要根据地质灾害发育程度和危害程度认定搬迁点，对拟作为安置点的地区必须经过地质灾害危险性评估，切实组织好安置点的规划建设，并同步做好群众安置及生活保障、原宅基地的复垦和原承包地的处置等工作。要把地质灾害避险搬迁作为下山脱贫的重点。按照统筹城乡发展和新农村建设的要求，将“百村示范、千村整治”工程和“固房”工程有机结合，将危旧房改造、违章建筑治理和村庄整治有机结合，将下山搬迁安置、水库移民安置等和新村建设有机结合，在努力扩大“固房”工程覆盖面的同时，加快推进统筹城乡发展和新农村建设的各项工作。

(4) 做好农村避灾安置场所的建设。加强农村避灾安置场所建设和防灾备灾工作，在合理规划的前提下，新建一批县、乡两级避灾安置场所，逐步形成覆盖县、乡、村（居）三级的避灾安置设施网络。对已确定的农村避灾安置场所要加强质量安全检测，努力做到农村避灾安置场所100%安全，确保灾害降临时人员的及时有序转移和妥善安置。建设主管部门和乡镇政府要将农房防灾能力普查认定为差和较差、暂时又不具备改造和加固条件的农房，列为重点监护对象，在台风等自然灾害来临的第一时间转移人员，确保不死人、少伤人。

(5) 全面推进政策性农村住房保险。这项政策的实施，大大提高了农户灾后重建能力。要进一步加大宣传发动力度，不断提高农户参保意识；要加强基层理赔网络建设，提高理赔效率，提高服务质量，确保参保农户在灾后都能及时得到合理赔付；要探索建立政策性农村住房保险与农房建设管理的联动机制；通过细化政策性农村住房保险的保险范围、理赔标准，完善差别赔付政策，形成激励约束机制，引导农户科学建房、规范建房，从源头上提高农房抗灾能力。

(6) 加快推进村庄规划编制与实施。村庄规划是实施固房工程，实现农房建设科学选址、合理布局的基本依据。在县域，要全面推进县市域总体规划的编制与实施，合理构建以中心城区、中心镇、中心村为主体的城乡空间布局框架，明确县市域基础设施和公共服务设施的基本走向、布局要求和配置标准，合理引导自然村、小型村的人口迁移流向。在村域，要以县市域总体规划和村庄布局规划为指导，按照建设中心村、生态村、特色村的不同定位和村庄的基本功能，加快中心村和保留村建设规划编制，依据规划布局建设农房。村庄规划要与地质灾害防治、防台、防洪等专项规划相衔接，科学安排居民点的数量、布局、范围和用地规模，按生产、生活、生态等不同功能实现合理分区，积极引导农民向中心村集聚建房。特别是地质灾害易发区域内的村庄规划编制，必须依法进行地质灾害危险性评估。城乡规划和国土资源部门要切实加强监督和指导。要健全规划编制的村民参与和公示制度，提高规划的可操作性。要强化村庄规划实施。全面实施乡村规划建设许可制度，严格按照规划进行农房建设，从严控制农房建设层数、高度、间距和立面设计，确保农房选址避开自然灾害易发地带，特别是风口及存在洪涝、山体滑坡等地质条件不稳定的严重隐患区域。

（7）加强新建农房质量安全监管。实施固房工程，既要“清旧账”，还要严格避免“欠新账”，防止新建农房出现质量安全隐患。加强农房规划、设计、施工等监管和技术指导，除了把好选址关外，还要把好设计关、施工关、验收关。一是要全面推行农房设计。继续组织编制农房建筑设计施工图集，无偿提供并指导建房户使用，引导和鼓励有条件的建房户自行委托设计，农房设计必须满足防灾减灾的要求；建立农房开工备案、竣工验收和备案等制度，逐步形成适合农房建设实际的资质管理体系；二要全面加强施工监管。一方面，县级建设部门及其建设工程质量安全监督机构、乡镇政府要按照《建设工程质量管理条例》、《浙江省村镇建设管理条例》等法规，切实加强农房施工过程中的质量安全监督和技术指导。另一方面要在农村建筑工匠管理上有所突破。尽管农村建筑工匠资格核准取消了，但施工技能培训不能放松。各级建设部门要有计划地开展农村建筑工匠培训，让他们熟知有关法律法规、掌握施工操作规范和施工技术标准。要充分发挥村镇建筑工匠行业协会的行业自律作用，加强建筑工匠从业管理，实现“管牢一个工匠、管住一片农房”。要抓紧组织编写农村建筑工匠培训教材，加强师资力量培训，年底前全面启动农村建筑工匠上岗培训工作。三要建立农房竣工验收等制度。农房建设完工后，建房户要组织设计、施工、监理各方进行竣工验收，就建房质量情况签署书面意见，并在规定时间内到县级建设部门或受其委托的乡镇政府办理备案手续。建房户组织竣工验收确有困难的，所在地乡镇政府或建设工程质量安全监督机构要给予必要的指导和帮助。

（三）“固房”工程的基本原则

浙江省政府要求，各地各部门在实施“固房”工程中要把握以下基本原则：

首先，坚持政府主导、农民主体。政府要通过完善政策措施、创新体制机制、优化服务保障、加大财力支持力度、开展社会扶助，最大限度地调动广大农民群众自力更生建设安全家园的积极性和主动性，引导广大农户从“政府要我‘固房’”转变为“我自己要‘固房’”。

其次，坚持统筹规划、整体推进。立足当前、着眼长远，科学规划、统筹安排，把实施固房工程与“千村示范、万村整治”工程以及农村土地整理等有机结合起来，把危旧房改造、避灾场所建设与违章建筑治理、村庄整治建设、农房规划建设管理等紧密结合起来。

最后，坚持因地制宜、分类指导。要从浙江省农村地域多样性、灾害发生区域特征比较明显和经济社会发展差异性较大的实际出发，科学把握农房质量安全状况和自然灾害破坏特性，有针对性地组织指导农民群众进行危旧房改造和新房建设。要坚持因地制宜，不搞一刀切；要充分考虑各方面的承受能力，量力而行，尽力而为，不搞形式主义；要多开展雪中送炭，多关注灾害频发地区、经济欠发达地区和困难群众、受灾群众。

（四）"固房"工程的组织保障措施

固房工程涉及农村千家万户，工作难度大，任务繁重。必须落实各项政策措施，确保工程顺利开展。

（1）落实工作责任。实施固房工程，责任在市、县（市、区），工作基础在乡镇和村。建立考核机制，实行严格的问责制度。各级建设部门要切实承担牵头责任，协调落实各项政策措施，做好任务分解、工作督查和年度考核等各项工作。

（2）加大政策扶持。一是要加强资金保障。对符合条件的农村困难群众危旧房改造，省级财政将继续按照户均 5000 元的标准给予补助，并对欠发达地区、海岛地区适当倾斜。各县（市、区）要按照不低于省级财政补助标准的原则安排配套资金。对沿海易受台风灾害影响地区和地质灾害易发地区其他危旧房改造，各地也要尽可能安排一定的"以奖代补"资金，以调动农户改造危旧房的积极性。要切实加强资金使用监管，提高资金使用绩效。二是要加强用地支持。对符合土地利用规划和村镇规划的危旧房，要允许农户在原址重建。对确需易地重建的危旧房，优先安排建设用地指标。对沿海易受台风灾害影响地区和地质灾害易发地区危旧房改造涉及用地指标的，要重点给予解决。三是要积极推进农房建设小额贷款业务。对符合城乡规划、土地规划和质量安全要求的农房建设，优先给予信贷支持，引导广大农户科学建房。

（3）健全农房管理网络。进一步明确建设等部门和乡镇政府对农房建设的监管职责，切实加强村镇建设管理机构和队伍建设。乡镇政府要根据实际需要，配备农房建设质量安全监督人员。各地也可根据实际，委托有资质的中介机构或招聘专人对农房建设进行监管。

（4）切实加大宣传和技术服务力度。一是要及时总结推广各地实施固房工作的好做法好经验，通过广播、电视、报刊、网络等媒体，广泛持久地宣传普及科学建房和防灾减灾常识。二是要研究制定支农技术服务与工程建设专业技术资格评定、资质晋升挂钩的政策，鼓励各方技术力量积极开展“送服务送技术下乡”活动，免费提供农房设计、施工、技术咨询服务，帮助广大农户增强质量安全意识，提高自主监管房屋建设的能力。三是要切实加强建材生产企业、建材市场和农村销售网点的监督管理，防止劣质建材流向农村市场。

第三节　浙江省沿海台风避难场所建设基本情况调查

避难是躲避灾难或破坏。它是因地震、暴雨、火山活动等异常自然现象或过失、事故、战争等人为原因引发灾害，从原来功能遭受破坏的场所或预想危险的场所，向人身和财产安全的场所转移。避难需要避难疏散场所，故规划、建设、管理和利用避难疏散场所是村镇防灾减灾的重要措施。

一、初步建立集中与分散相结合的应急避灾体系

浙江省沿海农村地区住房依山濒海临江的现象比较普遍，抗灾能力偏低。“前事不忘，后事之师”。浙江省委、省政府总结近年来抗灾救灾的经验教训，得到的一条宝贵经验，就是在抗灾救灾中要及时、安全地转移安置部分灾区群众。为实现“不死人、少伤人”的抗灾救灾目标，灾前转移临江滨海低洼地带、依山而居的地质灾害隐患点和危房中的居民，已成为农村社区抗灾救灾的成功做法。

避灾安置场所是指由县级人民政府确认或组织建设，在灾害来临时为群众提供庇护和基本生活保障的场所。它是一个集众多功能为一体的综合性场所，在灾害来临时，给受灾群众转移安置、避难起到庇护的作用。同时也是一个救灾物资储备中心或仓库，灾前负责救灾物资储备，灾时为受灾群众提供必备和充足的救灾或生活物资，确保受灾群众的基本生活有保障，满足灾民的基本生活需要。避灾安置场所的安置对象为因洪涝、风雹、台风(包括热带风暴)、地震、滑坡、泥石流等自然灾害和其他突发公

共事件需要转移安置的当地群众及外来人员。

近年来，浙江省灾害发生频繁，每年因各类灾害紧急转移安置的人口很多，但在转移安置工作上，又存在安置场所布局不合理、固定安置场所不足、临时安置场所缺乏等问题，给灾民转移安置工作造成很大的困难，直接影响到了后续救灾工作的顺利开展。为此，浙江省政府在 2006 年启动“避灾工程”建设试点工作，在苍南、北仑、庆元等 7 个县（区）开展“避灾工程”建设试点，为群众提供灾害来临时庇护和基本生活保障的场所。以温州市苍南县为例，该县选择地势低洼易涝、受灾人员较为集中而集中转移安置场所不足的灵溪镇为“避灾工程”试点乡镇。建设一所占地面积 3 亩，建筑面积 2350m² 的“避灾工程”大楼，能安置灾民 800 人，并兼具救灾设备和救灾物资储备功能。同时在该县藻溪镇平水村、桥墩镇马渡村、沿浦镇三茆村、赤溪镇园林村分别建立的山洪灾害避难所，全县 876 个村（居）已基本实现避灾场所全覆盖。图 2-26 为马渡村避灾点。

图 2-26　苍南县桥墩镇马渡村避灾点

在试点的基础上，通过合理规划和布局全省应急避灾场所，形成集中与分散相结合的应急避灾体系。为有序开展“避灾工程”建设，不搞一哄而上，浙江省各县市组织人员，认真开展调查摸底。根据历年台风、洪涝等自然灾害的影响状况，摸清易受灾的地质灾害点、低洼易涝点以及危房分布等对人民生命财产安全威胁较大的灾害点情况，摸清可利用整合资源的情况（包括各类活动中心、村、社区办公用房、闲置学校、敬老院、会堂等）。在此基础上，制订较为科学的避灾工程建设实施方案。各地按照“就近、就便、安全可靠”的原则，整合资源，采取“能用则用，能修则修，能借则借”的方式，盘活区域内各类可用公共设施；若当地没有可作避灾场所的公共建筑物，则根据村镇规划，新建、改建或扩建具有避灾功能的公共建筑，以满足村镇避灾要求。抓好县（市、区）避灾安置中心建设和乡镇、街道避灾安置点的建设，逐步实现“乡镇有中心，村居有点所”。加大避灾工程的建设可增强应对突发自然灾害的整体防御能力，确保群众生命财产安全。

根据浙江省防汛抗旱指挥部办公室的统计①，截至 2009 年 9 月底，全省 11 市 90 县（市、区）1413 个乡镇（街道）（以下简称乡级）25124 个村（社区）（以下简称村级）有防汛防台任务（如图 2-27、图 2-28 所示）。

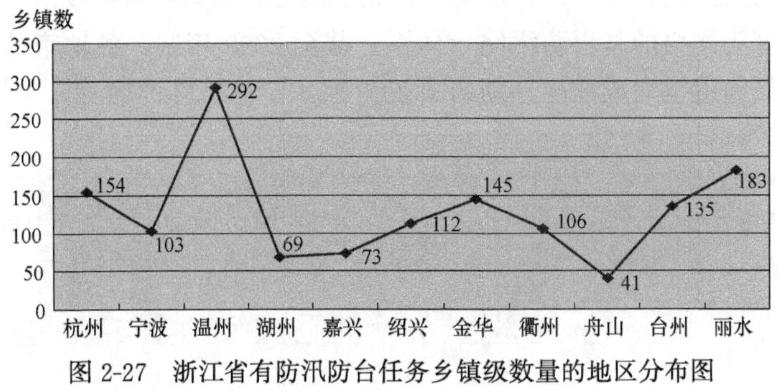

图 2-27 浙江省有防汛防台任务乡镇级数量的地区分布图

① 数据来源：浙江省人民政府防汛抗旱指挥部办公室《防汛抗旱简报》2009 年第 22 期

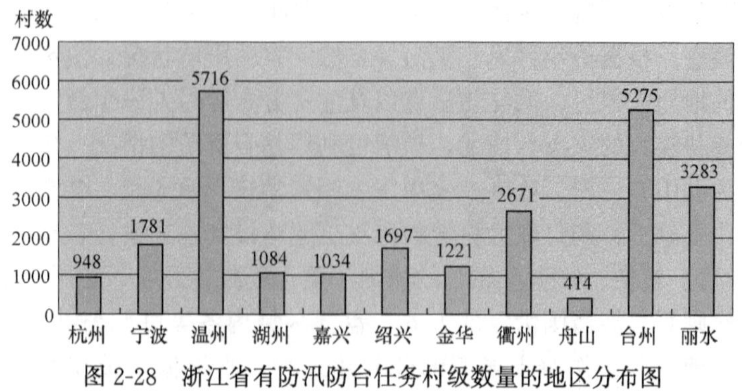

图 2-28　浙江省有防汛防台任务村级数量的地区分布图

在“避灾工程”建设上，确保质量至上，设施健全，功能完备，安置适度。建设部门对新建、改建避灾场所项目严格按照工程建设基本程序和要求进行管理和监督。对已有公共建筑物作为避灾场所的，委托有资质的房屋质量安全检测机构进行鉴定，达到抗灾标准，符合要求后，方可作为避灾场所投入使用。新建集中避灾场所，必须按抗灾要求设计，按图纸施工，严把施工质量关。逐步建立以行政村、城市（镇）社区防汛防台工作组为单元，以自然村、居民区、企事业单位、水库山塘、堤防海塘、山洪与地质灾害易发区、危房、公路危险区、船只和避灾场所等责任区为网格的基层防汛防台体系。截至 2009 年底，各地市的避险设施建设完成情况分别如图 2-29 所示。从总体情况看，杭州、

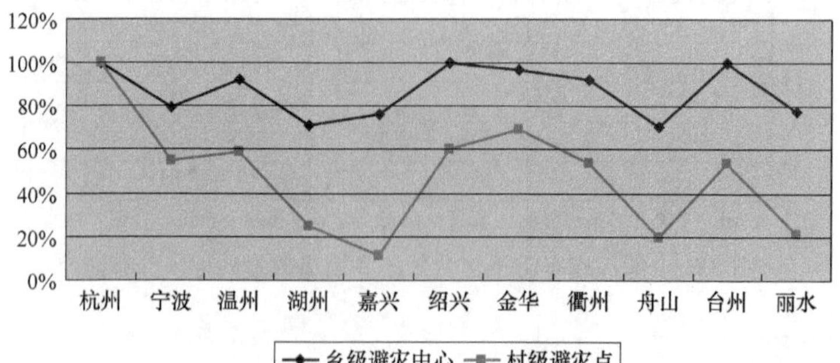

图 2-29　浙江省各地市避险设施建设完成情况

温州、台州、绍兴等市完成避险设施建设任务较好，丽水、嘉兴等市进展相对比较缓慢，各个地市乡级避灾中心完成情况均要好于村级避灾点。

在资金投入方面，截至 2009 年底①，浙江省累计投入“避灾工程”建设资金近 4 亿元，其中省级补助资金 8000 万元，已建成了避灾安置场所 5600 个，可容纳灾民 185 万人，基本建立覆盖全省的避灾安置场所体系建设网络，率先在全国探索建立科学避灾体系。这些场所为包括外来务工人员在内的灾民提供人身安全和生活保障，前移了民政部门救灾关口，为提前介入救灾工作找到了抓手，取得较好社会成效。例如，2009 年 8 号台风“莫拉克”影响浙江省时，全省启动避灾安置场所 3000 多个，安置转移人员 60 余万人。

二、出台避灾场所的管理办法

在抓好工程建设的同时，各地制订完善了避灾场所管理的各项制度，规定避灾场所启用的条件、程序和部门责任。在法规方面。在已有法律法规的基础上，2007 年 4 月出台了《浙江省防汛防台抗旱条例》；2008 年，浙江省人民政府出台《浙江省防御洪涝台灾害人员避险转移管理办法》（省政府令第 247 号）；2007 年，省民政厅、建设厅联合颁发了《浙江省避灾安置场所建设和管理办法》等规章制度。从而合理规划和布局全省应急避灾场所，规范避灾场所的监督管理。

避灾场所实行属地管理为主，平时由原产权单位管理，灾时在县（市、区）党委、政府的统一领导下，由所在乡镇或由乡镇委托所在的村民委员会管理。民政部门平时负责管理业务的指导，灾时负责生活保障的协调。同时，以乡镇基干民兵、青年团员为主体，建立抗灾救灾志愿者队伍。避灾场所建成后，县（市、区）、乡镇、村各级都进一步细化了救灾应急特别是转移安

① 数据来源：浙江省民政厅

置的预案，在预案中明确了避灾场所的布局、避灾场所启用的程序、需要转移安置的人数和管理人员名单。做好对村民和外来人员的防灾避灾知识宣传教育，通过发放明白卡、制作转移线路图、设置必要的警示和指示标志，增强群众防灾意识和自救互救能力。

在场所功能配置上，在避灾安置场所醒目位置张挂牌子，设置应急灯，场所内各主要路口设置指示牌。配置管理人员办公室、食堂、公共厕所、男女住宿场所以及应急物资仓库。储备一定量的床和席子、食品、饮用水及日用生活品，确保转移群众的基本生活。

由此可见，浙江建设的避灾中心主要利用当地闲置或短期可利用的公益性房屋，如学校、礼堂、活动中心等，这些避灾中心承担遭遇台风、暴雨、山洪暴发和其他突发性公共事件侵害的有家难归的居民转移安置任务。这些避灾中心就如同灾难来临时的一艘艘“诺亚方舟”，救百姓于水火之中。例如，过去温州市各地因没有建成避灾点，一些沿海地区的群众受“故土难离”、“财产难舍”、“心存侥幸”等观念的影响，台风来临不愿转移。后来接受了“桑美”台风的惨痛教训，加之又有了大批生活条件完备的避灾点，“转移难”已经变成了“转移快”。避灾安置场所建设以来，在抗台工作中已发挥了应有的作用。以 2007 年为例①，温州全市遭受“圣帕”、“韦帕”、“罗莎”台风袭击，温州市转移安置人口达 143.03 万人次，全市开放避灾安置场所 3162 场次，安置转移人员 43.53 万人次，占转移总人次的 30.59%。在避灾安置场所保障上，为避灾场所配置了一定数量的方便面、矿泉水、草席、被褥、蜡烛等基本生活保障物资，各县政府在转移安置预案启动后，立即组织快餐、面包、八宝粥、矿泉水等应急物资配送到所辖的避灾安置场所，较好地保障了转移安置灾民的基本生活。

---

① 数据来源：温州市民政局

第四节　浙江省沿海农村防灾减灾与应急管理存在的主要问题

减灾管理的作用在于减灾，减灾管理的水平直接决定和影响着减灾生产力的总体水平。如果减灾组织管理水平不高，灾时的人力、物力、财力、信息和科技不能有效调动和组织，就不能成为现实的减灾生产力，所以，减灾问题归根结底就是减灾管理问题。减灾管理技术的运用，可以通过对有关机构和人员的管理，对减灾事物与活动的管理来最大限度地发挥人力、财力、物力的功效，从而为解决减灾生产力和减灾生产关系之间的矛盾服务。然而，我们应该清醒地看到，浙江沿海农村地区的防灾减灾从宏观到微观上，从基本理论到具体管理方略上都有许多问题需要分析和解决。

一、防灾减灾立法不完善，法律滞后

法制建设是应急体系的基础和保障，也是开展各项应急活动的依据。虽然我国防灾减灾的法律法规体系建设已经取得一定的成效，但法律和法规尚不完善，减灾法制建设相对落后的状况并未得到改变。从现已出台的相关法律法规来看，一个最大的特点是部门和行业的特点十分明显。这些法律法规因其内容和实施上的不足和矛盾，并不能满足综合减灾有效的制度需求，达不到综合减灾的目的。

从目前减灾法制管理来看，一方面，减灾法制管理缺乏健全法制基础，没有减灾基本法、援助法，一些单项法律法规只涉及减灾政府职责的某些方面，不完善、不系统。另一方面，按灾种系统分散建设，没有法律制度加以协调，甚至很多法律、法规涉及减灾时有些发生自相矛盾的现象。由于缺少统一的立法，对各种防灾减灾的共性问题缺乏统一规定，导致出现灾害后，政府与社会成员、中央与地方的责任划分不清，行使权利与履行职责的

程序不明，各种应急措施不到位，严重影响了及时、有效地应对重大事故。有些应急制度是由部门规章或者规范性文件确定的，规范性不强，效力不高，相互之间缺乏衔接，甚至存在矛盾，不利于有关部门之间工作的协调与配合。在危机发生后组织的临时性指挥协调系统，依靠的主要是行政协调而不是法律机制，是领导权威而不是体制保障。尤其是在目前我国条块分明，军地有别的特殊条件下，这种缺乏法律支持的行政协调在面临具有高度不确定性的大规模突发性事件时，其地位和处境就显得十分尴尬。

二、现行减灾管理体制不完善

地方政府，尤其是县以下政府的防灾减灾职能还不健全，其行动很大程度上依赖上级政府的规划和项目，结合当地情况，主动实施防灾减灾计划的意识和职能还不够。

当前浙江省沿海农村地区防抗台风管理体制是条块分割，有计划、财政、审计、监察、民政、农业、林业、水利、农机、城建、国土、气象、科教文卫、海事、交通、港航、边防、公安、海洋、渔业等部门。在这种制度下，地方政府也很难统一协调党、政、军系统的关系。各个部门分别对自己职责范围内的防抗台风进行管理，各自为政。如对于运输船舶、施工船舶的防抗台风管理由海事部门负责，渔船的防抗台风管理由海洋渔业部门负责，码头的防抗台风管理由交通、港航部门负责，堤坝、沿海低洼地带的防抗台风管理、人员撤离分别由水利、当地乡镇部门负责等。这样容易出现多头管理，重复管理现象，如果台风来临时，影响公共安全的事故隐患很大。这种体制，对于台风危机这样需要多个部门共同应对的“综合性”突发公共事件，将产生很高的行政协调成本，并效率低下且严重影响反应速度。特别是在紧急关头，缺乏统一有效的协调机制，缺乏足够的统一的处理、决策机制和应变能力，效率低下。

从目前减灾管理机构来看，普遍缺乏专门的、常设的、权威的台风灾害应急管理部门和专业人员，现行的政府应急管理体系，主要依赖于各级政府现有的行政设置。致使减灾管理活动时紧时松、时动时静、有灾仓促应战、无灾停止“活动”，并且这种状况越到下边越严重：“无事喊太平，有灾抱佛脚，得过且过”的现象普遍存在。因为没有统一的综合管理部门，每个部门各有自己的标准，2006 年超强台风“桑美”登陆浙江时，水利部门最多报 4 级警报，因为水利部门的标准是看流域面、降水多少毫米，如果没有发生大面积洪涝，某地区洪水再大也只会报 1 级。气象部门是根据台风强度发出警报，民政部则根据受损情况报灾害级别。所以面对同一场灾情，出现水利部门报 4 级、气象部门报 1 级、民政部门报 2 级警报的情况并不意外。

减灾工作是一项庞大复杂的系统工程，需要统一综合的管理。从灾害救助效果看，由于农村防灾减灾缺乏统一的长期规划，部分地区灾害经常发生，政府不同渠道多次投入防灾救灾经费，然而对自然灾害的综合防御能力却没有显著提高，长期减灾效果并不明显。从综合减灾系统管理来看，过于分散的减灾管理体制不符合系统工程原理，不能有效地发挥科技在减灾中的作用。

三、现行减灾管理处于被动、静态、表面化状态

由于前期缺乏相应的风险评估机制，气象部门所提出的防灾建议缺乏针对性，没有引起相关部门足够的重视。当台风灾害预警发出以后，各行业自身也未能针对自己的行业特点进行气象灾害影响预评估，对灾害影响可能带来的损失普遍估计不足，未能提前做好应对准备，采取积极有效的防御措施被动受灾。也就是说，现行减灾管理实质上属于被动管理，它忽视了灾害发生前每一项工作环节所潜在的危险。另外，它也是一种静态化的管理，它没有利用信息不断调节、决策、执行、反馈、再决策、再执行、再反馈这种动态原则指导下的反馈机制。再者，现行减灾管理仅侧重于追究人的责任，忽视安全物质条件，更没有深入研究人和物在致灾因素中的辩证关系。减灾管理往往凭经验和直感处

理生产、生活系统中的事故灾害，缺乏由表及里的深层分析、定性概念多、定量概念少，处于低层徘徊状态，这无疑在主客观上弱化了决策管理，加剧了灾害发生。

因此，在气象灾害预警管理过程中，需要提高预评估能力，即通过掌握的气象预报资料，针对各类气象灾害可能达到的强度以及造成损失的程度，通过各种信息技术以及运筹学、规划学、对策学、系统分析等预测、决策技术和方法进行评估，进行社会评估而不是天气评估。

另外，目前气象灾害应急体系建设尚不完善，尽管各部门都制定了很多的应急预案，但是内容多、程序繁杂，可操作性不强，再加上缺乏必要的应急演练。因此，当灾害性天气出现时，应急响应多以部门为主，各自为政，条状启动应急预案多而块状启动少，部门间的联动机制匮乏，部门间信息交流不畅，不能形成应急响应的合力。

四、政府独揽，社会参与程度不高

政府被视为危机处理的唯一主体。危机处理服务作为一项公共服务，其供应方只有政府，而社会民众只是被动接受方。在很多人的心目中，危机的应对和处理只是政府的事情，事事等待政府，事事依赖政府；更为关键的是，现行体制下的种种努力也主要是从政府角度着眼，政府努力到什么程度，我们的危机处理就到什么程度。建立在这种社会心理基础之上的危机应对机制往往造成政府不堪重负，疲于奔命，反应迟钝。而普通民众的防灾减灾意识低，居安“忘”危，不思防灾，“宁可得病多花钱治、不愿未病少花钱防”，公众减灾知识缺乏，如果一旦灾害“突袭”，则会手足失措、应变能力差。另外，民众的自我保护知识缺乏、自救互救的技能素质较低，将所有的希望寄托于政府，必然导致学习无兴趣，无动力。平时缺乏必备知识的学习，对本来就不多的防范演练也是漫不经心。

政府的能力有限已是现代公共管理的一条基本常识。社会越发展，越复杂，政府能力的有限性就越明显。正因为如此，在国外的公共危机管理中，政府之外的非政府组织非常活跃，他们不仅组成志愿者，实际参与到防灾减灾中来，而且就危机管理中的重大问题展开研究，向政府提供咨询，向普通民众发布基本的灾害信息和自救互救常识。

而浙江省沿海各级地方政府在危机管理中对全社会资源整合不够，习惯于孤军奋战，不善于让社会力量介入到防抗台风公共安全管理中。在台风的危机管理中，政府孤军奋战往往难以取得全面胜利，政府必须寻求同其他社会组织、机构和部队的合作，企业、社区组织、民间志愿者组织也都是政府可供选择的重要合作伙伴，合作的方式也可以灵活多样。加强与部队和社会各界组织的合作是防抗台风公共安全管理的重要内容。

五、农村社区建设和管理松散，缺乏科学的防灾意识

政府、社会、民众的综合减灾意识不强，重救不重防。从灾后反思来看，政府官员和民众的灾害知识的缺失是造成损失加剧的人为因素。虽然灾害在不断加剧，但民众对灾害知识的认识了解仍然远远不够，防灾减灾意识严重薄弱，防灾减灾措施十分有限，最后必然导致灾害来临时，各种损失难以避免。

特别在农村经济活动中，一方面由于农民对灾害缺乏了解，对减灾防灾认识不足，缺乏忧患意识，对灾害没有足够的心理准备、知识准备、物质准备和机制准备，以至于一旦发生灾害，往往措手不及，难以避免惨重的损失；另一方面，农民由于灾害观念缺乏，在有局限甚至错误认识指导下，对自然资源进行不合理的利用和掠夺性开发，各种破坏农村资源、破坏农村生态环境的活动频繁发生，如滥垦滥伐诱发滑坡、泥石流、山体坍塌等灾害。

公共生活是构成一个社区生存环境的重要因素。人类发展史证明，生产力越不发达，公共生活对于维护社区安全的效用就越大。中国农村分田到户之后，尽管农民的个人收入有所提高，但

是，由于集体的保护机制和由集体支撑的公益资源与公共生活尚不健全，农民处在不安全的环境当中，农村社区建设和公共管理并没有随收入的提高而改善，甚至一些农村社区的生存环境恶化，其综合防灾能力下降，受灾害威胁最大的是贫困农民。

对救灾而言，农村社区既是灾害防御的主体也是防灾措施落实的基础。如果农村社区管理涣散就不可能有好的综合防灾和自救互救能力，国家的防灾政策也无法得到较好的落实。在某些突发情况下，农村社区组织的缺位将带来混乱和不确定社会行为，这会给救灾和社会治安以及重建工作带来极大困难。

六、防灾科技总体水平比较落后，对灾害缺乏深入系统的研究

水文、气象监测预警预报系统和防汛通信网络还不完善，卫星气象云图接收系统建设还处于起步阶段，沿海各地的通信手段也参差不齐。政府部门之间对于台风公共安全管理中信息还没有完全共享，有时由于存在部门利益或者部门责任等原因，部门之间还存在信息封锁和过滤现象，没有完全畅通。总体上说，防灾科技水平比较落后，防灾技术偏重于单一技术，缺乏综合性，对一些重要灾害还缺乏有效的防灾措施，技术水平进步缓慢。国家尚缺乏保障和促进防灾科技发展的有效机制，综合防灾的科研资金投入也严重不足。

在灾害性天气发生前，预警信息如何及时进村入户，是困扰气象防灾减灾工作的难题，被称为气象信息传递的“最后一公里”障碍。尽管气象部门正在完善公共气象服务体系，也实行了灾害性天气预警信息向社会公众的免费发送，但目前使用最方便最快捷的方式仍是手机短信，而由于没有整合社会资源，仅靠气象部门的短信平台系统发送，能力极为有限，影响信息通畅传递。特别是在传统的通信手段达不到的偏远地区农村、山区，台风灾害预警信息不能及时传递到居民手里。“口哨＋铜锣”的传统人工预警方式在一些偏僻山区是有一定作用的，但其传播效率

也很有限，又容易误传。台风灾害预警信息传播“最后一公里”的问题没有得到彻底、根本解决。

此外，防灾减灾相关的研究工作相对滞后，减灾工作缺乏坚实的理论支撑，减灾研究力量分散。我国许多学术机构都开展了针对各具体灾害和风险的研究，但这些研究活动都是以部门为单位分头进行，而且以各专门领域的灾害或风险控制为主，而缺乏总体性的风险分析或风险研究。

七、重预案拟定，缺乏足够的公共财政资源支持

应对台风危机一要靠机制，二要靠物资，对付任何危机没有充足的物质支援都是不可能的。由于认识上的差距，加上投入的不足，许多沿海农村地方政府对台风灾害的应急处理还仅仅限于纸上的预案，缺乏思想上、技术上、物质上的准备，以及储备物资的妥善管理，也未经演练的检验。对于台风灾害的应急管理，各地各部门大多制定了较为翔实细致的应急预案，但一部分预案只是参照上级的预案“依葫芦画瓢”，只具有文字上的表述作用，或者只是应付上级检查所用。相当一部分领导对台风灾害的发生抱有侥幸心理，对制定的预案不宣传、不培训、不预演，而且相当一部分预案缺乏实施的物质基础和系统保障。

第三章

沿海农村台风“避难所”选址及布局优化的研究

在沿海村镇的防灾与避难规划领域中，合理的避难据点规划标准及改善管理计划为防灾与避难规划中不可缺少的重点之一，故本章的研究将通过对台风灾害、台风“避难所”的定义与国内外灾害案例、避难圈域规划方法及各类型区位模式理论等相关研究的梳理，针对沿海村镇地区（以浙江省为例）防灾规划与改善管理计划进行了探讨，作为未来进行台风“避难所”的空间最适区位配置研究的依据。利用区位理论，提出了一套有关台风“避难所”最适区位配置的规划检验指标，针对其区位配置的公平性、效率性及安全性等绩效问题进行探讨。同时，将依据一般类型的区位配置分析模式的介绍，针对各类型区位模式的特性及适用情形，在开展分析归纳后，建立整体区位最适配置模式的架构与假设，最后建立起台风“避难所”最适区位配置模式，以及其模式结果的评估与分析方法。

第一节　沿海农村台风“避难所”的内涵

在避难的过程中人首先考虑的是以最短的时间到达安全场所，然后考虑的则是怎样获取短期生活的基本保障。因此在整个避难过程中受灾群众一般会有两个空间的转换：一个是从灾害现场转移到临时性庇护疏散空间；另一个是从临时性庇护空间转移到相对稳定的避难空间。

一、台风"避难所"定义

（一）避难

避难是躲避灾难或破坏。它是因地震、暴雨、火山活动等异常自然现象或过失、事故、战争等人为原因引发灾害，从原来功能遭受破坏的场所或预测危险的场所，向人身和财产安全的场所转移。"避"是躲避、避开、防止，"难"是灾难，灾害，不幸的遭遇。避难是从危险性高或预想危险性高的场所转移到可以躲避危险的安全场所。人在避难过程中产生的行为称为避难行为。

天气气候作为一种不可抗拒的力量，有时拦是拦不住的，但防和不防却大不一样。避难需要避难疏散场所，故规划、建设、管理和利用避难疏散场所是村镇防灾减灾的重要措施。在世界灾害史上，避难是严重灾害发生时，一种躲避灾害的普遍行为。避难是村镇综合防灾诸多环节中一个重要环节，对于有效地抗御多种灾害有举足轻重的作用。

改变过去严防死守的抗台风观念是提高减灾效能的关键。以浙江省为例，从"抗击台风"到"躲避台风"，浙江省各地在防台风应急处置中更加重视生命安全，更加突出避险意识，事先有序的组织人员安全转移，将位于沿海、山区等危险地段和危房内的群众全部转移到安全地带，极大地减少了人员和经济方面的损失。例如 2002 年 9 月 7 日 0216 号百年未遇的风暴潮"三碰头"强台风"森拉克"于 9 月 7 日 18 时 30 分在浙江省苍南县登陆。此次台风登陆时中心附近最大风速为 40m/s，恰逢天文大潮（最大风暴潮发生在浙江南部的鳌江站，达 3.21m，最高潮位 6.9m，破该站历史最高潮位记录，并超过当地警戒水位 1.3m)。浙江省受灾人口 792.2 万，其中转移人口 50 多万，死亡 29 人，直接经济损失总计 29.6 亿元。由于浙江省在台风登陆前及时转移群众，加上前几年修建的海塘发挥了巨大作用，使台风造成的人员伤亡和财产损失降到了最低，特别是死亡人数，是之前有记录以来登陆台风中死亡人数最少的一次（如图 3-1、图 3-2)。

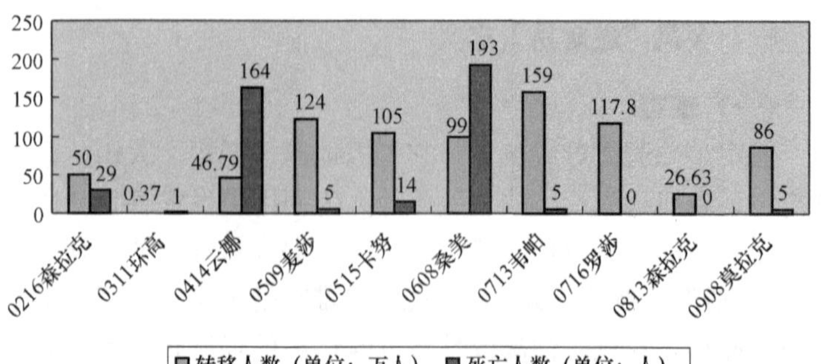

图 3-1　2002 年以来影响浙江省强台风的转移人口与因灾死亡人数

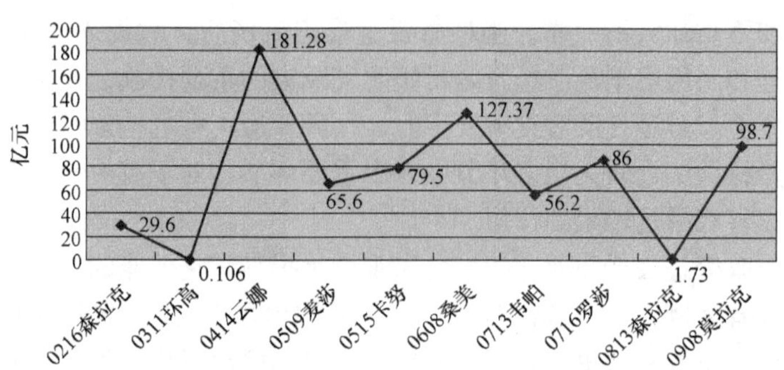

图 3-2　2002 年以来影响浙江省强台风造成的直接经济损失

（二）避难所的概念

本文中所指的台风“避难所”属于固定的避难场所，指具备室内收容能力的场所，例如学校教室、体育馆及社区集会中心等设施。所谓的“避难所”亦称避险所，是政府应对突发重大灾害临时安置和疏散人员的场所，是在灾害发生的一段时期内，供居民紧急避难避险疏散、躲避由灾害带来的直接或间接伤害，并能保障基本生活而事先划分的带有一定功能设施的临时生活的安全场所。可划分为以下两种类型：

（1）避灾中心：规模较大，功能较全，设置在建制（集）镇、街道办事处内的固定避灾场所。

（2）避灾所：规模中等，设置在村（社区）内的避灾场所。

村民居住分散的海岛、山地等地区，居住地至避灾场所距离远，为应对突发灾害，每户村民房屋可结合厨房间、卫生间的布置，设置避灾间。所谓的避灾间，是设置于房屋建筑内具有避灾功能的空间，平时一般用作厨房或卫生间，灾害发生时供建筑物内的人员暂时避灾使用。

所指的“村镇体系”则是以某一村镇为核心，形成一定引力范围的村镇居民点网络。村镇体系由村庄、集镇及县城以外的建制镇（中心镇、一般镇）组成。在沿海农村地区规划和建设台风应急避难场所是应对台风灾害的重要措施之一。许多救灾的经验证明，紧急疏散和安置受灾民众已经成为政府处置台风灾害不容忽视的重要环节。

本文中所称的台风“避难所”若不特别说明，则为台风避灾中心、避灾所的总称（后文同）。

（三）避难所的分类

台风灾难发生时，人们的避难时序为：①确保自身安全→②暂时避难→③大规模避难→④收容避难→⑤搬入紧急住宅。由于紧急或临时避难场所离居住区和建筑物较近，而且规模较小，随着灾害的进一步发展，为免受灾害影响，避难人员将在一定的指示下迁移至较大规模的避难场所或能维持基本生活的收容场所。

因此，按照灾害发生的时序、避难人员的反应速度及不同灾害时段的避难要求，我们把避难所分为永久性避难所和临时性避难所（如图 3-3）。临时性避难所是避难者临时集中，求得暂时庇护的场所和进一步组织避难活动的场所。当灾害持续时间较长或影响的空间范围不断扩大时，灾民必须被转移或安置到永久性避难所。永久性避难所是为灾民在救济和救助期，甚至是恢复和重建期提供临时的停留或居住场所。当然，永久性避难所也可作为临时避难所使用。它们承担的功能稍有区别，永久性避难场所偏重的是安全度过灾害期，维持生命的避难功能，而临时性避难场所更多的是暂时庇护，组织再疏散的功能。

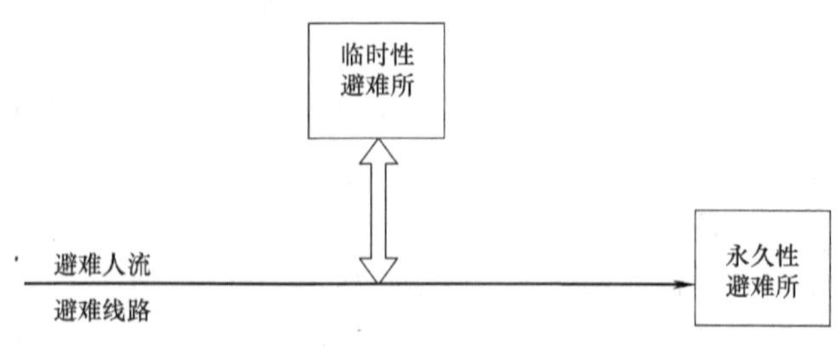

图 3-3　各种避难场所关系示意图

（四）台风“避难所”的作用

俗话说：“天有不测风云，但有备就能无患”。农村地区的避难据点，是村镇避难系统中不可或缺的一环，无论是强调紧急避难、临时收容或中长期收容等不同功能的避难据点，都是灾害发生时受灾民众唯一的依靠。其中，紧急性避难据点可说是灾后能提供灾民第一处安心进行避难活动之场所，特别在沿海农村地区（例如温州），面对发生率频繁的风灾、水灾等天然灾害，更加显示出紧急性避难据点的重要性。

台风“避难所”要发挥以下几方面的作用：

（1）为村民提供安全的避难场所，防止次生灾害的危害。

（2）保障避难人员的基本生活。避难所可提供被褥、衣物、食品、饮用水、生理用品和其他生活必需品，有备用的应急电源、照明和供水设施，有一定数量的临时厕所，有提供村民交流信息的空间等等。

（3）进行医疗救护。避难所设置的医疗点可及时抢救伤员，特别是重伤员。

（4）保障运输。通过避难所实现伤员的运送、救援物资的运输、救援人员的进入等等。

（5）收集与传递情报。以中心避难所为核心的现代化灾害应急通信系统可以确保避难所与临近各社区、单位之间，各个避难所之间，避难疏散指挥人员与疏导人员之间的通信联系畅通无阻。

因此，台风“避难所”必须做到：房屋坚固、安全可靠、管理人员到位、设施较完善，备有充足的临时生活、医疗用品。

二、避难所规划的空间尺度

避难所规划作为区域综合灾害风险管理的一个重要内容，不仅应与区域整体规划相结合，还应与区域的应急管理相结合。对灾害避难所的规划，首先应该确定灾害避难所规划的空间尺度或空间范围。根据一些国家已有的避难所规划，我们可以将避难所规划的空间范围归纳为4个层次。

（一）家户层次

家户层次的避难所规划通常是指在某一家户的室内建设灾害避难所。室内的避难所或避难空间，一方面能够使人们减少或免受极端致灾事件，特别是台风、飓风和龙卷风等的影响和伤害；另一方面，对于减缓这些事件带来的心理紧张和负面情绪，也起到一定的作用。美国的FEMA（Federal Emergency Management Agency）320是规划建设室内避难所的一个典型指导手册。室内避难所的建设，在美国最为常见，主要用来保护居民免受飓风或龙卷风的影响。需要指出的是，在灾害（特别是地震）发生后的极短时间内，人们通常会快速躲避到如桌下、墙角等相对安全的地点使自身免受灾害影响。对于这样的“安全地点或安全空间”，在灾后与避难所发挥着同样的功能，可视为一“临时避难所”。然而这些安全地点或安全空间，并不是为了防灾减灾而专门建设的。为此，在本文研究中，类似的安全地点或场所并不作为灾害避难所的范畴。

（二）邻里层次

在邻里有一个避难所，能够为居民在灾后很短的时间内（通常在混乱期）提供一个临时的避难空间，使之免受灾害的影响。例如当地震或火灾等发生后，在相对短的时间内，具有提供用地周围若干个邻近建筑中受灾居民临时和紧急避难使用的功能。也可以认为它是转移到固定避难场所的过渡性用地。但在实际中它却又是在最短的时间内可以最快、最直接地接受受灾市民，最能够减少灾后人员伤亡的用地（场所）。该层次的避难所，通常是临时避难所。在房屋周边建设一个相对安全、空旷的公园、花园、空地或停车场等，可为居民在灾后短时间内提供一个避难空间，这种避难所的建设通常称为邻里层次的避难所建设。在日本，几乎所有的临时避难所规划都属于该层次。

（三）社区层次（避难区层次）

该层次的灾害避难所，通常是指在社区或居民区的灾害避难所，且该避难所通常为收容避难所。在社区中建设一个收容避难所，能在灾后较长一段时间内（恢复甚至重建期），为灾民（特别是房屋在灾中被毁的灾民），提供临时居住的场所。美国的FEMA361就是规划建设这种避难所的一个典型指导手册。在日本，几乎所有的收容避难所，在地方政府确定其区位后，各社区可根据自身特点进行规划和建设，都属于该类型的避难所规划。

（四）区域层次

区域，包括市、地区或者更大范围，通常由多个社区组成。与社区层次的避难所规划相比，该层次的避难所规划更加注重区域各社区避难所之间的相互关系，或规划具有特殊需求、且仅靠社区的力量不能完成的避难所。该层次的避难所，通常由地方政府或者中央政府直接负责规划建设。在日本，根据区域的需求和特征，地方政府进行区域收容避难所的区位规划和对特殊避难所的规划，就属于该类避难所的规划。在美国，由地方政府规划，把小学或中学建设成灾害避难所，也属于该类避难所的规划。

避难所的建设标准主要依据各层级所需配置的救灾机能以及其服务圈域。不同的层级对应的服务功能不尽相同，因而防救灾设施的配置标准也不尽相同。

当灾害发生时，可根据灾情的严重程度和灾害类型的不同，提出就近疏散、集中疏散和远程疏散的适用原则和要求。在通常情况下，依据避难疏散场所的分布，组织居民就近避难疏散，居民可以自行或集中到规定的避难疏散场所避难，如果发生严重的台风灾害，也可以组织远程避难疏散。

三、沿海农村地区台风“避难所”区位配置建设存在的问题

目前国内相关条例对台风“避难所”的设置标准，大多仅限于规范据点的数量和规模。这些条例可帮助规划者概略决定需设置的据点数量和规模，也有助于了解现有据点的使用状况；然而对于规划者最需要也是最重要的区位决策配置，则显得毫无帮助。在缺乏相关的区位规划检验指标的情况下，规划者顶多只能依其专业经验或主观意念进行区位决策配置；同时，规划者与决策者亦难以衡量、辨别不同类型的区位配置。

本文作者从 1994 年起开始介入台风灾害的相关研究工作，期间经历了十余次台风，如“云娜”、“海棠”、“麦莎”、“桑美”等等，收集了大量的第一手数据和资料。我们深入各受灾严重的乡镇，开展相关领域一些基础性的调查研究工作。在调研过程中，我们亲身体会到：虽然近几年国家开展社会主义新农村建设，并加大了对农村地区基础设施的投入，沿海农村地区救灾避难机制也已有初步的发展，然而现有的一些紧急避难点（如大部分乡镇将村办公楼、老人活动中心、学校、祠堂、教堂等建筑指定作为台风避灾场所），在最初的规划建造时，并没有完全从防灾角度来规划，使得紧急避难场所有分布不均、部分建筑物老化、道路宽窄不一等现象。台风“避难所”建设中存在的以下问题急需有关部门引起重视。

（一）整体规划问题

应急避难场所建设在我国还只是刚刚起步的阶段，在大多数乡村的总体建设规划中，尚没有从防灾减灾的角度来整体安排村庄的应急避难场所建设。特别在理论研究方面比较薄弱，以往在进行避难场所规划时，主要依靠主观判断，变动较大，场所责任

范围的划分往往缺乏科学依据。结果，在台风来临的时候，人员转移安置工作往往存在着：安置场所布局不合理、固定安置场所不足、临时安置场所缺乏必要的生活保障设施、转移安置的盲目性等问题。

（二）相关法规、功能设计标准问题

因为目前在应急避难场所建设问题上国家缺乏相应的标准和规定，各地也没有可统一参照的法规、制度和模式，经济发达地区和经济欠发达地区差距较大，各地操作的途径也是五花八门。在规划中对避难基地的适用人群，按多少人口比例，对规划范围和面积均有不同的争论。需要研究制定和颁布相关的乡村应急避难场所（设施）法规，将应急避难场所的建设纳入法制化轨道。避难场所的建设属于社会公共事业，规划建设避难场所需要政府部门的法律来保障方可能实施，需要明确规定在应急避难场所建设中政府、社会、个人的权责和义务，建设的资金来源等要求。需进一步明确突发公共事件根据严重性的层级划分，在疏散避难基地适应的人群，使用时间，分布要求，后续保障要求等。

（三）疏散避难基地规划与实施的建设程序问题

现阶段由于缺乏应急疏散避难基地总体规划和分区规划，对实施应急疏散避难基地结合新建、改建、已建工程的利用改造带来的产权、使用权等问题，以及经费来源审批问题，使试点实施方案很难较好满足建设程序的要求，也制约了规划编制和实施方案的可操作性和编制质量。

要做到科学整合政策资源，防止重复建设，随着农村“固房工程”建设的启动，农村危旧房的改造速度将加速，居住危旧房的群众将减少，农村住房的抗灾能力增强，台风期间转移群众任务将会减轻，同时，随着村“两委”办公设施改善，今后避灾工程建设应科学整合“固房工程”政策资源，做好农村固房与提高抗灾能力的结合，减少非地理性的人员转移压力。

（四）避险场所的应急能力评价问题

对于已经建成的台风避难所，是否在灾难发生时具备较高的应急避难能力；在当前政府财力有限的条件下，面对广阔的农村地区，如何有效配置和合理布局农村应急避难场所；这些都需要通过科学评价来回答。

因此，需要开展应急避难能力评价研究，提出科学的评价方法、评价指标体系，以保障台风避难所本身的安全有效性，确保群众进入避难所后，避难所能够安全有效的运行。

（五）避险场所的组织管理问题

避险场所由于具有日常投入大、使用几率小、运行耗费多的特点，造成各级灾害主管机构往往忽视避险场所管理机制建设，使避险场所建设工作的责任不能落到实处，碰到的问题无法解决，也会使避险场所的日常维护得不到相应的保障。目前我国的行政运作管理体制使应急只能依靠政府领导的强制指令开展紧急救援工作，会造成政府的巨大压力以及应急决策的随机性加大，造成决策失误的可能性很大。

第二节　区位模式相关理论的比较分析

避难所布局规划实际上就是各单元内不同防灾空间要素的区位选择问题。区位是指人类行为活动的空间。具体而言，区位除了解释为地球上某一事物的空间几何位置，还强调自然界的各种地理要素和人类经济社会活动之间的相互联系和相互作用在空间位置上的反映。区位是自然地理区位、经济地理区位和交通地理区位在空间地域上有机结合的具体表现。

一、区位配置分析模式发展历程

选址研究中的典型问题，如 Weber 问题、中位数问题、覆盖问题、中心问题、多目标选址、竞争选址、不受欢迎的设施选址、选址—分配、选址—路线等，都是引起广泛关注和深入研究的热点课题，研究的也较为成熟。由于很多选址问题都是 NP 难题（NP-hard），所以算法的研究有很大的余地，现在的研究也大多集中在算法的设计与改进上，尤其是用现代启发式算法求解选址问题的研究。模型的研究主要是对已有模型改进，使得更适合某些现实情况。

众所周知，应急问题最显著的特点表现在时间的紧迫性，或者说具有时间的限制。因此应急点的选址问题也称为应急设施的选址问题。选址的好坏直接关系到服务的效率、质量和成本。将应急服务点置于合理的位置，不仅可以降低成本，而且还能够保证提供应急物资的时效性，从而避免了可能导致的更大损失。

设施区位（Facility Location）问题是一类特殊的区位问题。设施选址问题的研究正式开始于 1909 年，阿尔弗雷德·韦伯（Alfred Weber）以所有顾客的总旅行距离的最小化来选择仓库设施的最佳距离。在以后的研究，1929 年 Hotelling 提出了因城市经济关系所导致的区位竞争理论，主要针对运输成本、固定成本与变动成本之间的转换，而在此阶段之前的研究皆停留在理论性的探讨。直到 1964 年 Hakimi 的论文发表，提出了网络上的 p-中位问题与 p-中心问题，选址问题重新引起人们的广泛兴趣，Hakimi 考虑了在一个网络上设置一个或多个设施的更一般化的问题，目标是使顾客与其最近设施之间的总距离最小，或者，使这样的最大距离最小化。

早期的区位模式（Location Model）研究，着重于使节点间的总运输成本为最小，故仅能处理单一设施及简易运输成本函数等问题，相对于实际的区位分布情形通常只能进行概略的模拟。为了能更加符合实际配置分析研究，于是在 20 世纪 60 年代，发展出区位-分派模型（Location-Allocation Model），该类型模型不仅能处理较为复杂的区位配置分析，同时亦能处理多数设施的最佳区位研究；此外，该类型模式更能决定出各设施服务范围的分配。

20 世纪 80 年代之后，传统的连续空间（Continuous Space）分析方式渐渐地又被新兴的间断网络（Discrete Network）分析方式所取代，亦进一步地使设施区位模拟结果能更符合真实世界中的情形。传统的连续性模型主要假设平面上的每一点都可以作为设施的最佳候选区位，点与点之间的距离则以直线距离或是直角距离为主进行计算，其优点是可节省资料及运算的时间；而间断性模型则是假设点与点之间的距离必须沿着真实世界中的实际道路进行计算，并且限定只能有某些地点可作为设施的最佳候选区位，其优点则为能更进一步地符合实际情形。

二、各类型公共设施区位配置分析模式介绍

农村防灾减灾设施是农村地区公共服务部门的一个组成部分，下面主要针对防灾减灾设施，研究和讨论网络型设施选址问题的确定型模型。在网络型选址模型中，服务需求点和潜在的服务设施地点（位置）用网络上的节点来表示，节点之间的距离是以图（Graph）中的最短路形式来计算的，相当于公路网两点之间的最短路程，而且，确定要设置的服务设施位置限制在网络的节点上。

传统的设施选址问题基本上都是静态确定型选址问题，其所定义的数学方程式主要可分为三大类，分别为中位问题、中心问题、全面性覆盖问题和最大覆盖问题。而除了上述分类的一般公共设施区位模型之外，另有些模型为了考量某些特殊原因（例如社会福利、供应设施的最小与最大设置规模、最长旅行距离、既有设施的配合方式等），在数学方程式中加入了一些特殊的限制条件。在应用这些静态模型时，学者们发现了静态选址模型的局限性，从而开始用一系列的静态确定型选址模型来解决多阶段的动态选址问题。在动态选址问题中，模型中的参数随时间的变化是确定的，然而在一些实际问题中，运行时间、建设成本、需求点位置、需求数量等参数都可能是不确定的，因此又出现了随机选址模型。下面总结这几类问题的研究现状。

（一）一般公共设施类型的区位配置分析模式

传统的设施选址问题基本上都是静态确定型选址问题，对以固定场所提供服务的防灾减灾设施，选址决策应从顾客到达服务

固定场所的距离这个角度来考虑，从而产生 P-中位问题和 P-中心问题。

1. P-中位问题模式

设施选址首先必须考虑提供该服务的设施场所对公众的“易接近性”，如果服务设施离得太远，公众为接受服务在路上所化花费的时间会很长。正如 Church 和 Revelle 指出：测量一个设施位置有效性（effectiveness）的重要方式是确定公众到达设施的平均距离。平均距离上升，设施的易接近性下降，从而该位置的有效性减少。当需求对服务水平不敏感时，测量设施位置有效性的方法是，以需求量对需求点与设施之间的距离进行加权，并计算需求点与设施之间的总加权距离。

因此如果从服务设施的使用“效率”角度考虑，选址决策的目标是选择 P 设施，使各个需求点至 P 服务设施之间的总加权距离最小，即为 P 中位问题。

P-中位问题模式是一种使总旅行时间最小化的区位分派模式，内容为 P 个设施点能组成一“最佳 P-中位数解集合”，使所有使用者的平均旅行时间达到最低。其正式的描述是：假设一个图的所有节点为潜在可用的中位数，即得到无向图 G=(V，A)，V 为节点，A 为边；优化的目标是找出一个节点的集合（中位数集合），使得 {V-VP} 中余下的每个节点与 VP 中最近的节点的距离和最小。Hakimi 提出该问题之后给出了 P-中位问题的 Hakimi 特性，他证明了 P-中位问题的服务站候选点限制在网络节点上时至少有一个最优解是与不对选址点限制时的最优解是一致的，所以将网络连续选址的 P-中位问题简化到离散选址问题不会影响到目标函数的最优值。也就是说，P-中位问题把公共设施区位问题抽象为：在 N 个可能的地点中选取 P 个地点建立公共设施，使得总加权（平均）施行距离最小。

P-中位问题模式后来由 Torgas、ReVel 及 Swain 转换成整数规划形态，此模式因架构简单明了、易于运算，同时亦可显示公平程度，故目前被广为应用在公共设施配置研究中。其数学函数形式如下：

目标函数：

$$\mathrm{Min}Z = \sum_{i=1}^{\mathrm{n}} \sum_{j=1}^{\mathrm{n}} W_{\mathrm{ij}} D_{\mathrm{ij}} X_{\mathrm{ij}}$$

限制式：

$$s.t. \sum_{\mathrm{j}=1}^{\mathrm{n}} X_{\mathrm{ij}} = 1 \quad i = 1,2,\cdots n$$

$$\sum_{j=1}^{\mathrm{n}} X_{\mathrm{ij}} = P$$

$$0 \leqslant X_{\mathrm{ij}} \leqslant X_{\mathrm{jj}} \quad \mathrm{i}=1,\ 2,\ \cdots \mathrm{n} \quad \mathrm{j}=1,\ 2,\ \cdots n \quad \mathrm{i} \neq \mathrm{j}$$

$$X_{\mathrm{ij}} = 0 or 1$$

式中 n——需被服务的分区数；

D_{ij}——i 区至 j 区的最短路线距离；

W_{ij}——i 区的人口数；

P——欲配置设施数；

X_{ij}——二元决策变量，当 $X_{\mathrm{ij}}=1$，表示 i 区被分派至 j 区服务；当 $X_{\mathrm{ij}}=0$，表示为其他情况。

基本假设：

(1) P 个设施均提供同质服务，同时各分区需求者没有选择偏好，单纯以距离的远近作为选择的依据。

(2) 各分区必须仅由一设施服务，而每个设施的服务容量假设为无限制。

(3) 人的行为是理性的，会利用相同的最短路线，移动至相同的设施，同时路况是固定的，无论何时均不变。

(4) 分区规模较小，且需求分布均匀，同时设施规模大小不影响需求，主要由需求决定设施规模。

P-中位问题从数学结构上来讲，是属于 NP 完备问题，如果限定候选设施点在网络节点（N）上，则可能的位置配置数目减少到

$$\begin{bmatrix}N\\P\end{bmatrix}=\frac{N!}{P!(N-P)!}$$

这时，对固定的 P，P-中位问题能在多项式时间内求得最优解，然而，对变动的 P，P-中位问题是 NP 难题（NP-hard）。

P-中位问题属选址模型中所谓的“最小和（mini sum）”类别，由于 P-中位数问题以需求点的服务需求作为权重进行加权，P-中位问题的最优解趋向于把服务设施设置在靠近服务需求大的需求点的位置，因此，P-中位问题也被称为 P-“重心”问题。

2. P-中心问题模式

从服务设施的“公平性”考虑，为了避免某些人口稀少的区域被“忽略”而降低提供这些区域的服务水平，选址决策的目标应确定 P 设施，使各个服务设施服务需求点的（加权）最大距离为最小，这即是所谓的 P 中心问题（Hakimi，1965）。如果设施位置限制在网络节点上，问题称为极点中心问题（vertex center problem）；如果设施可以设置在网络的任何地方（既可以在节点上，也可以在两节点之间的弧上），则问题称为绝对中心问题（absolute center problem）。绝对中心问题的解通常要好于极点中心问题的解（即，目标函数的值更低），这里，只讨论极点 P-中心问题。

因此，P-中心问题模式是一种寻找已预先设定设施数目的最适区位分派模式，主要使设施与需求点之间的最长距离最小化。一般而言，该模式通常被用于紧急设施区位配置选择，如消防分队、医院、警察局等。其数学函数形式如下：

目标函数：

$$\mathrm{Min}[\max D_{\mathrm{ij}} X_{\mathrm{ij}}]$$

限制式：

$$s.t. \sum_{\mathrm{j}=1}^{\mathrm{n}} X_{\mathrm{ij}} = 1 \quad \mathrm{i} = 1,2,\cdots n$$

$$\sum_{j=1}^{\mathrm{n}} X_{\mathrm{ij}} = P$$

$$0 \leqslant X_{ij} \leqslant X_{jj} \quad i=1, 2, \cdots n \quad j=1, 2, \cdots n \quad i \neq j$$

$$X_{ij} = 0 or 1$$

式中　n——需被服务的分区数；

D_{ij}——i 区至 j 区的最短路线距离；

P——欲配置设施数；

X_{ij}——二元决策变量，当 $X_{ij}=1$，表示 j 区被分派至 i 区服务；当 $X_{ij}=0$，表示为其他情况。

基本假设：

(1) P 个设施均提供同质服务，同时各分区需求者没有选择偏好，单纯以距离的远近作为选择的依据。

(2) 各分区必须仅由一设施服务，而每个设施的服务容量假设为无限制。

(3) 人的行为是理性的，会利用相同的最短路线，移动至相同的设施，同时路况是固定的，无论何时均不变。

(4) 分区规模较小，且需求分布均匀，同时设施规模大小不影响需求，主要由需求决定设施规模。

P 中心问题是属于所谓的“最小最大 (mini max)”类型问题，研究文献广泛认可“最小最大准则”体现了公平性，我们可以从另一种角度来考察这一观点，在集合覆盖模型中，标准覆盖距离是预先确定的（即为输入），而 P 中心问题也是要“覆盖”全部需求点，但不使用外部输入的覆盖距离 S，而是模型“内生”地确定与设置 P 设施相适合的最小覆盖距离。

虽然 P 中位问题和 P 中心问题主要应用于在固定场所提供服务的防灾减灾设施，但也可以应用于各类专业工程抢险救灾单位（如通信、电力、道路工程抢险车辆等）这样的移动服务设施的选址决策问题。

这些应急服务设施，应急响应的及时性要求不是很高，对减轻人员伤亡、财产损失并非至关重要，政府或行业对这类应急服务设施尚没有具体的标准反应时间要求，或者，标准响应时间要求较宽（例如：以小时计，而不是以分钟计）。而且，这类应急服务设施一般由公用事业单位管理经营，选址决策更多地考虑到成本核算，从服务设施的使用效率出发，可采用 P 中位问题模式，有时，选址决策需要考虑服务设施的使用公平性，可采用 P 中心问题模式。

3. 区位覆盖问题（LSCP）模式

区位覆盖问题是基于最大服务距离限制条件，使最少的设施数目和区位获得确定，同时使所有的需求点均能在设施最大服务距离的内获得服务的提供。该模式为在公平原则下追求最佳区位配置，通常被用于紧急设施区位配置选择。其数学函数形式如下：

目标函数：

$$\mathrm{Min}\sum_{j\in J}X_{\mathrm{j}}$$

限制式：

$$s.t.\sum_{\mathrm{j}\in N_{\mathrm{i}}}X_{\mathrm{j}}\geqslant 1\quad \forall_{\mathrm{i}}\in I$$

$$X_{\mathrm{j}}=0or1\quad \forall_{\mathrm{j}}\in \mathrm{J}$$

$$N_{\mathrm{i}}=\{j\in J;\ d_{\mathrm{ij}}\leqslant S\}\ \forall_{\mathrm{i}}\in I$$

$$X_{\mathrm{ij}}=0or1$$

式中 I——需求点的集合；

J——可能设置地点的集合；

N_{i}——能服务 i 点之设施地点集合；

d_{ij}——i 至 j 之最短路线距离；

S——最大服务距离；

X_{j}——二元决策变量，当 $X_{\mathrm{j}}=1$，表示配置于 j 区；当 $X_{\mathrm{j}}=0$，表示为其他情况。

基本假设：

（1）所有节点之距离为已知，且成本确定的。

（2）需求仅产生在节点之上。

（3）各节点之需求仅被一个设施所服务。

（4）每个节点最多仅能有一个设施设置。

本质上，LSCP 模型是最小化设置所有服务设施的总成本，并保证一个公平的覆盖。每个服务设施覆盖一组需求点，所有需求点是同等重要的，对每个需求点，使用一个单一的、静态的覆盖距离（或时间）。

LSCP 模型是整数线性规划模型，数学上属于典型的 NP 难题，如果决策变量整数限制被移去，此模型是一个线性规划问题。因此，求解 LSCP 模型，通常可以放松 X_j 的整数限制要求，通过一般线性规划的程序求得其解，对规模适当的问题，在大多数情况下可直接得到整数解。

LSCP 模型是简单的，但很有用。它能被用来识别覆盖所有需求点的服务设施的最有效率配置模式。因为服务设施（基站）的投资可能是相当昂贵的，许多地区试图对服务设施（基站）的数目保持在一个最小数目上，但同时，又必须对每个需求点提供合适的服务水平（主要体现在服务设施的最大服务距离或时间上，即覆盖距离或覆盖时间），因此，决策者需要在一个最大服务距离或时间的变动范围内，识别哪种投资水平（即服务设施数量）是必需的。LSCP 模型在这种分析中起很重要作用。

4. 最大区位覆盖问题（MCLP）模式

在实际决策中，覆盖全部需求点可能会导致过高的财政支出，如果由于资金预算的限制，无法覆盖全部所有的需求点，只能确定 P 设施，MCLP 模型的目标是选择 P 设施的位置，使覆盖的需求点的价值总和（人口或其他指标）最大。

因此，MCLP 模型主要在于限定服务距离，同时在限定服务距离内决定 P 个设施的区位结构，使所覆盖的范围内的需求量为最大；换句话说，就是在设施数目一定的条件下，选择一个涵盖最多需求的最适区位。MCLP 模型主要运用于时效性的紧急性服务设施，可使居民在合理有效的时间内接受服务，但无法保证每一需求点皆被服务。其数学函数形式如下：

目标函数：

$$\text{Max}\sum_{i} h_i z_i$$

限制式：

$$s.t. Z_i \leqslant \sum_{j} d_{ij} X_j \quad \forall_i \in I$$

$$\sum_{j} X_j \leqslant P$$

$$N_i = \{j \mid d_{ij} \leqslant S\} \quad \forall_i \in I$$

$$X_j = 0,\ 1 \quad \forall_j$$

$$Z_i = 0,\ 1 \quad \forall_i$$

式中 h_i——节点 i 的需求；

d_{ij}——i 到 j 的最短路线距离；

N_i——能服务 i 点的设施地点集合；

S——最大服务距离；

P——欲配置设施数；

Z_i——二元决策变量，当 $Z_i=1$，表示节点 i 被覆盖；当 $Z_i=0$，表示为其他情况；

X_j——二元决策变量，当 $X_j=1$，表示配置于 j 区；当 $X_j=0$，表示为其他情况。

基本假设：

(1) 所有节点之距离为已知，且成本是确定的；

(2) 需求仅产生在节点之上；

(3) 各节点的需求仅被一个设施所服务；

(4) 每个节点最多仅能有一个设施设置；

(5) 欲进行配置的设施为已知。

与 LSCP 模型不同，MCLP 模型不保证覆盖所有需求点，因此，MCLP 模型本质上假定，可能固定的服务设施数（作为给定预算的替代）不足以覆盖所有需求点，该模型寻找覆盖最大需求的服务设施的设置方案。

实际上，通过连续变动 P（例如：从 1 到 k），也可以使用 MCLP 模型求得覆盖所有需求点必需的最少服务设施数 k，而且，在这过程中，可以计算增加一个额外服务设施所带来的边际福利（覆盖率），与相应增加的成本相比较，决策者可在成本与社会福利之间作出合理的权衡。

在使用 LSCP 模型时，可能会产生多重最优解的情况，这些最优解对成本最小化这一目标都是等价的，但由于 LSCP 模型没有考虑需求点的权数 W_i，此时，可用 MCLP 模型在这些最优解中找出同时满足最大覆盖的最优解。或者，使用上述连续变动 P，用 MCLP 模型求得覆盖所有需求点必需的最少服务设施数 k，在某种意义上，MCLP 模型可以看成是双目标（成本最小和覆盖最大）的模型。

（二）特殊需求设施类型的区位配置分析模式

1. 多目标区位模型

一般来说，消费者对设施的选择是根据一个效用函数来确定的，比如交通时间或交通距离。后来，有很多设施区位问题已经不再单一的考虑一个目标函数，它们考虑多目标的规划方案，如交通拥挤的最小化，费用支出的最小化。

D. Bigman 和 C. Revelle 鉴于原本设施区位模型的评估准则过于简单，因此运用“多目标规划”方法将社会各种福利纳入目标方程式变数内。多目标区位模型的求解方法分可为多目标规划（Multi-objective Programming）和多准则决策方法（Multiple Criteria decision Making）两种。其中多目标规划是以线性规划为基础，利用权数（Weights）或效用函数（Utility function），将多个目标合并成一个综合目标来求解；多准则决策方法则是由规划者产生多个替选方案，然后求取决策者对于各个替选方案要的偏好，最后加以评估，以求得最适解。假设有两个目标准则时，其数学函数形式如下：

目标函数：

$$\text{Min} = \sum_{i=1}^{n}\sum_{j=1}^{n}[\theta W_i D_i + (1-\theta) W_i D_i] d_{ij} X_{ij}$$

限制式：

$$s.t. \sum_{j=1}^{n} X_{ij} = 1 \quad i = 1,2,\cdots n$$

$$\sum_{j=1}^{n} X_{ij} = P$$

$$X_{ij} = X_{jj}$$

$$\sum_{i=1}^{n} W_i = 1$$

式中 θ——第一个目标的重要性系数；

$1-\theta$——第二个目标的重要性系数；

n——需被服务的分区数；

d_{ij}——i 区到 j 区的最短路线距离；

D_i——i 点的需求人口数；

W_i——i 区的需求权数；

P——欲配置设施数；

X_{ij}——第 i 区人口指派使用 j 设施的人口比例；

X_{jj}——二元决策变量，当 $X_{jj}=1$，表示由 i 区指派到 j 区；当 $X_{jj}=0$，表示为其他情况。

2. 动态区位模型（Dynamic Location Model）

第二次世界大战以后，研究者开始从区域整体出发，对影响生产布局的各种因素应用数理统计、投入—产出、线性规划等方法进行全面的综合分析，建立可用于实际的区域模型，发展成为“动态区位论”。

该类型模型主要是以消防设施区位分派为主，因为传统的静态模型假设火警发生时，该地区一定能获得最近消防设施的救援，而此类模型则是考虑到当地消防设施已出动救援某处火灾，而随后发生于当地的另一处火灾则需邻近地区的消防设施救援。动态区位模型正因为上述情形的不确定性而产生。例如火灾操作模拟模型（Fire Operation Simulation Model）。

3. 竞争性设施区位模式

所谓竞争性设施就是设施所提供的服务的性质相似或相同。

竞争性设施区位问题最早是由 Hotelling（1929）提出来的，他构建了竞争性设施区位问题的模型，这个模型基于一个重要的假设：顾客总是光顾离他最近的设施。这个假设认定市场空间中的所有设施的吸引力都是一样，所以顾客才会光顾离自己最近的设施。在 Hotelling 模型的基础上，学者们做了大量的研究［Eiselt et al（1993）、Drezner（1995）等］。

Huff（1964）扩展了 Hotelling 的模型，他把牛顿模型引入到设施与客户之间的相互作用力，他认为一个设施从一个需求点处获得的需求量与设施的吸引力成正比，与设施到需求点距离的平方成反比。牛顿模型比 Hotelling 的模型更接近于现实，在一定的距离范围之内，顾客总是把服务好、商品种类齐全、交通便利的设施作为他们的第一选择。Nakanishi（1974），Achabal（1982），Ghosh（1991），Drezner（1995，2001），Okunuki（2002）等利用牛顿模型对竞争性设施区位模型进行了分析研究。

由此可见，竞争性设施区位模式主要着眼于新设施加入市场之后，其产量对原有市场价格的影响。由于新加入的厂商与市场中原有厂商之间处于竞争状态，因此任一厂商所采取的行为与决策都将影响市场中所有厂商的市场产量与价格，由此可见，竞争性设施区位理论主要在于描述厂商之间的竞争行为，并以追求厂商的个体利润最大化为目的，来决定两个厂商的竞争区位。

4. 空间互动模型（Spatial Interaction Model）

在有关零售活动、区位及分派之研究中，应用空间互动模型者常以重力的概念来解释人类的互动。19 世纪中叶，H. C. Carey 首先应用牛顿万有引力的概念来分析人际互动行为，到 1959 年 W. G. Hanson 以可达性指标来表示一地区的发展潜力，并以可达性来预测人口分布。

传统空间互动理论是为了解释生产者与消费者之间，由于区位差异所产生的特定需求而采取的行为，Wilson（1967）发现了空间相互作用随距离呈指数衰减的规律，他于 1970 年将空间互动模型分成无限制、产生限制、吸引限制和产生吸引双重限制等四大类。而空间互动模型发展至今，主要分为两类型主轴，一是由牛顿万有引力定律发展出的重力模型（Gravity Model），另一则是由热力学第二定律发展出的极大熵模型（Entropy Maximizing Model），目前常见的空间互动模型，主要有以经济基础理论与空间互动联系，去预测产业活动与居住活动的规模与分布的加林劳利模型（Garin-Lowry Model）。

王铮等（1991）指出牛顿形式的空间相互作用模型应用在二维地理空间中时是发散的，因此可把 Wilson 的指数衰减模型应用在设施点与需求点之间的相互作用上，这样能更好地解决二维空间中的问题。

三、公共设施区位配置分析模式分析比较

由前述可知，一般公共设施类型的区位配置分析模式的研究对象以公共设施为主，其较为符合本次研究对象的特性，故以下将针对一般类型区位配置分析模式的特性进行比较分析：（如表3-1 所示）

（一）*P* 中位问题模式

P 中位问题模式主要研究：在寻找预先设定设施数目的最适区位，使其与需求点间的“总加权旅行距离和”最小化，从而达到总成本最省的效率，但是会导致某些需求点距离最近的设施很远。如不考虑个别需求点的可达性的情况下，在私人部门以成本效率为导向是适合的，因为总成本才是主要的考量。*P* 中位问题模式主要应用于一般非紧急设施的区位配置分析，像学校、公园等。由于这些设施所提供的服务较无时效性或迫切性，故需居民的生命或财产不会有明显的影响，因此其配置目标可被设定为服务距离加权总和的最小化。

P-中位问题模型可同时决定设施的位置与服务范围，模型的目标为追求总加权距离最小，即从系统的效率角度出发，其仿真结果仍可显示公平效果。当公共设施数目一定时，*P*-中位数模型是唯一有效而迅速的配置方法，同时具有简单明了，控制变

量少，运算较迅速的优点。近年来普遍应用于解决公共设施区位划分问题。1991年，Hanif等率先提出了一个解决飓风/洪水灾害下的人员疏散规划的问题的模型。模型为：在一个给定的可以用于修建避难所的地点集合内选下一定数量的地点用于疏散规划，并形成最后总的疏散计划，其目标函数是总的疏散时间最少。

一般公共设施类型区位配置分析模式特性比较表　表3-1

模式类型	特性说明	优　点	缺　点
*P*中位问题模式	寻找预先设定设施数目的最适区位，使其与需求点之间的总加权旅行距离总和为最小	1. 可同时决定设施区位与服务范围。 2. 架构简单易于了解，控制变数少。 3. 当预定配置设施的数目确定时，为一迅速而有效的区位配置模式	1. 忽视规模经济的存在。 2. 未考虑设施规模的吸引力。 3. 忽略个人偏好的差异，而且若分区太大，模拟结果将产生极大差异
*P*中心问题模式	寻找预先设定设施数目的最适区位，使其与需求点之间的最长距离最小化	1. 可同时决定设施区位与服务范围。 2. 模型架构在追求旅行距离最小化，可显示设施的效率状况。 3. 控制变数少，易于运算	1. 忽视规模经济的存在。 2. 未考虑设施规模的吸引力。 3. 忽略个人偏好的差异，而且若分区太大，模拟结果将产生极大差异
LSCP模式	寻找最少设施数目的最适区位，使所用需求点均能在一定距离内接受服务	1. 在公平的原则下，可求出最适区位结构。 2. 不涉及加权问题，故每一个需求点的权数皆为一。 3. 可用于实证最大距离限制的区位配置模式是否可行	1. 忽视规模经济的存在。 2. 未考虑设施规模的吸引力。 3. 忽略个人偏好的差异，而且若分区太大，模拟结果将产生极大差异
MCLP模式	寻找预先设定设施数目的最适区位，使其在一定距离内服务最多对象	1. 在公平原则下可求出最有效的区位结构。 2. 对特定的需求点，可告知不同公平标准下的服务牺牲量	1. 忽视规模经济的存在。 2. 未考虑设施规模的吸引力。 3. 忽略个人偏好的差异，而且若分区太大，模拟结果将产生极大差异

（二）*P* 中心问题模式

当设施位置选择的范围是规定的，不可任意在空间上选择，如同在规定的范围里布局设施，称为布局模型。在计算方面，该问题是一种特殊的空间运筹问题，*P*-中心问题就是一种反映覆盖与否的布局模型，即选择 *P* 个设施使所有需求点得到服务，不考虑福利如何，所反映的是覆盖与否的问题。

P 中心问题模式为寻找预先设定设施数目的区位分布，使设施与需求点间的最大距离最小化，意即其目标在最小化任何需求点与最近设施的最大距离。其目的则在于使最差的情况极佳化，因此常应用于分析紧急性设施的区位配置，例如消防队等。由于这些设施所提供的服务具有时效性或迫切性，故较为重视设施是否能及时提供所有需求点必要的服务，因此该模式会注意到最难以提供服务的需求点，并使提供服务的困难性降低。

这一模型常用来解决紧急设施的选址问题，如消防站、警察局、紧急救护中心等设施，这些紧急设施的特点都以保证设施点对需求点的需求响应时间最短为最终目标，故也称消防站问题。

（三）LSCP 模式

LSCP 模式是在寻找最小设施数目的最适区位配置，使得所有的需求点都能在一定的范围内接受设施服务，其目标是最小化设施配置的成本。不考量各需求量上的差别，各需求点均须被包含在距设施特定的距离范围内。该模式适用于建设经费充裕或无预算限制、且设置设施数目可由模式分析决定等情形下的紧急性公共设施区位配置分析。

（四）MCLP 模式

MCLP 模式在配置已知固定数量的设施，使涵盖在设施服务范围内的需求数量最大化，此模式典型应用在紧急性服务设施的区位，由于这类设施有时效性的限制，每个需求点都需要在特定时间（距离）内为设施服务到，但当资源有限而无法建立足够的设施来涵盖全部的需求时，希望能以最少的设施来服务最大量的需求，以满足此设施效率的要求。MCLP 模式适用于如何在有限的建设经费下，发挥最大效果的紧急性公共设施区位配置与规划。

四、选址问题研究方法

近年来，随着选址理论的发展，很多种中心选址的方法被开发出来，归结起来主要可以分为几种主要方法：解析方法、最优化线性规划方法、启发式方法、仿真方法、综合因素评价法以及遗传算法。

（一）解析方法

解析方法通常是指地理重心方法。这种方法通常只考虑运输成本对配送中心选址的影响，而运输成本一般是运输需求量、距离以及时间的函数，所以解析方法根据距离、需求量、时间或三种的结合，通过在坐标上显示，以配送中心位置为因变量，用代数方法来求解配送中心的坐标。解析方法考虑的影响因素较少，模型简单，主要适用于单个配送中心选址问题。

（二）最优化线性规划方法

最优化规划方法一般是在一些特定的约束条件下，从许多可用的选择中挑选出一个最佳方案。最优化规划方法中的线性规划技术以及整数规划技术是目前应用最为广泛，也是最主要的选址方法。最优化规划方法的优点是它属于精确式算法，能获得精确最优解。不足之处主要在于对一些复杂情况很难建立合适的规划模型；或者模型太复杂，计算时间长，非常难以得到最优解；还有些时候得出的解虽然是最优解，但在实际中不可行。

（三）启发式方法

启发式方法是一种逐次逼近最优解的方法。用启发式方法进行设施中心选址及网点布局时，首先要定义计算总费用的方法，拟定判别规则，规定改进途径，然后给出初始方案，迭代求解。

启发式方法与最优规划方法的最大不同是它不是精确式算法，不能保证给出的解决方案是最优的，但只要处理得当，获得的可行解与最优解是非常接近的，而且启发式算法相对于最优规划方法计算简单，求解速度快。

（四）仿真方法

仿真方法是试图通过模型重现某一系统的行为或活动，而不必实地去建造并运转一个系统，因为那样可能会造成巨大的浪费，或根本没有可能实地去进行运转实验。在选址问题中，仿真技术可以十分显著地通过反复改变和组合各种参数，多次试行来评价不同的选址方案。这种方法还可以进行动态模拟。例如，假定各个地区的需求是随机变动的，通过一定时间长度的模拟运行，可以估计出各个地区的平均需求，从而在此基础上确定配送中心的分布。

仿真方法可以描述多方面的影响因素，因此具有较强的实用价值，常用来求解较大型的、无法手算的问题。其不足在于仿真技术不能提出初始方案，只能通过对各个已存在的备选方案进行评价，从中找出最优方案，所以在运用这项技术时必须首先借助其他技术找出一个初始方案，而且预定初始方案的好坏会对最终决策结果产生很大影响。

（五）综合因素评价法

综合因素评价是一种全面考虑各种影响因素，并根据各影响因素重要性的不同对方案进行评价、打分，以找出最优的选址方案。大多数文献都是采用层次分析法来对各种因素设定权重，综合评价得出最优解。也有的文献是将各种不同优化目标下的最优解利用数据包络分析法分析这些方案的相对有效性，确定一个使全局最有效的方案。

（六）遗传算法

遗传算法（Genetic Algorithm）是一类借鉴生物界的进化规律（适者生存，优胜劣汰遗传机制）演化而来的随机化搜索方法，是一种通过全面模拟自然选择和遗传机制，形成具有“生成＋检验”特征的搜索算法。

遗传算法研究的历史比较短，20 世纪 60 年代末期到 70 年代初期，主要由美国密西根大学 John Holland 与其同事、学生们研究形成了一个较完整的理论和方法，从试图解释自然系统中生物的复杂适应过程入手，模拟生物进化的机制来构造人工系统的模型。遗传算法以编码空间代替问题的参数空间，以适应度函数为评价依据，以编码群体为进化基础，以对群体中个体位串的遗传操作实现选择和遗传机制，建立起一个迭代过程。遗传算法主要用于解决复杂的优化问题，属于启发式算法的一类。它模拟生物进化的过程，通过对问题的染色体编码得到初始种群，然后通过选择、交叉、变异等操作不断繁殖下一代种群，并保证下一代优于父代。在一定的迭代过程后得到近似最优解。

遗传算法是一种数值求解的方法，具有普遍适应性，对目标函数的性质几乎没有要求，甚至不需要一定写出目标函数的显示表达。该方法的特点是记录一个群体，这个群体同时包含多个解，这不同于局部搜索、禁忌搜索和模拟退火等方法，那些算法都仅记录一个解，实际上这是遗传算法所具有的隐并行机制。

这里列出来的只是选址问题中的几个最常用的方法，还有应用随机分析，模糊数学分析等等，在此就不一一介绍了。

第三节 台风“避难所”设置标准与区位配置课题探讨

避难场所的区位决策是一项系统工程，宜采用系统工程和管理科学的理论和方法。避难场所区位（选址）是系统工程和管理科学领域中研究的重要课题之一。在实际的选址问题中，首先是根据建立避难场所的要求，考虑主观和客观的条件和因素，合理选择几个点作为备选点，然后考虑实际影响因素和约束条件，运用数学方法进行建模和求解，再在备选点中进一步选择适宜的一个或几个具体点作为最后确定的避难场所的实际选址。

一、台风“避难所”区位决策概述

沿海农村台风避难所规划应解决的问题是：结合给定乡村的

人口分布、人口密度、建筑密度等情况以及居民疏散的要求，在所有适合作为避难所的地点中选取一定数目的地点建设避难所。由于受到资金、环境等要求的限制，不可能在所有适合建立避难所的地点都建立避难所，实践中只能选择一定数目的地点。

评价避难所规划方案的准则主要有：

（1）在特定人口密度和总量的情况下，乡村区域内的避难疏散场地规划布局的位置、场地的大小以及是否能尽可能多地容纳附近居住的居民。

（2）当台风灾害发生时，居民从所在地点到最近的疏散场地的疏散时间尽可能短。结合当地可以利用作为应急避难场所的场地以及连接场地的道路现状，划定应急避难场所用地和与之配套的应急疏散通道。

避难所地点规划问题属于公共设施区位问题，即给定一个地区内公共服务设施可能分布的地点，考虑公众公共服务设施的需求，确定公共服务设施的最优布局。这类问题属于区位科学研究（location science research area）领域的一部分，已有多种模式方法可以用于解决这类问题。如 *P*-中位问题模式，LSCP 模式，MCLP 模式及极大熵法。

从计算角度看布局问题可以划分为最具代表性的两类布局模型要属 *P*-中位问题和 *P*-中心问题，*P*-中位问题给定 *P* 个设施韦伯要求所有需求点提供服务，要求需求点其最近设施的按需求加权距离总和最小，强调福利最大，所以称它为福利问题，这类问题适合于各类设施，特别是公共设施的选址问题，如公共设施中的学校、医院、邮局等等。*P*-中心问题是指选择 *P* 个设施使所有需求点得到服务，而不论福利如何。这类问题一般适合紧急设施的选址问题，如消防站、警察局、紧急救护中心等。当要求所有需求点到其最近的设施的最大距离最小，是狭义的 *P*-中心问题，当给定一个服务半径，最小化设施配置花费、就是所谓覆盖问题。显然 *P*-中心问题反映的是覆盖与否的问题，*p*-中位问题反映的是群体福利问题。

二、台风“避难所”区位合理配置的影响因素探讨

由于台风“避难所”的开发建设需要相当多的资源投入，包括土地、金钱、人力、物力等，因此如何在有限的资源限制下，规划出能发挥最大效益的区位配置，则是目前规划工作当务之急。以下将就台风“避难所”区位合理配置的各个相关课题进行探讨：

课题一：台风“避难所”配置通常要达到哪些目标？

台风“避难所”配置所考虑的目标包括公平、效率、安全、经济、便利等目标，但其中以“公平”、“效率”与“安全”最具代表性。“经济”、“便利”只是不同限制条件的延伸或变形，例如“经济”目标在使投入资源的成本最少或效益最大，只是同时将据点设置的区位赋予不同的成本，其做法含有“效率”的观念；“便利”则是在考虑“公平”之外，增加了“效率”的概念（“便利”在使需求点能在“避难所”合理服务范围之内接受服务，且让更多需求点能在更接近据点的距离内接受服务）。

因此“经济”、“便利”目标的处理方式隐含于“公平”及“效率”目标的推求。至于“安全”，则是在考量台风“避难所”本身的安全性，是否足以负担民众在灾害发生时的安全需求，以使民众避难免受到二次灾害的伤害，因此，本研究将以“公平”、“效率”与“安全”，作为衡量区位配置的主要准则。

课题二：何谓台风“避难所”的“合理配置”？

所谓的“合理配置”必须同时考虑多种目标的达成。这些目标通常基于当时社会、规划者、决策者所认定的价值观而定；换言之，“合理配置”方式会因人、时间、地点的不同而有所不同。例如，我国在改革开放初期，只是追求 GDP 的增长，而忽略了对环境保护，对于环境敏感地的开发也许并不觉得不妥，但从现在的角度看，会破坏环境的开发行为就不是“合理配置”。

另外，“合理配置”也因设施的不同而异。例如“紧急性据

点”需强调其服务的时效性；而“非紧急性据点”虽无时效性的限制，但需考虑使用的近便性，并且能够提供居民最大的服务。

综上所述，“合理配置”应是基于当时社会、规划者、决策者所设定的价值观，在充分考量设施特性、设置目标及各种限制条件后所为符合专业判断的正常决定。就台风“避难所”区位配置而言，需同时考虑公平、效率与安全等目标。

课题三：台风“避难所”配置的目标之间，互有冲突如何处理？

台风“避难所”区位的配置的目标有多种，包括公平、效率、安全、经济、便利等。这些目标之间通常会有互相矛盾冲突。例如，若讲求据点的“效率”，则会倾向于把据点配置在人口稠密之处，相对而言，偏远地区的民众便无法受到“公平”的服务。而对于据点配置目标之间的冲突处理，一般最常见的是采用加权平均的方式，但是本文认为不同目标之间的替代关系可能不是线性关系，有些目标之间并不存在替代关系，因此，本文根据不同目标间的冲突而做不同的处理；具有替代关系的，采用类似加权平均的方式（如公平与效率）；对于不存在替代关系的冲突，则采取其他处理方式（如长期规划与效率），以期能创造更佳的据点区位配置方式。

课题四：台风“避难所”的公平、效率与安全如何衡量？

公平性是指所有需求均能获得据点合理程度（如在特定的距离或时间内）的服务，其目标是在大的公共福利下，提供最均等的服务；灾民享受同等的避难待遇——同等的有效避难面积、保障基本生活条件的物资供应以及与外界的通信联络等。应考虑老年人、儿童、妇女和残疾人的特殊要求。本研究以需求点距离最近设施的最大距离以及设施的服务（或影响范围）来衡量。

效率性则是使固定数目的据点，在特定服务范围（距离或时间）内，能获得的效益最大，或是系统的总成本最少；本文将以总旅行距离（时间）衡量。

灾害避难所建立的一个主要目的是给人们提供一个安全栖身之地，使之免受自然灾害的影响。因而，安全性是灾害避难所建设必须考虑的，也是最重要的内容之一。安全性，主要包括避难所区位的安全和结构的安全，以及疏散道路的安全。区位安全性，是指灾害避难所的布局应远离洪水频发区、涝灾易发区和地震高烈度区等致灾因子高风险、高影响区。结构安全性，主要从工程设施的角度而言，避难所的建筑应该具有抗震、防火的结构和功能，针对台风、飓风等的避难所，其门窗应该还具有抗风打击性。疏散道路的安全性，是指选定的疏散道路应不易被洪涝、滑坡等致灾因子阻断等。

课题五：公平、效率与安全之间有何关系？

其中公平与效率存在有冲突与替代关系，若希望增加台风“避难所”系统设置的效率，必须以减少台风“避难所”系统的公平性为代价；反之，如果要增加设施系统设置的公平性，也需要付出设施系统效率的代价。在本研究中对于公平与效率的冲突，采用最大距离限制的方式处理，在追求大的设施运作效率的前提下，考虑设施配置的公平性。

至于安全，则是使台风“避难所”在公平与效益之外，能够提供民众在台风“避难所”进行避难行为时，得以安心的主要因素，也就是说，安全主要在用以辅助公平与效率，进而使台风“避难所”得以更全面、更合理地提供服务。

课题六：要如何在进行长期规划时，同时顾及有关公平与效率等问题？

长期规划与公平及效率的冲突，通常可能发生在村镇地区计划区内，由于受到台风“避难所”设置经费的限制，通常计划区对据点需求总数会大于可配置数目，初期若零散配置势必会降低部分据点的服务水准，亦即每个据点的服务范围必须扩大；当村镇地区长期发展后，据点逐渐感到不足时，若欲增设据点时，此时增设的据点势必在原有已经设置的据点空隙中设置（假设设施设置后不易拆迁），将影响整体据点系统的长期效率。若是考虑长期规划能发挥据点的最大功效，利用“分期分区发展”会是较佳的做法。具体做法是，将计划区的设施依照长期规划进行配置，位于优先发展区的设施则优先开发，其他暂缓发展区由于尚未发展，所以先不兴建（但在规划时已保留设施用地作为未来发展之用），待人口已经逐渐发展而且设施设置经费充足后再设置。

“分期分区发展”的做法，可减少财政对大量设置公共设施成本的沉重负担，同时确保据点在长期发展的公平与效率。其缺点为短期属于暂缓发展区的地区，较无法获得相对公平的开发权利。

课题七：设施区位配置，各个目标的权重应如何决定？

由于设施配置的各个目标之间，通常存在有冲突或替代的关系，例如想增加设施系统设置的效率，就必须以减少设施系统的公平性为代价；反之，欲增加设施系统设置的公平性，也需付出设施系统效率的代价。

由于设施的“合理配置”应是基于当时社会、规划者、决策者所设定的价值观，在充分考量设施特性、设置目标及各种限制条件而有所差异，因此在做设施规划时，需要能随机应变，不能守旧不变。

三、台风“避难所”设立的原则

公共设施的区位配置是追求最大的社会福利，而社会福利通常很难加以衡量，大多数的研究中均以公平及效率来衡量，即在一个系统中使活动体的总利益达到最大。活动体的总利益必须考虑空间行为特性，在公共设施的配置模式中，通常被定义为可达性，即以设施使用者的平均旅行时间或提供服务至家庭的平均旅行时间或距离来衡量。为确保避灾场所的科学设置、合理使用，须将避灾场所建设纳入到新农村建设的村镇规划中，并与村镇建设同步实施。

应急避难基地在国内并不多见，除北京元大都城垣遗址公园应急避难基地外，这方面的资料亦不多见。沿海农村地区的台风“避难所”与北京元大都城垣遗址公园应急避难基地在规划建设上有较大的不同。两者在建设应急避难基地时考虑了各自的特点，而在最后的形式上具有差异性。

（一）平灾结合、合理利用现有资源原则

由于突发事件在时间和空间上的间隙性和不可预测性，很少有国家或地区为突发事件专门设立避难场所。从经济和资源的综合利用角度考虑，农村地区的避难场所最好与村办公楼、老人活动中心、学校、祠堂、教堂等建筑物结合起来。若当地没有可作避灾场所的公共建筑物，则根据村镇规划，新建、改建或扩建具有避灾功能的公共建筑，以满足村镇避灾要求。然而灾害对人类社会造成的损失是非常巨大的，对灾害有无防备所产生的后果的差异也是非常大的。

通常的做法是平灾结合。“平灾结合”是讲求经济效益的原则，使避难疏散场所无论平时还是灾时都能为社会服务，都能取得社会效益、经济效益、环境效益、综合减灾效益。在规划避难疏散场所时，应当从平、灾两个方面考虑其功能，而且平时的功能与灾时的功能和谐统一、相辅相成、相得益彰。平时可向公众提供教育、文化、娱乐及其他生产、生活活动所需要的场所，灾害来临时可用于避灾、救灾以及灾时临时指挥。

（二）安全原则

台风“避难所”是为应付突发事件而准备的，特别需要注意其本身规划建设的安全性问题。台风“避难所”应位于预测的危险区外围的环形区域中，并考虑具体规模及范围、安置能力、行政区界等因素加以确定。安置地区上风向不能有核电站等次生灾害源。考虑到放射性沉降污染的威胁，沿被攻击点下风方向的地域不宜作为安置区。台风“避难所”应当创造必要的灾民基本生活条件以及防火、治安、卫生、防疫条件。

（三）就近就便避难原则

根据转移区域分布和人员数量按照就近就便原则，确定 1～

2个避灾中心和若干避灾点。避灾点一般以社区（村）为单位设立，灾害等级较低时，由各避灾点保证人员安置；避灾中心按转移区域设立，主要安置外来人员及灾害等级较高需要整片撤离大量转移人员时启用。村民就近避难可以减少从住宅到避难地的距离，安全性高，对周围环境熟悉，可以避免灾民盲目逃生带来的潜在危险。

避灾工程网络的整体布局要保证台风、洪涝等灾害来临时，能够快速、足量地为群众提供避灾场所。

（四）快速畅通的原则

结合村镇可以利用作为台风“避难所”的场地以及连接上述场地的道路现状，划定防灾避难空间和与之配套的应急疏散通道。顺畅的道路网系统是保证发生灾害时安全疏散的必备条件，保证灾害发生时，人员能够顺利通向避难场所，保证救援人员和物质能够到达灾害发生地。

（五）配套原则

台风“避难所”的功能不仅仅为避难者提供避难空间，还为避难开展各种服务工作。安置地区必须有粮食和生活必需品的储备，并建立危急时期的食品、燃料等的分配系统，提供储水设备和水源保护措施以防止污染，设置医疗救护等系统。在避难时间较长时，应建立专门的后勤支援与保障系统。要设置一定的组织指挥和安全保障与后勤服务场所，组织接收疏散人员。应设立应急指挥部、应急照明用电、应急供水设施、应急棚宿区、应急物资供应处、应急厕所、应急监控设施、应急广播等。

（六）家喻户晓原则

通过行为学研究，发现自主避难行为属于一种不规则与无法控制的模式，若不在灾害发生时进行同步有效引导与规范，将会影响整体的避难效果。引导民众达至避难场所的策略，主要采用加强防灾训练与倡导防灾知识两种主要方式。通过平时的宣传教育与避难演习，使得村民们掌握安全避难的方法、措施与注意事项，知道如何安全地离开住所，经过什么避难路线，到达哪个避难所避难，应遵守的与避难相关的法律法规和规章制度。使得村民们有安全避难的意识、演习实践以及遵纪守法的自觉性。

第四节　台风“避难所”最适区位模式的构想

台风“避难所”的主要功能之一是发生严重台风灾害时供邻近社区的居民避难。因此避难场地的规模、内部区划以及防灾减灾设施与能力的设置必须满足邻近社区防灾减灾的要求；在规划建设避难场地时，必须对邻近的社区进行深入调查研究，以便提高其适应性和针对性；避难疏散道路的设计应当有助于各个社区居民快速有序的安全避难。

一、台风“避难所”区位配置的影响因素

在进行台风“避难所”的最适区位规划工作时，会有许多主要影响因素。一旦发生大规模的灾害，居民前往紧急避难据点途中的避难逃生速度及避难场所、避难路径的选择等都将对居民的避难行动产生莫大的安全影响。因此，在选定或是评估避难场所时，通常会考虑周边地区至避难据点的可达性、避难据点本身的安全及收容能力、据点本身所能提供的避难程度（也就是区位性、接近性、有效性和机能性）；在归纳国内外许多学者的研究成果后，本文拟定出以下几项对台风“避难所”最适区位配置影响最大的主要因素：

（一）避难活动人口

所谓的避难活动人口是指在某一地区及某时间点下，在灾害发生后进行避难行为的人口数，如危旧住房的居民、外来打工人口、易发泥石流或滑坡等地质灾害区附近居民、观光景点旅客、行动弱势人群、中小学学生、易遭水淹地区居民等等，非仅指一般的户籍人口。参与避难人口的估算是很复杂的，主要与灾难发生的时间、地点、灾难的性质、危害程度及人们对灾难发展形势的心理预测和感知有关，同一地区灾害发生的时间不同（白天或

夜间）所造成的受灾人数也会有比较大的出入。

由于在各个时段、各个地点中的人口，会因不同的时间、地点而产生变化，故较能符合地区实际活动人口的特性，规划者及决策者亦较能依此掌握避难救灾时的需求。因为实际活动人口多与当地活动特性有关，因此与相关避难活动人口相关的研究，常分别以不同时间及地点等活动特性，以及活动人口最大值时进行计算，将活动人口定义如下：

1. 日间避难活动人口

如工业区、商业区等活动性质复杂地区，其活动人口最密集时间为白天，故可利用《建筑荷载规范》等法定规定的工、商楼地板面积对应员工数而得。其估算方法如下：

$$a_{\mathrm{i}} = \sum_{\mathrm{l} \in \mathrm{L_i}} F_{\mathrm{l_i}} T_{\mathrm{l}}$$

式中 a_{i}——分区 i 在一日中各个时间段活动人口数最大值；

$F_{\mathrm{l_i}}$——分区 i 的土地使用 l 的楼地板总面积，m^2；

T_{l}——土地使用 l 活动人口率在一日中的时段最高值（活动人口数/m^2 楼地板面积）；

L_{i}——分区 i 所有土地使用种类的集合。

2. 夜间避难活动人口

如住宅区，由于其活动人口最密集时间为夜间，以当地的户籍资料进行估算。

而在本文中，由于研究时间有限，以及研究范围现况工、商楼地板面积及员工数等资料取得上的限制，因此本文将主要以夜间避难活动人口的推估为主，并将它作为进行紧急避难据点最适区位配置研究的变数之一。

（二）避难道路通行能力

由于避难道路是防灾规划中最重要的环节之一，其牵涉民众居住地到避难据点之间的可达性。道路系统能否发挥必要救灾及避难功能，直接影响避难与救灾的成效及伤亡程度。其中，效率性与畅通程度是道路系统功能发挥正常与否的关键。道路系统在整个灾害发生的时序上，是第一个开始运作的防灾空间系统，不仅灾民自发性自救行为需要由道路系统完成，各个防灾空间系统功能的发挥也是由道路系统达成。因此，道路系统在整个规划作业上扮演了最关键的角色，是第一个必须架构的防灾系统。避难路的宽度见图 3-4。

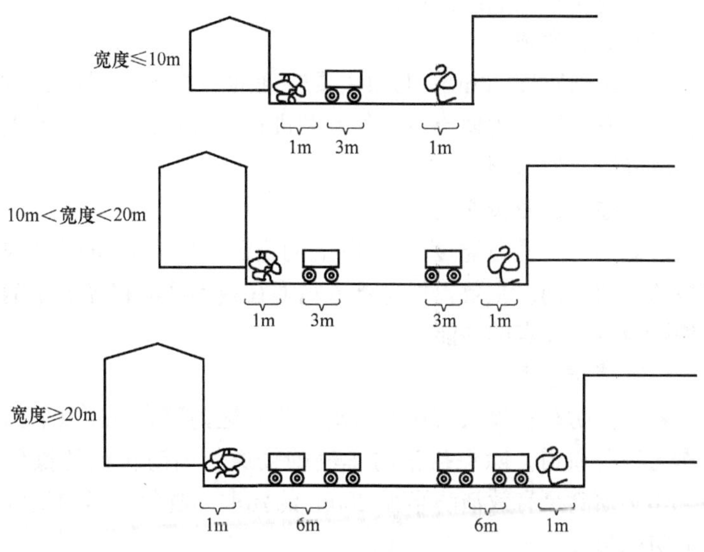

图 3-4 避难路的宽度

避难道路要考虑心理学、人体工学、周围道路环境以及与避难场所的连接情况等多方面问题。从心理学的角度来看，灾难发生时人们对避难路径的选择主要考虑以下几个方面：日常生活较熟悉、易发现的路径、距离自身最近的路径、直行路径、追随多数人等。从人体工学的角度来看交通量大的避难道路应设人行专用道。从与避难据点的联系来看，要保证至少有两条避难通道与之相连。

其中有关动线系统的有效性，更是直接影响避难成效能否发挥的主要关键。但当较强烈的台风灾害下，通常会引起道路损毁或中断的情形，而改变需求点到避难据点的通行距离，因此，为有效掌握在最短时间内，使民众得以尽快进入避难据点进行避难行为，必须事先推断出道路在台风灾害下的通行能力。各种道路要畅通无阻，保证救灾车辆、机械、人员迅速、有序地进出灾区抢险救灾。根据相关文献及我国的相关规范规定，可根据现有及规划道路所在的地理位置与道路条件等，以道路等级划分的方式，分别赋予不同的防灾机能。

（1）紧急通道

划定道路宽度 20m 以上的主要交通通道为第一层次紧急通道。灾害发生后，为使抢救工作顺利进行，应对紧急道路的人员及车辆施行交通管制。

（2）输送、救援通道

以规划区内道路宽度 15m 以上的道路，配合紧急通道构成完整的交通路网。主要提供避难人员通往避难区的路径及车辆运送物资至各防灾点的功能。

（3）消防通道

考虑消防车辆投入灭火的活动，规划区内路宽 8m 以上的道路作为消防通道。除保持消防车辆的畅通与消防机械的操作空间，还必须满足有效消防半径 280m 的要求，避免封闭的街区产生消防死角。

（4）紧急避难通道

规划划定区内 8m 以下的道路，作为避难场所、防灾据点的设施无法连接前三个层次道路网时，而设置的辅助性的路径。

避难道路要根据避难者的人数、时间、沿道的建筑的状况、车辆的通行量以及紧急通行等具有适当的构造。对于防灾减灾通道，应对防灾减灾机能有关并影响到道路有效宽度的各因素进行明确，如人行道分布、招牌设置状况、公共设施、停车状况、围墙、植栽、高架道路、公共运输、电力电信设施等。

作为避灾场所疏散通道的村镇街道，要形成相互贯通的网络状，即使部分街道堵塞，也可以通过迂回路线到达目的地，不影响村镇居民快捷顺畅前往避灾场所。其中避灾中心、避灾所的疏散线路为疏散主干道，不小于 6m；避灾点的疏散线路为疏散次干道，不小于 4m。

（三）据点规模

就紧急性避难据点而言，据点本身的规模主宰着该避难据点本身的收容能力。避难所规模和容量是衡量避难所收容能力的主要指标；计算避难空间的规模还要考虑灾害发生的时间因素，同一地区灾害发生的时间不同（白天或夜间）所造成的受灾人数也会有比较大的出入。

因此，要建立每人拥有的避难面积基准，将避难场所内避难者的生活及行动等空间纳入考虑，预想其余避难场所从数小时到数十小时的生活，其中包括睡眠、进食或排便等行为所需的最小必要空间。在避难场所中，人们最基本的活动主要有：休息、饮食、排泄等。躺卧休息，是空间占有率最高的一项活动。考虑到空间使用的复合性，只要能满足最大空间要求，其他各项活动也基本上能够满足，因此只要考虑躺卧休息就可以了。一标准成年男子身高按 1.75m 计算，半躺下来休息的最小正面宽度为 0.6m，最小长度为 1.2m，那么他所需要的面积为 0.72m^2。如果平躺下来休息的话，那么他所需要的面积为 1.05m^2。但在台风灾害发生时人们不可能这么理性地选择避难场地。避难所也可能承担临时疏散的功能，因此在实际使用过程中功能会出现部分交叉与重合。综合上述若干因素，人均避难场所用地能在 1.0m^2 以上就基本上能够保证灾民安全避难，如果能够达到 1.5m^2 以上更好。

因此，参照国内外有关标准，考虑到人体活动的空间需求，紧急避难场所人均面积标准为 1.5～2.0m^2，长期（固定）避难场所人均用地（综合）面积标准为 2.0～3.0m^2。而在本研究中，则将整合上述国内众学者所提出的重点，亦即以 2m^2/人为本文的最佳紧急性避难据点规模。

（四）据点的合理服务范围

台风“避难所”是避难行为的直接承载体，避难据点布局的合理程度直接影响其对灾民的吸引力，进而影响灾民对避难场地的选择。规划的避难场地是否被灾民所选择或者说能否在灾难来临时最便捷地被利用，是避难据点能否高效实现其防灾避险功能、实现平灾转换的衡量标准之一。那么，避难据点的布局与服务半径的关系如何？值得研究。

进行划设防灾空间组成的基本结构，生活圈内可依据自身的地理区位及空间设施条件，分别订定合适的避难行动，并作为相互支援的最小单元。避难生活圈的概念源自日本，当灾难发生时，人们会从不同方向向最近的避难场所集结，因此避难空间系统的形成会以避难所为中心，以一定距离的避难路径为半径，大约形成一圆形范围，被称之为避难生活圈。

避难生活圈基本自成体系，有相对独立的城市职能，一旦遇有灾情基本能防灾自救，各生活圈之间以宽阔的绿化防灾带相隔形成防灾空间网络，这样可以有效地防止灾情扩散。根据我国的行政体系，可以以县为范围，划设区域避难生活圈；以乡（镇、市）为范围，划设地区（3 万～4.5 万人）避难生活圈；以相近村里或社区为范围、以中小学校为中心，划设邻里避难生活圈（如图 3-5）。因此，避难圈域的层级由基础的圈域可分为邻里防救灾避难圈（约为 500～700m）、社区防救灾避难圈（约为 1500～1800m）、区域防救灾避难圈（全县为单位）共三级。

避难生活圈中的村办公楼、老人活动中心、学校、祠堂、教堂等用地都自然成为村镇的避灾场所，这些场所和周围道路、生态空间的联系和沟通，相互组成一个有机而完整的疏散避灾系统，成为能有效地疏散村民和救灾的网络。

服务范围是根据一定的服务距离，计算一个群集设施的服务可达范围。避难疏散理论中将避难所的服务范围认为是一圆形，服务半径用 R 表示，根据日本专家的实验数据，假设人在避难途中的极限时间一致，用 t 表示，单位为 s，人在避难途中速度一致，用 v 表示，单位为 m/s（正常人的步行速度为 0.85～1.2m/s），该避难所的最大服务面积为 $S_1=\pi\times R^2$，服务半径

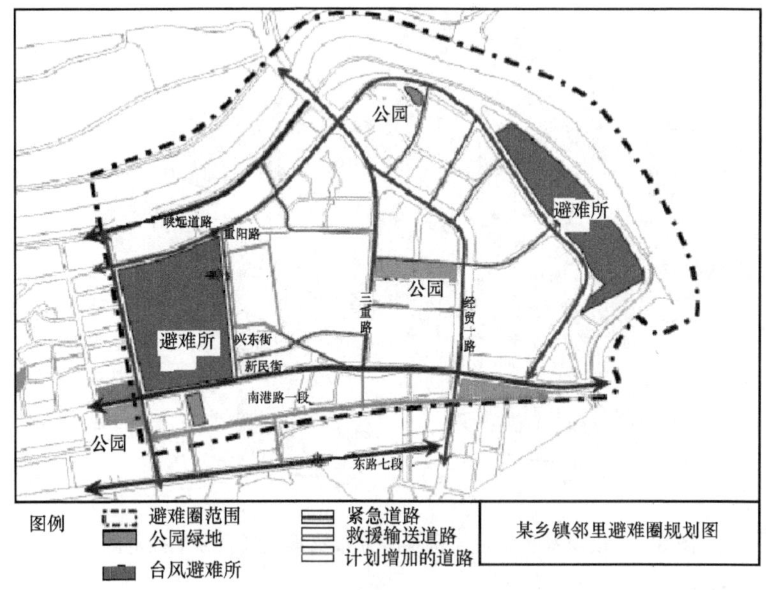

图 3-5　某乡镇邻里防救灾避难所规划图

$R=t\times v\times \beta$，设道路的弯曲系数 $\beta=0.65$，则步行 10min（取速度为 1.2m/s）服务半径为 468m，步行 1h（取速度为 0.85m/s），服务半径为 1989m。

不同级别的避难所有各自的服务半径，形成不同的避难生活圈。一般认为，社区级避难所以步行不超过 10min 即 500～600m 就可到达，人们在避难途中的极限时间为 1h，因此任何区级避难所步行不应超过 1h，即 1500～2000m 就可到达（图 3-6）。

因此，本文假设条件是：避难据点所提供的服务是均质的，居民选择避难据点仅以“距离”为考虑因素。将邻里层次的避难据点的合理服务范围值定为上述步行距离 500～700m 的最小值 500m，即步行 5～15min 内到达为宜，以表示在该避难据点的服务范围中，居民至少都能前往进行避难活动。社区层次的避难所的服务半径定为 2000～5000m，即步行 0.5～1h 内到达

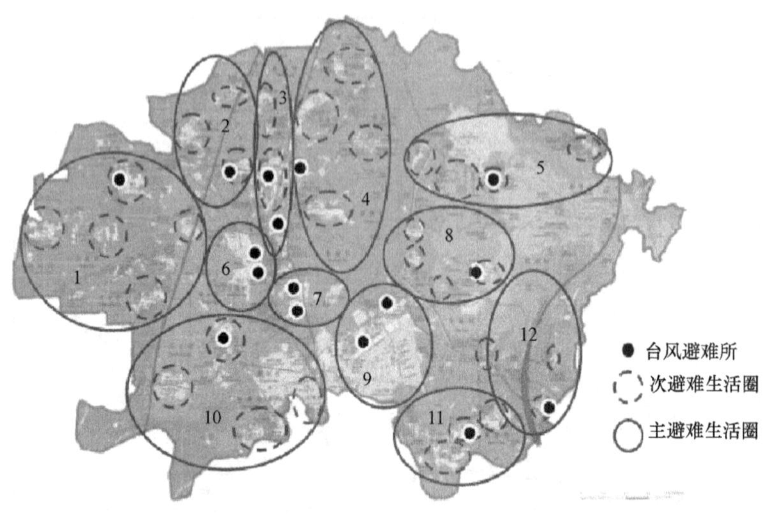

图 3-6 沿海某乡镇台风避难所分布及其避难服务半径范围图

为宜。

本文作者对沿海地区村民台风避难行为的调查研究表明，村民的避难行为可归结为紧急避难、临时避难和长期避难三类，不同的避难行为对避难场地的“近”的需求是有所差异的，这个“近”不仅仅包括空间距离还包括时间距离，具体就是指距离可达性和时间可达性要求。

(1) 紧急避难场地是村民台风发生时第一时间的避难需求，村民对紧急避难场地的要求是尽可能安全、方便、快捷，因此对到达场地的时间和到达场地的路径安全性远远高于其他类型的避难场地，这个“近”不仅仅体现在空间距离上，更体现在时间距离上。因此，对紧急避难场地而言，在布局时应更注重时间距离的“近”，也就是时间可达性。

(2) 对于临时台风“避难所”来讲，大多是一二星期之内的短时间避难，因此处于对家的依恋和回家的方便，村民普遍希望场地能离家近一些，这个“近”体现在家离场地的直线距离上，只要在一定范围之内，能感受到家就在附近，即使实际路径比直线距离远一点，到达时间稍微长一些，对避难心理和避难行为影响不大，也就是说对“空间距离”的需求要高一些。因此临时避难场地对服务半径的要求相对路径可达性而言要高一些。

（3）研究表明，需要进行长期避难的灾民（如房屋被台风摧毁，所在村庄被洪水围困、泥石流冲垮等）对台风“避难所”的距离要求并不十分强烈，他们更看重选择安全性高、卫生条件好、应急管理到位等因素；与此同时，固定避灾中心不仅仅是人们长期避难的地方，同时还是各级指挥中心、管理机构所在地，并承担物资集散、转运、医疗救护等各种功能，这种特殊的功能要求其在布置时除了考虑村民希望“就近”的主观要求，更多的要从维护社会正常运转、保证对外交通顺畅的要求出发。因此，当毁灭性台风灾难来临时，灾民在政府组织下进入固定场所长期避难，人们的避难行为不会太受服务半径的限制。

（五）危险据点系统与其影响范围

由于危险据点对紧急性避难据点的影响甚巨，尤其是对据点本身的安全性来说。因此，在进行紧急性避难据点规划及设置时，需将此因素列入考量，以减少灾变发生时，所造成不必要的人员伤亡及财产损失。其中，所谓的危险据点主要包括加油站、变电所、化学物料储存所、溶剂厂、石化工业危险据点等。而危险据点的影响范围，加油站与变电所影响（爆炸）半径可设定为268m，危险加权半径设定为300m；而工业危险据点一旦发生灾变，往往伴随着有毒气体等飘散物的污染，故其危险加权半径设定为800m。

二、新建台风“避难所”的选址要求

对于新规划修建的台风避难场所，在场址选择时，必须注意以下问题：

（一）避难所的安全性要求

防灾避难场地的选择必须高度重视安全性原则，各种防灾设施的配置场所应当便于灾时利用且地基有良好的抗灾性能。场地在自然环境及人工环境中的位置应使其具有的防范灾害的能力。应从地质环境、自然环境、人工环境三方面对场址进行安全性方面的综合评价。

（1）地质环境　台风避难场所的选址、安排，一定要避让地震断裂带，砂土液化、沉降、地裂、泥石流等可能发生地质灾害的地区，远离泄洪区、低洼地易积水地区以及次生灾害（特别是火灾）源，不在危险地段和不利地段规划建设避难疏散场所。避难场地尽量避开建筑在松软地基上，因为松软的地基，随着地基的变形管渠有受损害的危险。即使仅仅是地基的变形，就会引起排水倾斜及管道接合部位的偏差，出现漏水、漏气，会影响避难场地的利用。对于容易发生液化和松软的地基采用有效措施进行改良，优化设施配置与结构，确保灾后设施能够正常利用，即使局部场地受灾也不会严重影响整个避难场所的防灾功能。

（2）自然环境　台风会带来大量的雨水，容易形成河川暴涨影响而产生淹水情形，因此，本文将淹水潜在可能性分析的结果纳入主要影响因素中，其目的在避免水灾发生时，淹水覆盖避难据点面积百分比较大的紧急性避难据点，将无法发挥据点原有的紧急性避难功能，反而会容易造成对紧急性避难据点的二次灾害，而使在紧急性避难据点中进行避难的民众再次受到伤害。

（3）人工环境　台风避难场所必须远离易燃易爆物品生产工厂与仓库、高压输电线路、有可能被台风摧毁的建筑物；有较好的交通环境、较高的生命线供应保证能力以及必需的配套设施，设突发次生灾害的应急撤退路线，有伤病人员及时治疗与转移的能力。避难场所应当有更高的抗风设防能力。

（二）避难所的可通行性要求

台风“避难所”的可通行性指由周围的通道决定的场地与外界交通联系的能力。这是规划紧急避难场所一项非常重要的内容。可通行性与交通工具类型、针对特定目的的路线最大通过能力、网络结构的合理性、对救援或避难物流的系统性承受能力及方式等因素有关。

寻求避难场所是灾害发生后人的第一反应，道路空间为这种行为提供了首要保证。调查表明，影响通达路径的因素主要包括地形起伏、道路迂回、出入口的数量和方向等。因此，兼作避难通道的道路宽度、密度等指标应满足避难区域内的人群在避难时，能绕过最少的障碍，以最快的速度到达此区域内的安全避难场所。由此可见，台风"避难所"周围的路网设计是否合理，将直接关系到灾害发生后的逃生路线是否通畅。

（三）避难所的生活支持能力要求

避难场所的生活支持能力即社会服务机构对此场地提供生活基本要素支持的可行性。它与场地的可通行性及有关物资储备点的分布结构有密切的关系。与避难者关系最为密切的设施主要有水设施（灾时用水井、散水设备以及水池、水流等）、照明设施(各种备用电源于太阳能照明设备)、灾时厕所、救灾物资状况以及临时性的医疗与救助设施等。

三、既有建筑物的规划利用

在进行紧急避难场所规划时，应优先考虑与规划区域内现有的村办公楼、老人活动中心、学校、祠堂、教堂等建筑物结合起来，并对这些建筑物的开展改造利用，使其具有防灾避难的功能。既有建筑改扩建前应进行房屋质量鉴定和抗震鉴定，必要时应进行加固。符合要求后方可用作避灾场所。这样不仅可以充分利用现有建筑物，扩展其功能，还可以减少新建避难场地的数量，节约投资，避免较大规模的拆迁、搬迁等。

四、台风"避难所"模式构想及假设

沿海农村地区中的各级避难据点，可细分成三种不同等级，包含了邻里层次避难所、社区层次避难所、区域层次避难所（全县为单位）共三级。根据目前农村地区的实际状况，要专门建造邻里层次及社区层次的避难所不太可能，也没有必要，故大部分乡镇可将村办公楼、老人活动中心、学校、祠堂、教堂等建筑作为台风避灾场所。因此本文接下来将对这些作为避难所的建筑物的最适区位配置展开探讨。

经过对一般公共设施类型的区位配置分析模式的分析比较后显示，具有急迫服务性的紧急性避难据点的配置，适合采用“中心模式”或“覆盖模式”，同时紧急性设施的特点在于考虑设施覆盖面及服务的公平性、效率性及安全性，各需求点的需求量多寡并不如非紧急性设施那么重要。其中国内对紧急性公共设施的配置，较常采用 P 中心模式，但由于 P 中心模式未考量到区位配置模式主要影响因素中的据点合理服务范围限制，因此将可能影响模式结果的正确性及可行性，因此本研究将以覆盖模式为主要研究模式。

对一般公共设施类型的区位配置分析模式的文献回顾中，我们也可以得知覆盖模式又可大概分成两大类，即区位覆盖模式和最大区覆盖模式。其中区位覆盖模式和最大区位覆盖模式的最大不同处，主要在于区位覆盖模式预算上的较不受限制，而最大区位覆盖模式则是考量到政府设置据点时的预算限制。而就目前国内各地方政府的财政预算现况而言，无论在进行何种公共设施的设置，一般来说多少都会受到本身预算上的限制。

因此本文将以最大区位覆盖模式进行避难所的最适区位配置，也就是以强调公平性和效率性之间平衡的最大区位覆盖模式，进行紧急性避难据点的合理及最适区位配置研究，同时以模式结果的设施服务效能及其覆盖率进行评估，以确定模式结果较之于现况避难据点区位配置情形更为合理，另辅以强调安全性的危险据点系统与其影响范围与淹水可能性，进行模式结果的评估，以确保模式结果能同时符合影响避难行为的最大影响因子，也就是安全性的需求。

在模式因素及构想确定的同时，本文对设定的模式作如下的假设：

(1) 活动人口都能在平时政府充足的防灾避难宣传教育下，对台风灾害发生时能采取理性的避难行为，能恢复理性，选择前往政府宣传或教育过的紧急性避难据点进行避难活动。

（2）紧急性避难据点的配置必须考量经费预算上的限制，也就是紧急性避难据点的数量除需考量现况情形外，也需由规划者做理性思考，进行规划。

（3）紧急性避难据点在进行配置时，以研究范围的全部户籍人口为避难活动人口，也就是假设当台风灾害发生时，研究范围中的全部户籍人口都会进行避难行为，其他如紧急性避难据点合理服务范围为 500m；需求点到设施配置点间的道路需为宽度在 8m 以上的已开辟计划道路，且所有区内 8m 以上道路都不受灾害影响；另避难据点的最小规模限制应以每人 $2m^2$ 为主。

（4）所有道路节点之间的最短距离为已知，且其成本是确定的，同时需求和设施配置点仅产生在道路节点上；另外，各节点的需求仅被一个设施所服务，同时每个道路节点最多仅能有一个设施设置。

（5）整个研究范围地区为一封闭地区，也就是不受区外各种因素的影响；同时研究范围内的紧急性避难据点，也不受其他不同层级的避难据点的吸引所影响［即不违背基本假设（1），进行紧急避难行为时需为理性，且依照政府平时的宣传或教育进行］。

第五节　台风"避难所"最适区位模式与评估方法的建立

台风"避难所"属于公共服务设施，应考虑公众对公共服务设施的需求，确定公共服务设施的最优布局。专门用于沿海农村地区避难场所选址的数学模型目前还较少，一般是依靠设施区位问题来进行避难所的选址。设施区位问题是在诸如最小距离、最低运费、最大市场份额等特定的优化目标下，确定一个或多个设施的最佳位置的问题。

一、台风"避难所"最适区位模式的建立

选址模型从优化准则来看，大致可分为两类：极小和（minimum sum）准则和最大覆盖（maximal covering）准则。极小和准则是使需求点至选定设施的距离加权和最小，即：$\min\sum i w_i d_{ij}$，其中 w_i 为需求点 i 的权数（如运载量、人口等），d_{ij} 为需求点 i 至选定设施 j 的距离，该准则广泛使用在企业或营利组织的选址问题中。最大覆盖准则是在选定设施到需求点的距离满足约束的条件下，使选定设施能覆盖需求点的面最大，该准则是从设施的有效服务覆盖面最大的角度考虑的，因而在公共设施的选址问题中采用较多。

我国台湾地区的周天颖采用 MCLP 模型考虑了现有公共设施的分布情况，确定避难场所的分布位置。这个问题属于复杂的空间数据分析的问题，其中包括空间量计算、空间统计分析、缓冲区分析、空间剖分、空间插值等，需要合理运用空间分析方法。

本文主要以 MCLP 模式以及 LSCP 模式来进行沿海农村地区紧急性避难据点的区位配置分析研究。MCLP 模式主要在于限定服务距离，同时在限定服务距离内决定 P 个设施的区位结构，使所覆盖的范围内的需求量为最大；换句话说，就是在设施数目一定和条件下，选择一个覆盖最多需求数的最适区位。最大区位覆盖模式主要运用于具有时效性的紧急性服务设施，可使居民在合理有效的时间内接受服务，但无法保证每一需求点都被服务。其原始数学函数形式如下：

目标函数：

$$\mathrm{Max}\sum_{i} h_i Z_i \quad \cdots\cdots\cdots\cdots\cdots\cdots\cdots\cdots\cdots \quad (1)$$

限制式：

$$s.t.\ Z_i \leqslant \sum_{j} d_{ij} X_j \quad \forall_i \in \mathrm{I} \quad \cdots\cdots\cdots\cdots\cdots \quad (2)$$

$$\sum_{j} X_j \leqslant P \quad \cdots\cdots\cdots\cdots\cdots\cdots\cdots\cdots\cdots \quad (3)$$

$$N_i = \{j \mid d_{ij} \leqslant S\} \quad \forall_i \in I \quad \cdots\cdots\cdots\cdots\cdots\cdots (4)$$

$$X_j = 0, 1 \quad \forall_j \quad \cdots\cdots\cdots\cdots\cdots\cdots (5)$$

$$Z_i = 0, 1 \quad \forall_i \quad \cdots\cdots\cdots\cdots\cdots\cdots (6)$$

式中 h_i——节点 i 的需求；

d_{ij}——i 到 j 的最短路线距离；

N_i——能服务 i 点的设施地点集合；

S——最大服务距离；

P——欲配置设施数；

Z_i——二元决策变量，当 $Z_i=1$，表示节点 i 被覆盖；当 $Z_i=0$，表示为其他情况；

X_j——二元决策变量，当 $X_j=1$，表示配置于 j 区；当 $X_j=0$，表示为其他情况。

基本假设：

（1）所有节点之距离为已知，且成本是确定的；

（2）需求仅产生在节点之上；

（3）各节点的需求仅被一个设施所服务；

（4）每个节点最多仅能有一个设施设置；

（5）欲进行配置的设施为已知。

最大区位覆盖模式为一 0—1 整数规划模式，其中各式解释如下：

（1）式为目标式，主要在使被涵盖在设施服务范围内的需求者数量极大化。

（2）式则是用来检核需求点 i 是否位于设施服务范围内。

（3）式为待配置设施的总数目限制。

（4）式中以 N_i 代表需求点 i 为中心，在周围最大服务距离 S 内的设施可能配置位置的集合。

（5）和（6）式均为限制决策变量的值域。

实际情况下，每个避难场所容纳的人数是有限的，当一个避难场所的人数达到上限以后，可认为此避难场所就无法再提供避难服务，其他需疏散居民应按就近原则安排到最近的其他避难场所。因此，在避难场所设计问题中应建立有容量限制的公共设施区位模型，应添加如下约束条件：1）每个避难场所只能满足有限数目的疏散对象结点的避难要求（容量限制）；2）每个疏散对象结点与选做避难场所的节点相对应时，应考虑其容量限制。

因此，台风避难据点除了需要主要考虑避难活动人口、道路通行能力和避难据点本身的合理服务范围之外，也需考虑据点本身的最大容量，即据点所能提供的服务规模，故本文对村办公楼、老人活动中心、学校、祠堂、教堂等台风避难据点进行的最适区位配置分析模式，将以原始的最大区位覆盖模式架构为主，同时加入对台风避难据点的容量限制以进行修正。修理后的结果则如下所述：

目标函数：

$$\text{Max}\sum_{i} h_i Z_i \quad \cdots\cdots (7)$$

限制式：

$$\text{s. t. } Z_i \leqslant \sum_{j} d_{ij} X_j \quad \forall_i \in \text{I} \quad \cdots\cdots (8)$$

$$\sum_{j} X_j \leqslant P \quad \cdots\cdots (9)$$

$$N_i = \{j \mid d_{ij} \leqslant S\} \quad \forall_i \in \text{I} \cdots\cdots (10)$$

$$X_j = 0,\ 1 \quad \forall_j \cdots\cdots (11)$$

$$Z_i = 0,\ 1 \quad \forall_i \cdots\cdots (12)$$

$$\sum_{i} h_i z_i \leqslant T_j X_j \quad \forall \text{i} \in \text{I} \quad \cdots\cdots (13)$$

其中，（7）到（12）式的定义及各变量定义与原始最大区位覆盖模式相同，（13）式则是在限制各配置点 j 的服务人数在其容量限制下；其中变量 T_j 为配置点 j 的最大限制服务人数，即配置点 j 的可供避难规模/配置点 j 的最佳规模标准 2m^2/人。本研究即以增加（13）式，来限制各配置点的最大服务避难活动人数，即限制其规模，以使整个最大区位覆盖模式的结果更为精确。

同时，由于台风“避难所”属于紧急公共服务设施，因此还要考虑风险的公平性原则，即最远的避难对象到避难据点的距离尽可能短，使所在服务的区域内能用最短的时间到达目标。

与 LSCP 模型不同，MCLP 模型不保证覆盖所有需求点，因此，MCLP 模型本质上假定，可能固定的台风避难据点（作为给定预算的替代）不足以覆盖所有需求点，该模型寻找覆盖最大需求的台风避难据点的设置方案。

实际上，通过连续变动 P（例如：从 1 到 k)，也可以使用 MCLP 模型求得覆盖所有需求点必需的最少台风避难据点数 k，而且，在这过程中，可以计算增加一个额外台风避难据点所带来的边际福利（覆盖率)，与相应增加的成本相比较，决策者可在成本与社会福利之间作出合理的权衡。在某种意义上，MCLP 方法可以看成是双目标（成本最小和覆盖最大）的模型。

典型算例：

假设沿海农村地区某乡镇有 12 个村（1—12)，当地政府计划在 7 个候选设施地址（A，B，…，G）中选择若干个台风避难所的设立点，覆盖距离为 6km。假定每个村的需求都集中在每个村的中心，7 个候选台风避难据点到 12 个村中心的行车距离以及 12 个村的人口如表 3-2 所示。当地政府要求每个村至少有 1 个台风避难据点为其服务。这里以每个村的人口作为该村的权重，即取 h_i＝第 i 需求村的人口数。

候选台风避难所到村中心的行车距离（km）及各村的人口数

表 3-2

需求村 i / 候选避难所 j	1	2	3	4	5	6	7	8	9	10	11	12
1(*A*)	7	4	7	9	1	3	5	8	8	10	12	13
2(*B*)	13	11	11	10	8	6	4	6	2	8	4	5
3(*C*)	16	14	14	13	12	10	10	8	5	6	2	5
4(*D*)	12	10	11	12	7	5	8	4	3	7	7	10
5(*E*)	7	5	5	8	4	5	1	7	3	10	10	12
6(*F*)	3	3	1	4	6	8	4	10	8	13	12	11
7(*G*)	10	8	6	4	9	10	4	12	5	14	8	3
人口数(百人)	9.3	13.3	12.4	8.4	3.6	3.1	8.7	3.3	12.1	9.6	11	7.9

使用 MCLP 模型，并使 P 从 1 连续增大到 3：

$$\text{Max} \sum_{\text{i}} h_{\text{i}} z_{\text{i}}$$

$$s.t.\ x_6 - z_1 \geqslant 0,\ x_1 + x_5 + x_6 - z_2 \geqslant 0,\ x_5 + x_6 + x_7 - z_3 \geqslant 0$$

$$x_6 + x_7 - z_4 \geqslant 0,\ x_1 + x_5 + x_6 - z_5 \geqslant 0,\ x_1 + x_2 + x_4 + x_5 - z_6 \geqslant 0$$

$$x_1 + x_2 + x_5 + x_6 + x_7 - z_7 \geqslant 0,\ x_2 + x_4 - z_8 \geqslant 0,$$

$$x_2 + x_3 + x_4 + x_5 + x_7 - z_9 \geqslant 0$$

$$x_3 - z_{10} \geqslant 0,\ x_2 + x_3 - z_{11} \geqslant 0,\ x_2 + x_3 + x_7 - z_{12} \geqslant 0$$

$$x_1 + x_2 + x_3 + \cdots + x_7 = p$$

$$x_{\text{j}} \in (0,1) \quad j = 1,2,\cdots,7$$

$$z_{\text{i}} \in (0,1) \quad i = 1,2,\cdots,12$$

当 $p=1$ 时，解答如下：$x_6=1$，$z_1=z_2=z_3=z_4=z_5=z_7=1$，$Y=55.7$，即在候选设施点 F 设置一个台风避难所，能覆盖需求点 1、2、3、4、5 和 7，覆盖人口最大为 55.7（百人）。

当 $p=2$ 时，解为：$z_1=z_2=z_3=z_4=z_5=z_7=z_9=z_{10}=z_{11}=z_{12}=1$，$x_3=x_6=1$，$Y=96.3$，即在候选设施点 C 和 F 各设置一个台风避难据点，能覆盖需求点 1、2、3、4、5、7、9、10、11 和 12 等村落，覆盖人口最大为 96.3（百人）。

当 $p=3$ 时，解为：$x_3=x_4=x_6=1$，$Y=102.7$，$z_i=1$（i=1，2，…，12），即在候选设施点 C，D 和 F 设置一个台风避难所，能覆盖所有需求村落，覆盖人口最大为 102.7（百人）。

设置第一个台风避难所的边际福利为覆盖需求点 1、2、3、4、5 和 7 的 55.7 百人口，设置第二个台风避难所的边际福利为覆盖需求点 9、10、11 和 12 的 40.6 百人口，而设置第三个台风避难所的边际福利为覆盖需求点 6 和 8 的 6.4 百人口。

假定设置每个台风避难所的固定成本均相等，且为 100 万元，则台风避难所的投入成本与社会福利之际的关系可用图 3-7 表示。

从图 3-7 可看出，第三个台风避难所的边际福利递减得过快，决策者可能会考虑是否设置第三个台风避难所，这需要决策者对增加 100 万元投入与多覆盖 6.4 百人口的服务需求这两者作出权衡。

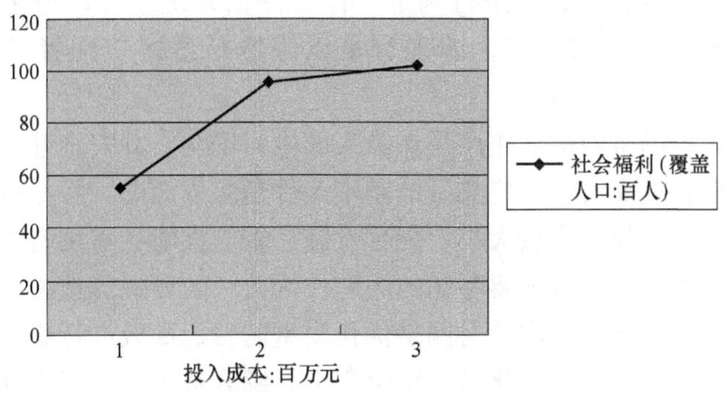

图 3-7 台风避难所的投入成本与社会福利之间的关系

从另一角度来分析，如果把覆盖距离从 6km 放宽到 8km，用最大覆盖模型重新求解上面的问题，结果为：

当 $p=1$ 时，$z_1=z_2=z_3=z_4=z_5=z_7=z_8=z_9=1$，$x_6=1$，$Y=74.2$；

当 $p=2$ 时，$z_1=z_2=z_3=z_4=z_5=z_6=z_7=z_8=z_9=z_{10}=z_{11}=z_{12}=1$，$x_3=x_6=1$，$Y=102.7$。

也就是说，只需在 C 和 E 设置两个台风避难所，就能覆盖全部需求区域，投入成本也只需 20 万元。当然，覆盖距离为 6km 和覆盖距离为 8km 所提供的安全保障水平是不一样的，这需要决策者对投入成本与提供的服务水平这两者之间作出权衡。

二、台风"避难所"最适评估方法的建立

在一般区位配置研究文献中，通常是以最适区位据点的服务效能和涵盖率，作为评估研究成果是否相对于现况据点分布情形为最适。

服务效能＝(据点服务人口/总人口)×100

覆盖率＝(据点服务面积/总面积)×100

由于上述评估方法仅能相对于现有据点为基准，去判别新设

或新增据点的区位适宜性，其判别结果也仅能显示新设或新增据点相对于现有据点为“较适”。因此，在本文中，除将采取上述评估方法对研究成果进行判别，作为评估系统之外，另采取其他更客观的评估方式，即现有足以限制最适区位配置的影响因子。

避难场所的主要作用是保障人的生命安全，其安全性和高效率是十分重要的。它应具备的基本条件是多方面的，除尽可能短的移动距离外，容量大小、配套设施、安全性能、可用疏散道路是否畅通等都是必须要考虑的问题。因此，若要保证选择的避难场所可靠、高效，需要对网络优化模型的目标函数进行修改，将加权评分法与网络优化模型结合起来，综合考虑成本因素和非成本因素，将距离改为设施选择中各影响因素加权得到的权重值。

避难场所选择的影响因素分别为距离、容量（或容纳人数）、配套设施（供水、供电系统等）、安全性和疏散道路等几个方面，根据各因素的重要程度确定相应的权重系数。可采用专家打分的方式对每个场所进行评价，给出各因素水平的具体数值（距离为实际测量值），乘以相应的权重系数，计算出代表场所综合性能的权重值 w_{ij}。然后代入目标函数计算 Z 值，以确定最后的选址结果。

在前述六项主要影响因子中，活动人口、道路通行能力、据点规模、合理服务范围等四项影响因子，可直接纳入最大区位覆盖模式的变量中进行讨论，故本研究将在评估系统中纳入其余安全性或限制性影响因子，即危险据点系统影响范围、土壤液化、断层带分布及淹水潜在可能性，以对研究成果进行实质空间限制因素上的考量，将其与最大区位覆盖模式所运算后的结果，予以呈现在实际空间上的区位配置情形，同时也可使本研究成果更具有实质空间上的意义。

三、最适台风“避难所”区位配置分析规划

综合以上所述，本文将于确立此次研究的步骤如下：

（一）选定实证地区，并收集该实证地区的相关实质空间资讯

在选定实证地区的同时，本文也将针对实证地区的实质空间相关资讯进行收集，例如实证地区地理、自然环境资料、各村人口数及各村面积、人口密度分布情形、土地使用现况分布、现有已开辟的村办公楼、老人活动中心、学校、祠堂、教堂等建筑物的数量、面积、服务范围、历年灾害特性、种类及重大灾害发生影响范围，以及实证地区的现况相关防救灾与避难资讯资料，以作为下一步资料库建立时的重要依据。

（二）现有台风避难据点的区位检验

在此一步骤中，将前述资料收集所得的实证地区现况的紧急性避难据点区位分布情形、数量、面积、服务范围等资讯，依前述的评估方法，即服务效能及覆盖率等两项主要评估指标，同时配合所收集到的实证地区其他安全性或灾害限制性因子，如淹水可能性的范围及危险据点影响覆盖半径范围等，用以检验目前实证地区现况避难据点的区位分布，能否除了达到当地公平与效益两者间的最均衡需求外，也同时能符合在安全性部分的需求。

在分别求得紧急性避难据点的最适区位配置之后，需针对该最适解进行相对于现况紧急性避难据点的区位配置情形进行评估，以确认求出的最适解较之于现况，以及理论上的最适据点数量及区位，都更能服务较多民众，或服务覆盖率增加。该评估方式也以服务效能及覆盖率两者为主，以评估求出的最适解相较于现况是否更能取得公平与效率之间的平衡，另辅以淹水可能性、危险据点影响半径和断层带范围等安全上的限制因子，以使求出的最适区位配置更能符合实证地区当地的实际情形。

（三）建立资料库

将实证地区的行政界线、村办公楼、老人活动中心、学校、祠堂、教堂等建筑物的现况分布情形等主要空间资讯的分布情形予以数量化，使其分布情形得以在空间图面上呈现，再将前述针对实证地区所收集到的地理、自然环境资料、各村人口数及各村面积、人口密度分布情形、都市计划土地使用现况分布、现有已开辟的村办公楼、老人活动中心、学校、祠堂、教堂的数量、面积、服务范围、历年灾害特性、种类及重大灾害发生影响范围，以及实证地区的现况相关避难资讯等实质空间避难相关资讯。最后用地理资讯系统软件（如 MapInfo 软件）分不同图层予以建置，同时将详细资讯（例如各村人口数）以属性（metadata）方式配合相关图层建立。

（四）划定需求分区、需求点及需求量

在进行紧急性避难据点的最适区位配置研究之前，划设需求点与据点可能配置点为首要作业之一。其中，需求量的决定，可分别以村办公楼、老人活动中心、学校、祠堂、教堂等建筑物的最大避难空间容纳量（即扣除建筑物可能发生危险的部分后剩余的安全避难面积，再以每人所需的最少安全避难面积 $2m^2$ 的面积计算）进行计算。

第四章

沿海农村台风“避难所”功能设计标准研究

台风“避难所”是在台风灾害来临时供避难者避难及对避难者进行紧急救援的场所，主要作用是保障人的生命安全，其安全性和高效率是十分重要的。在极端气候条件下（如台风、飓风、龙卷风等），风荷载对村镇建筑的破坏作用是显而易见的。为了减轻村镇建筑因风灾所造成的经济损失和人身伤亡，有必要在总结村镇建筑风荷载作用规律的基础上，对建筑物的抗风构造措施方面作出更加严格而又具体的规定。而台风“避难所”是政府应对突发重大台风灾害临时安置和疏散人员的场所，确保台风“避难所”结构本身的安全性是台风“避难所”抗风设计的首要目标。为此，本章从工程设计的角度出发，以浙江省为例，结合国内外对村镇建筑受台风破坏的实地调查，借鉴国外有关台风“避难所”的抗风设计经验，提出适合于沿海地区台风“避难所”抗风设计和结构措施，以供沿海地区在台风“避难所”的设计和建造时参考。

第一节　浙江省沿海地区的风气象及风灾害特点

一、风的相关知识介绍

风是地球表面空气运动的结果，由于地球表面不同地区的大气层所吸收的太阳能量不同，造成了不同地区大气压的不同，例如一个地方上面的空气冷，密度就大，气压也就大些，另一个地方上面的空气暖，密度小些，气压也就小些，这样空气从气压大的地方向气压小的地方流动，这种流动就形成了风。风在流动过程中与近地面的物体发生相互作用，产生不同的风效应。气流一遇到结构的阻塞，就形成高压气幕。风速愈大，对结构产生的压力也愈大，从而使结构产生大的变形和振动。结构物如果抗风设计不当，或者产生过大的变形会使结构不能正常工作，或者使结构产生局部破坏，甚至整体破坏。

风既是一种气候资源，也是一种气象灾害。我国气象观测规范规定：瞬时风速大于或等于 17.0m/s，或风力达 8 级以上者称之为大风。工程结构中涉及的强风主要有两类：一类是大尺度强风，如温带及热带气旋。另一类是小尺度的局部强风，如龙卷风、雷暴风、焚风、布拉风等。

自然界中的风由于存在风速剪切、由温度梯度引起的密度分层、地球旋转、下垫面不均匀等许多复杂因素的作用，尤其是由于地表和大气热力作用的影响导致大气边界层随时间而变化，所以通常情况下属于非定常流动。由于风的随机性、不确定性和脉动性，目前的研究成果还远远不能满足实际需要。

不管什么类型的风，与建筑物有关的只是靠近地面的流动风，即所谓的近地风。由于近地风靠近地面，因此当其穿过不同的地区或地形带（如海洋、陆地、山地、森林和城市等）时，其本身的结构（如湍流、旋涡尺度等）就发生变化，不同的时间和空间，风速也不相同。因此，近地风具有明显的紊乱性和随机性。

根据气象部门对近地风的大量实测资料，实际上近地风通常分成平均风和脉动风两部分（如图 4-1）。平均风是在给定的时间间隔内，把风对建筑物作用力的速度、方向以及其他物理量都看成不随时间而改变的量，其周期较长，性质相当于静力作用。脉动风是由于风的不规则引起的，它的强度是随时间随机变化的。由于周期较短，因而其作用性质是动力的，引起结构的振动。

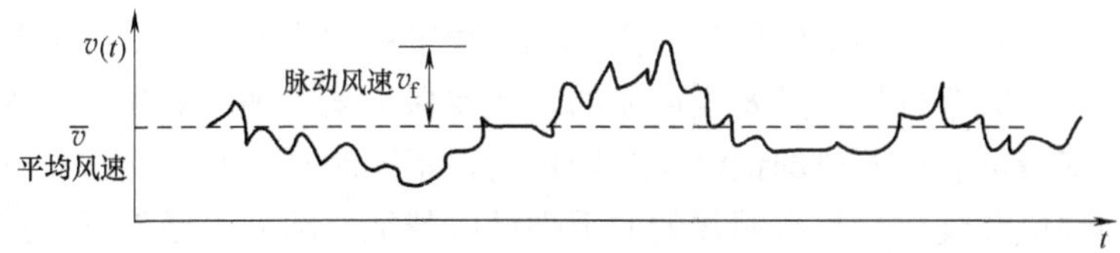

图 4-1　顺风向平均风与脉动风

把近地风分成平均和阵风脉动两部分，因而，风对建筑物的作用也相应分为静力和动力两个部分。对结构设计来说，重要的是建筑表面的风压分布，特别是具有拟静态作用的相应于平均风的平均风压分布。因此，研究平均风条件下对建筑物的作用具有十分重要的意义。

沿海地区的台风往往是设计工程结构的主要控制荷载。台风造成的风灾事故较多，影响范围也较大。灾害性台风可能导致结构主体开裂破坏；长时间持续的风致振动则可能使结构某些部分（如节点、支座等）产生疲劳与损伤，危及结构安全。随着新技术、新材料、新工艺、新形式和新设计方法的应用，工程结构日趋多样化、大型化、复杂化，对风敏感程度越来越强。然而，在现行的建筑结构规范中，上述结构的抗风设计参数并不完善，风与结构间复杂的相互作用关系对结构抗风设计、防灾减灾分析提出了巨大挑战。

二、浙江省各地的基本风速和基本风压

风荷载是各类建筑物的重要设计荷载之一。因此，极值风速的预测就显得极为关键了。比较多个国家的风荷载规范，可以发现，许多的国家规范都规定了基本风速或风压，我国的建筑结构设计和城市规划是依据《建筑结构荷载规范》（GB 50009—2001）及《全国基本风压分布图》来确定风荷载的，我国规范规定的是基本风压，美国和澳大利亚等国的规范规定的都是基本风速。

为了进行结构风工程计算，因而需要的不是某一范围的风速，而要某一确定的风速。由于风工程中结构不但要承受过去某一时日或今日的风是安全可靠的，还要保证某一规定期限内结构能安全可靠，而风的记录又是随机的，不同时日、月、年都有不同的值和规律，具有明显的非重现性的特征。因而必须根据数理统计方法来求出计算风速。

对于工程结构设计来说，风力作用的大小最好直接用风压来表示。一般来说，作用在建筑物上的风压值很大程度上取决于风速的大小。风速愈大，风压力也愈大。对于抗风设计来说，如何合理地给出建筑物所在地区的不同重现期的设计风速是结构设计的前提与基础。风荷载与基本风压、地形、地面粗糙度、距离地面高度及建筑体型等诸因素有关（如图 4-2）。

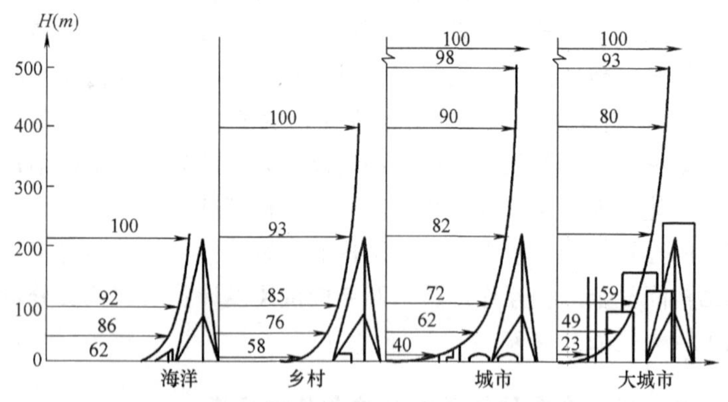

图 4-2　不同粗糙度影响下的风剖面

我国现行的《建筑结构荷载规范》第 7.1.1 条规定垂直于建筑物表面上的风荷载标准值应按下述公式计算：

$$w_k = \beta_z \mu_z \mu_s w_0$$

式中　w_k——风荷载标准值，kN/m²；

β_z——高度 z 处的风阵系数。一般结构对风力的动态作用并不敏感，可仅考虑静态作用。但对于高耸结构（如塔架、烟囱、水塔）和高层建筑，除考虑静态作用外，还需考虑动态作用。动态作用与结构自振周期、结构振型，结构阻尼和结构高度等因素有关，可将脉动风压假定为各态历经随机过程按随机振动理论的基本原理导出。

μ_s——风荷载体型系数。也称空气动力系数，它是风在工程结构表面形成的压力（或吸力）与按来流风速算出的理论风压的比值。它反映出稳定风压在工程结构及建筑物表面上的分布，并随建筑物形状、尺度、围护和屏蔽状况以及气流方向等而异。对尺度很大的工程结构及建筑物，有可能并非全部迎风面同时承受最大风压。对一个建筑物而言，从风载体型系数得到的反映是：迎风面为压力；背风面及顺风向的侧面为吸力；顶面则随坡角大小可能为压力或吸力。

μ_z——风压高度变化系数。从某一高度的已知风压（如高度为 10m 的基本风压），推算另一任意高度风压的系数。它随离地面高度增加而增大，其变化规律与地面粗糙度及风速廓线直接有关。设计工程结构时应在不同高度处取用对应高度的风压值（图 4-3）。

w_0——基本风压，kN/m^2。

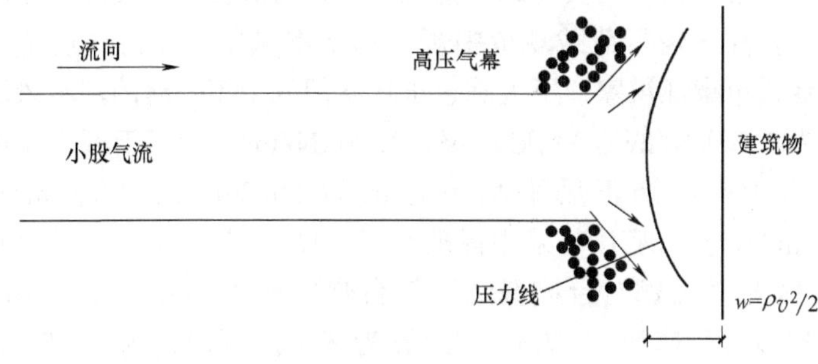

图 4-3　风压

基本风压的取值与以下几方面因素有关：标准高度、地貌、平均风速时距、最大风速的样本取法、最大风速的重现期、最大风速的线型。基于以上6个方面条件的规定，我国现行的荷载规范对基本风压的确定概括为：基本风压 w_0 是根据各地气象台站记录的空旷平坦场地、离地10m处10min平均的年最大风速数据（一般应有25年以上的资料），经统计分析得到的重现期为50年的最大风速为标准，根据50年一遇的基本风速 v_0 按下式确定：

$$w_0 = 0.5\rho v_0^2$$

式中　ρ——空气密度，采用标准空气密度（即 $\rho=1.25\text{kg/m}^3$）。

基本风速和基本风压反映了一个地区在一定重现期内的最大风速（风压）数值，因此是一个地区重要的风气象数据。表4-1则列出了浙江省主要城镇的海拔高度以及五十年一遇和百年一遇的基本风压和基本风速。

由表4-1可见，浙江省各地的风气象特点是，基本风压在内陆地区相对较小，如金华、衢州、丽水等地为 $0.3\sim0.35\text{kN/m}^2$（五十年一遇），相当于9级大风的风力；基本风压由内陆向沿海逐渐增大，至沿海地区普遍到达 0.6kN/m^2 以上（相当于11级以上大风），部分靠海城镇及近海岛屿，如嵊泗、象山县石浦、椒江下大陈、玉环县坎门、瑞安市北麂等达到 $1.2\sim1.6\text{kN/m}^2$，相当于12级以上（14～15级）台风的风力。

从对台风灾害的实地调查情况来看，沿海台风多发区实际基本风压要高于现行荷载规范中规定的基本风压。如荷载规范规定，台州市椒江洪家、下大陈、玉环坎门五十年一遇的基本风压分别为 0.55kN/m^2、1.4kN/m^2、1.20kN/m^2，相当于五十年内最大的10min修正后平均风速约为29.66m/s、47.33m/s、43.82m/s，空气密度 ρ 采用标准空气密度（即 $\rho=1.25\text{kg/m}^3$）。在0414号“云娜”台风登陆浙江台州之前4小时，大陈岛已记录到最大风速为58.7m/s，换算为基本风压值约为 2.15kN/m^2，大于《建筑结构荷载规范》附表D.4中浙江省所有地区的百年重现期的基本风压值；其次是温岭的松门，最大风速为53.5m/s；其他各县市区最大风速均超过40m/s，换算为基本风压值约为1.0kN/m²，大于《建筑结构荷载规范》附表D.4中浙江沿海的台州、温州地区的百年重现期的基本风压值。另外台风期间雨量大，空气密度自然也大。因此，在台风期间，实际的风速及空气密度均比设计取值大，使实际的基本风压比设计取值大。

浙江省主要城镇五十年一遇和百年一遇基本风压和风速

表 4-1

城镇名称	海拔高度(m)	五十年一遇		百年一遇	
		风压(kN/m²)	风速(m/s)	风压(kN/m²)	风速(m/s)
杭州市	41.7	0.45	26.83	0.50	28.28
临安县天目山	1505.9	0.70	33.47	0.80	35.78
平湖县乍浦	5.4	0.45	26.83	0.50	28.28
慈溪市	7.1	0.45	26.83	0.50	28.28
嵊泗	79.6	1.30	45.61	1.55	49.80
嵊泗县嵊山	124.6	1.50	48.99	1.75	52.92
舟山市	35.7	0.85	36.88	1.00	40.00
金华市	62.6	0.35	23.66	0.40	25.30
嵊州市	104.3	0.40	25.30	0.50	28.28
宁波市	4.2	0.50	28.28	0.60	30.98
象山县石浦	128.4	1.20	43.82	1.40	47.33
衢州市	66.9	0.35	23.66	0.40	25.30
丽水市	60.8	0.30	21.91	0.35	23.66
龙泉	198.4	0.30	21.91	0.35	23.66
临海市括苍山	1383.1	0.90	37.95	1.05	40.99
温州市	6.0	0.60	30.98	0.70	33.47
椒江洪家	1.3	0.55	29.66	0.65	32.25
椒江下大陈	86.2	1.40	47.33	1.65	51.38
玉环县坎门	95.9	1.20	43.82	1.45	48.17
瑞安市北麂	42.3	1.60	50.60	1.90	55.14

注：基本风速（风压）是空旷平坦场地离地10m处的10min平均最大风速（风压）。

造成上述现象的原因在于：对于台风多发区连续记录的年最大平均风速中的一大部分数据都远低于与台风有关的极端风速，从结构安全的观点看，这种数据不能对结构设计人员提供有用的信息。因此对多台风地区的基本风压应根据极端气候学的原理，在充分掌握台风资料与台风的风特性基础上，采用更加科学合理的方法加以确定。目前我国规范对东南沿海多台风地区基本风压的取值存在偏低现象，对村镇建筑的抗风性能存在一定的影响。

三、风对建筑物的作用

风对建筑物的作用受到风的自然特性、建筑结构的动力特性以及风和结构相互作用的制约。风荷载是由于建筑结构阻塞大气边界层气流的运动而引起的。风绕建筑物的流动是湍流、分离流和二维流动的混合，因而结构所受风荷载分别来自：来流的脉动、分离的剪切层和再附着尾流的脉动等。此外，结构风致振动可能引起附加荷载。

（一）结构所受风力

处于风场中的建筑物，其各个侧面将会受到风压的作用。将这些风压沿建筑表面水平方向进行积分，将得到三种力的成分（如图 4-4），即顺风力（阻力）、横风力（升力）和扭力矩。

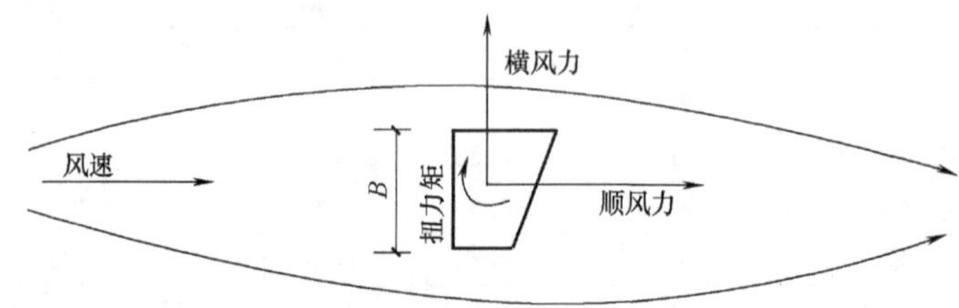

图 4-4　流经任意截面物体所产生的力

由风荷载使结构产生的位移、速度、加速度和内力等响应，统称结构风振。包括顺风向、横风向及扭转响应。所谓顺风向响应指的是与来流风速方向一致的风致响应；横风向响应指的是垂直于来流风速方向的响应。扭转响应指的沿建筑横截面切线方向的响应。(1) 顺风向效应，它是结构风工程中必须考虑的效应，在一般情况下起到主要作用。(2) 横风向效应及共振效应，在横风向作用下，由于空气的黏性和流速，在结构的尾流会产生流体的旋涡脱落。当旋涡脱落的频率等于结构的自振频率时，引起涡激共振。(3) 空气动力失稳，在风的作用下，由于结构振动对空气力的反馈作用，产生一种自激振动机制。一种在脉动风作用下有限振幅的随机强迫振动，称为抖振。

风对结构物的作用，使结构物产生振动，其原因主要有以下几个方面：

(1) 与风向一致的风力作用，它包括平均风和脉动风，其中脉动风要引起结构物的顺风向振动，这种形式的振动在一般工程结构中都要考虑；

(2) 结构物背后的旋涡引起结构物的横风向（与风向垂直）振动，对烟囱、高层建筑等一些自立式细长柱体结构物，特别是圆形截面结构物，都不可忽视这种形式的振动；

(3) 由别的建筑物尾流中的气流引起的振动；

(4) 由空气负阻尼引起横向失稳式振动。

(二) 风对建筑物的作用特点

处于风场中的建筑物，在相同风速的作用下，由于外形不同，可引起完全不同的风压值和分布，建筑物的迎风面会受到一定的正压力，背风面可能产生旋涡引起的吸力和横向干扰力（图 4-5)。对非流线型建筑物，这种可能性更大，整个结构表面的风压力、吸力和横向干扰力的分布是不均匀的。随着结构的高度、体型、迎风面积的不同，风速、风向和湍流结构会有变化，风的各种压力也会随时改变，一般来说风对建筑物的作用具有以下特点：

(1) 作用于建筑物上的风含有静力和动力两部分，且随高度变化而变化。

(2) 风对建筑物的作用与建筑物的外形直接有关。

(3) 风对建筑物的作用受周围环境的影响较大，位于建筑群

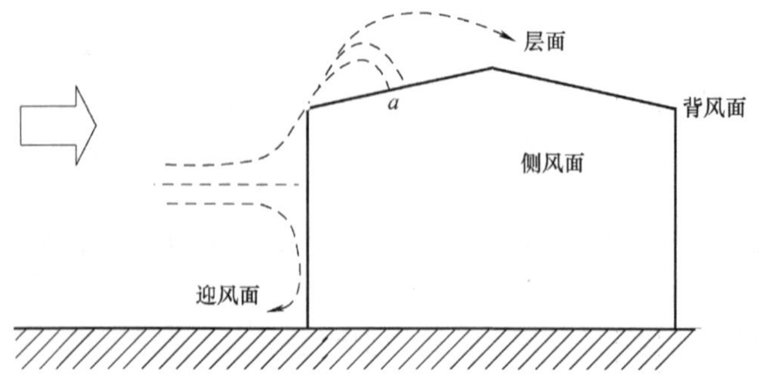

图 4-5　房屋建筑风作用示意图

中的建筑物有时出现更不利的风力作用。

(4) 风力在建筑物上分布很不均匀，在角区及立面向内收缩区域会产生较大的风力。

(5) 与地震相比，风力作用持续时间较长，往往达几十分钟甚至几个小时。

(三) 村镇建筑物开洞对建筑物内外风压的影响

村镇地区以低层建筑为主，这些建筑若外表面开洞对房屋内外风压的分布及大小均有明显的影响（图 4-6），风灾调查的结果也显示许多房屋在遭遇强风破坏时，不单单是外部风荷载过大所致。当房屋的门窗因突遇强风而破坏时，房屋的内压会有明显的增强，当房屋外表面的脉动负压与房屋内部的正压共同作用时，对屋面覆盖材料及其连接构件而言非常不利。

在台风的袭击中，比较容易受损的就是门窗了。衡量门窗抗风性能的指标称为抗风硬度性能，是指门窗的主要受力构件，在允许变形范围内所能承受的风荷载能力。门窗的抗风压强度是门窗断面和窗型设计的主要依据，也是门窗的主要物理性能之一。我国对门窗的抗风压性能制定的标准，分六个级别，一级为最高，逐次递减，要提高门窗的抗风压性能，需要做好门窗的安全设计和窗型设计工作。

门窗的安全设计因素主要包括门窗型材断面大小、型材中是

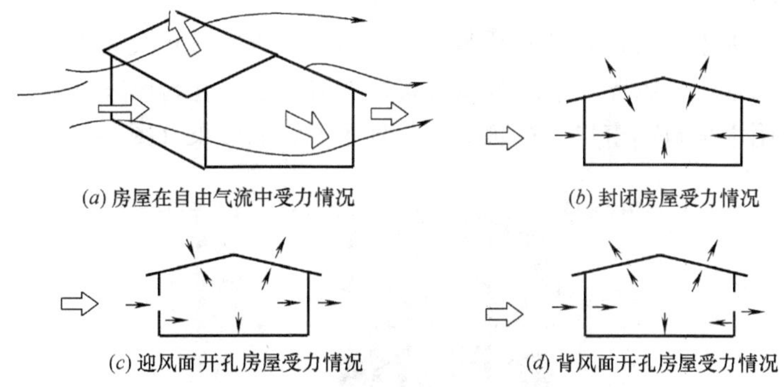

图 4-6　建筑表面开洞对内部风压的影响

否采用空心加强设计以及用固定门窗固定片的数量等因素，在进行门窗安全设计时，应依据当地基本风压，按建筑物高度、体形特征、地形地貌等要素，确定门窗的设计风压值，通过风压计算确认所选用的门窗规格，窗型以及所采用的钢衬形状、壁厚等。

村镇建筑物在正常情况下（门窗洞口关闭时）其外表面的孔隙率约为 $\varepsilon=2\times10^{-4}\sim1\times10^{-3}$（$\varepsilon$ 定义为房屋的有效通风面积与表面积之比），在此情况下，其内部压力一般较小，且不受外部气流的影响，约为 25～100Pa，然而当房屋的门窗在突遇强风而导致破坏时，房屋的内部风压会有明显的增强，当房屋外表面的脉动负压与房屋内部的正压共同作用时，对某些结构构件，尤其是屋面覆盖单元及其连接构件而言受力非常不利。

当房屋外表面开有门窗洞口时，其外墙面及屋面上的风载是由内外风压的代数和决定的，如果建筑物的迎风面（或背风面）上开孔，而其他面均密封，风的流动将形成正的（或负的）内部压力，如图 4-6 所示。此时，房屋内部的压力分布及大小不仅与迎风或背风面上的开洞大小及位置有关，更与其外部来流特征及外部压力的分布有关。从工程设计的角度而言，提供房屋开洞时作用在建筑表面包覆材料上的合理、安全的净风压值是十分必要的。

由于建筑物外表面开洞对房屋内外风压的分布及大小均有明显的影响，因此在沿海台风灾害区的许多居民在台风来临前，都会用木板封起窗户，在防护中起到了不错的效果（图 4-7）。

图 4-7　苍南县钱库镇一居民用木板封起窗户

四、村镇建筑的台风侵袭特征

在沿海地区遭受台风侵袭而倒塌的房屋中，以广大村镇的低层的村镇建筑损失最为严重。这些房屋绝大部分是由村镇居民按照自己的经济状况、生活习惯和当地条件，采用传统居住结构形式，选购一些当地容易采购的材料，并请熟悉修建手艺的工匠和亲朋好友，以手工形式建造而成。由于房屋本身材质差，设计、建造、监管不规范，抗风能力较低，使用期长，经受不起台风的侵袭和伴随台风而来的暴雨冲刷以及洪涝对墙体的浸泡，造成结构强度减低、抵抗能力减弱，在台风侵袭中导致破坏倒塌，有些强风过境的村镇甚至有成批的低层房屋倒塌（图 4-8）。

根据我们在历次台风后对沿海地区的村镇建筑物遭受风灾破坏的统计分析，在风荷载的作用下结构有可能出现多种失效形式，主要有以下几种情形：

图 4-8　台风侵袭下成片倒塌的房屋

（1）结构或构件的内力超过允许值，导致主筋屈服；

（2）结构或构件的变形超过允许值，导致框架、剪力墙、承重墙开裂或留下较大的残余变形，或者导致结构物的非结构构件（如门、窗、装饰物等）的破坏；

（3）使结构物或结构构件受到过大的风力而处于不稳定状态；

（4）长期的风振作用导致结构损伤的积累，引起结构或结构构件疲劳破坏；

（5）气动弹性不稳定，即结构在风荷载作用下响应产生使其加剧的气动力。

（6）由于动态运动过大，会使建筑物的居住者或有关人员产生不舒适感。

台风对房屋的侵袭特征主要有以下几种情形：

（1）以高速旋转的风力附带着碎片直接冲击房屋的迎风墙面，若墙体的承载力不足就可能受到破坏；墙体上的门窗由于被扬起物击破或承载力不足而导致气流进入房屋内部，造成房屋内部风压的变化而造成墙体或屋顶的破坏；

(2) 房屋屋顶在强大的风吸力以及暴雨的冲刷下，首先是屋面材料被吹走，继而屋盖结构被损坏或坍塌，最后将使全部屋顶被掀掉；或者由于屋檐、屋脊、屋面边缘和转角等几何外形突变的部位由于局部压力峰值而受到破坏，进而导致屋盖受到破坏甚至倒塌；

(3) 四周墙体被风力袭击和暴雨冲刷后破坏或倒塌，或者由于屋盖被破坏后失去有效支撑后成为三面支撑或悬臂结构而被破坏倒塌。

第二节　台风“避难所”抗风防灾设计的影响因子分析

抗风设计是我国目前低层建筑的薄弱环节之一。绝大多数的村镇建筑的屋顶结构与砌体的连接处多数并没有抗风破坏的构造措施，所以每次发生大风灾害后房屋损坏都很严重。抗风设计方法是风工程研究成果的直接体现，它的合理适用性关系着建筑物在风作用下的安全性。从风灾调查结果及致灾原因分析中可以获得，影响沿海地区台风“避难所”抗风防灾设计的主要因素是该地区气象条件、地形地貌条件、建筑布局方式、建筑体型等。

一、地形地貌

我国荷载规范提供的基本风压取自“标准地貌”，即比较空旷平坦地面。而实际建筑建造地点不一定处于标准地貌，而处于实际复杂的地貌情况之中，所以实际工程设计中的基本风压多数是按标准基本风压换算得来的。非标准地貌的基本风压主要受地貌和梯度风高度的影响，而梯度风高度是由地貌确定的，所以地貌是影响实际基本风压——风荷载的重要参数。

地形地貌包括山地坡角、相对高程、山谷走向与主导风向的夹角、植被影响等因子。山地丘陵地形虽从总体上对台风风力起到阻挡减弱的作用，但当来流风迎山坡爬高时，在迎风山坡、山脊处将形成风速与风力增强的现象（图 4-9）。另外，当来流风

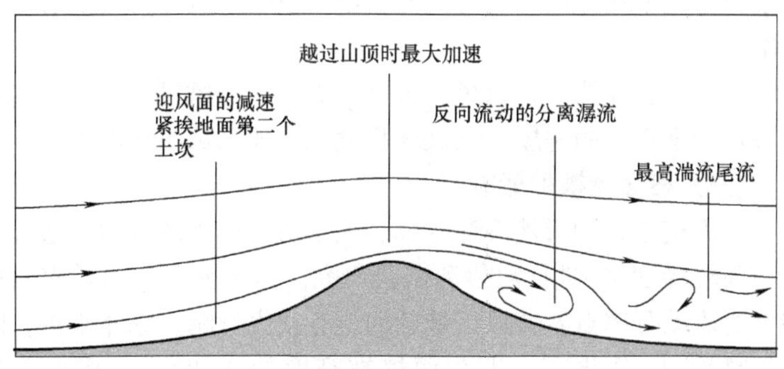

图 4-9　越山风的典型流动图像（Raupach & Finnigan，1997）

流经山谷时，如果来流风向与山谷走向接近平行，则风力将会显著汇聚并增强。一定高度的表面植被能在一定程度上抑制上述风速加强与汇聚现象。

（一）坡角、高程的影响

迎风山坡、山脊区域的风速和风压与同高度的平坦区域来流风相比有加强现象，如图 4-10 所示；而且，坡角及相对高程越大，风速加强效应就越显著。

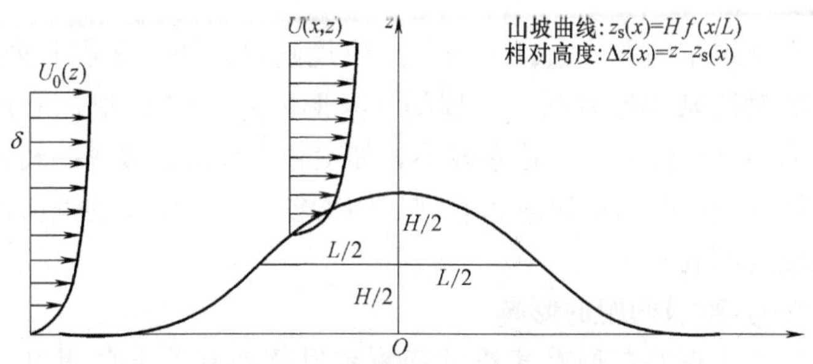

图 4-10　迎风山坡、山脊风速增强

（二）山谷走向与风向的影响

当来流风攻角垂直于山谷走向时，山谷地形对流动风速和风向的影响并不显著，但当来流风攻角不垂直于山谷走向（<90°）时，气流将发生明显变形并趋于平行山谷走向流动，风速有加强

的趋势；当来流风向与山谷走向基本一致时，风力将会显著汇聚并增强。

实测经验表明：在台风灾害下，处于与台风风向一致走向的山谷口的平坦处的房屋，其破坏程度比其他区域明显严重。

（三）表面植被的影响

表面植被，如天然乔灌木林、人工防护林等的影响可通过改变地面粗糙度 Z_0 进行数值和试验研究。结果显示，山丘表面粗糙度对流动分离点及背风区域的回流有较大影响。总体来讲，随着粗糙度 Z_0 的提高（即表面植被高度的增加），分离点前移（更早出现），风速剖面抬高，风速加强程度得到了一定的抑制；山丘后部的回流区域趋于增大，该区域风速趋于平缓。

二、建筑布局

建筑布局主要包括建筑间距和布局方式。按一定规律和间距布置的群体建筑对流动风有一定程度的相互遮挡效应。间距过大（如间距-房屋高度比＞5）或为孤立房对抗风不利；间距过小（如间距-房屋高度比＜0.5），遮挡效应虽然显著，但不利于通风。

在建筑布局方式上，平面布局较规则时，如布置成并列型、围合型对抗风较为有利，不规则（异形）时，如U形，Y形等则较为不利。竖向布局错落较小，如屋脊连线沿山坡成一较光滑的斜线或曲线时对抗风较为有利；错落较大，成明显的锯齿形对抗风较为不利。

（一）建筑间距的影响

群体建筑的布局对建筑风环境和风荷载有着十分明显的影响，不同建筑分布间距将呈现不同的气流结构。根据间距大小可将气流形态分为三种特征流态－单体绕流流态、尾流干扰流态及擦顶绕流流态。这些特征流态决定了建筑群相互干扰及遮挡效应的总体强弱程度。

单体绕流流态是当建筑物间距足够大（如与建筑高度之比＞

5）时，各建筑物折后方尾流和分离气泡均能够得到充分发展，各建筑物的流态均与单体时基本接近；此时建筑之间几乎无相互遮挡，对抗风较为不利。擦顶绕流流态是当建筑物间距较小（如与建筑高度之比＜1）时，气流在两相邻间距又太大，建筑之间不能形成一个稳定的涡，此时建筑之间有一定的相互遮挡效应。

（二）建筑布局方式的影响

通过对并列型、反Y形、正Y形、反U形、正U形和围合型等不同平面布局的群体建筑的气流结构和风速变化情况进行研究，结果显示，当气流入口处的建筑横向间距大于出口间距时，出口通道处风速增强最显著，风环境最为不利，如反Y形布局中的建筑。此时若在反Y形布局的基础上增加入口处横向间距，缩短狭窄通道的顺风向长度，如将反Y形改为反U形布局，则出口处最大风速比值会有所减小。当入口建筑间距等于出口建筑间距时，风速最大值出现在入口通道处，如并列型和围合型中的建筑，但此时最大值与前两种情况相比有较明显的减小。总体而言，围合型布置风环境较佳，其次是并列型；不规则的正Y形、正U形和反Y形布局时狭道效应和风速加强现象比较严重，布局中应尽可能避免采用。

三、建筑体型

建筑体型对各个表面的平均风压系数有着明显的影响，其中影响最大的是房屋的高宽比。搞好结构工程的关键在于结构选型，如果选型不当，即使结构计算很精确，也有可能给结构的安全使用及耐久性带来无法弥补的缺陷，所以结构选型对于结构的全寿命优化有着举足轻重的作用。建筑选型宜选用有利于抗风作用的建筑体型，也就是宜选用风压体型系数较小的建筑体型，比如圆形、椭圆形等。流线型的建筑体型以及由下往上逐渐变小的截锥形体型的体型系数相对较小，有利于抗风。在进行结构平面布置时，宜使用结构平面形状和刚度分布尽量均匀对称，以减轻风荷载作用下扭转效应对结构内力和变形的影响，并应限制结构高宽比。这是因为，高宽比过大的房屋所受的风力比正常房屋更大，而另一方面，这种房屋本身的刚度及整体性一般也较为薄弱，因此更易于变形和倒塌。

优化建筑体型对于增强建筑物的抗台风能力具有十分重要的作用。房屋的长宽比、高宽比、层高、总高度及屋面形式等均对结构的风荷载或结构构件的抗台风承载能力有较大的影响，应进行合理优化。房屋结构的平、立面布置宜简单、规则、对称，建筑质量和刚度变化宜均匀，楼层不应错层。纵、横墙的布置宜均匀对称，沿平面内宜对齐，沿竖向应上下连续。纵墙宜拉通，避免断开和转折。

第三节　台风“避难所”抗风设防标准

建筑物抗风设计的目的是为了在使用期间内，建筑物在可能发生的罕遇强风时确保适当的安全性，针对发生频率很高的强风要保证适当的适用性和耐久性，从而对主体结构、外部装饰材料等进行设计。目前国家没有对村镇台风“避难所”提出抗风载设计的相关规范或要求。为此，本文对台风“避难所”的抗风设计展开一系列讨论，权为今后制定相关设计规范标准抛砖引玉。

一、台风“避难所”抗台风设计的要求

美国也是一个经常遭受龙卷风、飓风的国家，1992 年飓风“安德鲁”之后，美国在相关建筑法规与规范中，对建筑抗风设计内容进行了修订：一是明确混凝土砌块配筋砌体适用于强风荷载地区的建筑墙体，并给出了一些具体的结构要求；二是提出“避难房”的概念，即在强风荷载地区的住宅或公共建筑中，无论其建筑结构形式和所用的墙体材料是什么，都应有一间配筋砌体（或现浇钢筋混凝土墙体。但实际上都采用砌块配筋砌体）房间——避难房，开间大小、与周边墙体的连接方式，都有特殊的

结构要求。2008 年，美国混凝土砌体协会（NCMA）颁布了 TEKS-14《用于躲避暴风和龙卷风的混凝土砌体避难所》，具体地规定了这种用混凝土砌块砌筑的专用避难房设计与施工等方面的细节要求。用于指导当地建筑物的抗飓风设计。另外，如英国、加拿大、日本、澳大利亚等国也都制订了相应的规范条文，用于指导在极端风气候条件下的建筑物抗风设计。

台风“避难所”抗风设计的目的：保证结构在施工阶段和建成后的使用阶段能够安全承受可能发生的最大风荷载和风振动引起的动力作用。根据风对建筑物造成的破坏来分析，抗风设计中必须保证主体结构在使用过程中不出现破坏等现象，因此，台风“避难所”的抗风设计应该遵循以下的要求：

（1）必须满足强度设计要求；

（2）必须满足刚度设计要求；

（3）应该满足舒适度的要求；

（4）应该防止构件局部破坏；

（5）应该满足疲劳设计要求。

建筑物的各个部（构）件之间的连接，如屋顶、墙体、楼板和地基相互之间的连接，是建筑物遭受强风袭击时保持结构整体性的关键所在。遭受强风袭击时发生临界破坏，一般是由于屋顶受到升力作用，墙顶与屋盖之间的连接遭受破坏而导致的。建筑物遭受强风时，首先要保持从屋顶到地基的荷载传递路径不间断，使屋顶所承受的升力能安全地通过墙体传至基础。若荷载传递路径部分受损或不连续，建筑物就会发生破坏。强风不仅对建筑物产生巨大的水平推力，还产生很大的升力。而台风对建筑物的作用存在着许多不确定或不确知的因素，它不仅与风本身的特点（强度、频率特性、作用方向、持续时间等）有关，还与建筑物所处的环境及自身的特点（体型、高度、动力特性、表面状况等）有关，虽然目前对结构风工程的研究已能较好地揭示风与结构相互作用的规律，但要十分精确地得到结构对风的响应目前无论在理论上还是在实践上都还很难做到。

二、台风"避难所"的抗风设防标准

台风对结构物的作用如同地震作用一样，属于偶然作用，即在设计基准期内不一定出现，而一旦出现就会发生其量值很大且持续时间很短的作用。我国现行《建筑结构可靠度设计统一标准》规定，当承受偶然作用时，结构构件承载能力极限状态的可靠指标应符合专门规范的规定。

既然台风属于偶然作用，所以强度大的发生频率低，强度小的发生频率高。因此，在确定抗风设防标准时，较为合理的方法应是根据风荷载强度的不同，规定不同的超越概率，强度越大，其允许的超越概率越小，而强度越小，其允许的超越概率越大，这样便可针对不同强度的风荷载，设置不同的抗风设防标准，以取代目前规范中对建筑物抗风设防的单一标准，采用抗风多级设防的概念，即对不同等级的风灾不能同等对待，应该有不同的设防标准。

沿海地区台风发生频繁，基本每年都有台风侵袭。房屋处于年年建年年修的状态，经济损失和人员伤亡均较重。我国房屋抗震设计采用的地震基本烈度，其 50 年超越概率为 10%；而风荷载采用的 50 年重现期的超越概率为 63.2%，相比而言，抗风设防标准偏低。

台风强度大，作用时间短，为确保避灾场所抵抗台风的能力，设计要求基本风压按 100 年一遇的风压采用。当建设地点的台风基本风压在现行国家标准《建筑结构荷载规范》的全国基本风压图上没有给出时，台风基本风压可根据当地年最大风速资料，按基本风压定义，通过统计分析确定。当地没有风速资料时，可根据附近地区规定的基本风压或长期资料，通过气象和地形条件的对比分析确定。如根据当地年最大风速资料，按基本风压定义，通过统计分析确定的 100 年一遇的基本风压比《建筑结构荷载规范》的全国基本风压图上给出的风压值大时，应采用按当地资料统计确定的风压。

三、建筑物的抗风设防原则

我国目前对房屋建筑的抗震设计采用三水准设防的原则，即采用“小震不坏，中震可修，大震不倒”的设计思想。将此抗震设计思想沿用到建筑物的结构抗风设计中，可以概括为“常遇风压不坏，偶遇风压可修，罕遇风压不倒”的三水准设防原则，如表 4-2 所示。

多级抗风设防原则 **表 4-2**

目标风压	常遇风压	偶遇风压	罕遇风压
超越概率	63.2%	10%	2%～3%
设计要求(静力)	结构不出现任何损坏	结构出现一定程度的损坏,但经修缮即可正常使用	结构出现严重破坏,但应确保结构整体安全和防止倒塌
设计要求(动力)	非常安全	一般可以满足要求但应慎重对待	必须采用抗风措施

常遇风压不坏，即要求房屋在其设计基准期内，在遭遇频率较高，强度较低的风荷载时，不损坏，不需要修理，结构主体应处于弹性状态，可以假定服从线性弹性理论，根据基本风压计算风荷载，按承载力要求进行截面设计。

偶遇风压可修，即允许房屋在偶遇风压的作用下，结构主体可以产生较大的变形，围护构件可发生局部破坏，依靠结构的塑性耗能能力，使结构得以保持稳定，保存下来，经过修复还可使用。此时结构的抗风设计应按变形要求进行。

罕遇风压不倒，即房屋在预先估计到的罕见强烈风荷载作用下，结构主体进入弹塑性大变形状态，结构局部产生严重破坏，但应防止房屋的整体倒坍，避免危及生命安全。此时结构应考虑防倒坍设计。

由于台风“避难所”规模大，避难人数多，其抗风设防标准应高于普通建筑，台风“避难所”的抗风设防应该达到在“罕遇风压不倒”的标准，确保人民群众的生命财产安全。

四、三阶段的抗风设计方法

根据上述抗风设防目标的要求，在第一水准时，结构处于弹性工作状态，应对结构进行构件截面的承载力验算；在第二、三水准时，结构已进入弹塑性工作阶段，应控制结构的弹塑性变形，避免产生不易修复的变形（第二水准要求）或避免倒塌和危及生命的严重破坏（第三水准要求），应对结构进行变形验算。具体进行结构的抗风设计时，可通过三阶段设防的方法来加以实施，并与抗风的概念设计和构造措施相结合，从而实现“常遇风压不坏，偶遇风压可修，罕遇风压不倒”的三水准抗风设防要求。

（一）第一阶段设计

采用第一水准风压，即常遇风压，计算结构在弹性状态下的风荷载效应，然后与地震、重力等其他荷载效应组合，进行构件截面设计，使其满足常遇风压下的强度要求。这一阶段的设计，对应于结构的正常使用极限状态，用以满足第一水准的抗风设防要求。

（二）第二阶段设计

采用第二水准风压，即偶遇风压，计算结构的变形，裂缝宽度，使其不超过规范所规定的限值，同时通过概念设计的方法，优化结构截面尺寸和形状，确定合理的结构布置和构造措施，保证结构具有足够的变形能力，使其满足偶遇风压下的变形要求。

（三）第三阶段设计

采用第三水准风压，即罕遇风压，计算结构各部位连接处（如屋面檩条与屋架、屋架与墙体等处的连接）的强度，并计算结构主体的变形、裂缝宽度，使其离结构倒塌时的临界限值有一段差距，同时，对结构采取必要的预前临时加固措施（如斜撑、拉索、屋顶加压构件等），保证主体结构的弹塑性被控制在某一限度内，使其满足在罕遇风压下不倒塌的要求。这一阶段的设计，对应于结构的承载能力极限状态，用以满足第三水准的抗风设防要求。

第四节 台风“避难所”抗风概念设计及抗风评价体系构建

2006年超强台风“桑美”发生后，温州市建设局组织编制了《苍南村镇民房灾后重建技术指导意见》，该《意见》对苍南村镇民房灾后重建的场地、地基和基础设计，上部结构设计，施工，管理措施等提出了具体的指导要求。该《意见》还特别指出，要结合村镇公共设施（如学校、文化中心等）的建设，建设以村为单位的公共危机避难中心。这也是国内首次提出了台风避难所建设的地方性规范指导意见。

一、选择对建筑抗风有利的场地和环境

为了科学合理地评价台风“避难所”建设用地，我们从被评价地区的客观影响因子中提取了台风“避难所”建设用地抗风防灾适宜性评价的指标因子，指标因子包含了风气象条件和地形地貌条件两大类。评价标准的构建主要考虑了各二级影响因子对当地建设中抗风防灾的安全性和经济性的影响程度。

台风“避难所”承担保护人照生命和财产安全的重大责任，作为针对台风灾害的最重要屏障，台风多发地区的避灾场所不应在开阔地、风口地带建造，并宜与周围房屋集中成片。确保其万无一失，真正发挥避灾作用。

因此，在台风“避难所”的设计时，应按照统一规划、合理布局、科学选址、配置建设的原则，遵循安全适用、经济合理、确保质量的原则，根据村镇规划，合理选址，选择抗风有利地段，严禁在危险地段建房。应避开以下不利地段：

（1）对抗风不利的风口、江堤、海塘或溪滩边、旧有河道或山口、河口等地段。

（2）选择建筑场地时，应按现行国家标准《建筑抗震设计规范》划分抗震有利、不利、危险地段。抗震设防区的避灾场所应建在抗震有利地段，避开不利地段，不得设置在危险地段。

（3）不稳定斜坡或滑坡、山洪、泥石流威胁区等对场地稳定性构成直接威胁的地带。

（4）洪水威胁的低洼地段以及蓄滞洪区，避灾场所应选择地势高的平坦区域，并应考虑最高洪水位的影响。其建筑场地应避开蓄滞洪期间漂浮物易于集结的地区及进洪或退洪主流区。

（5）水文地质条件严重不良的地带。

另外，避灾场所人流集中，应防止发生因污染引起的各种传染病。因此，选址中应远离各种污染源，按照有关法规、满足防护距离的要求。建造选址时应该避开：1）工矿排污污染源、病源、大气污染源、水污染源等的下风、下游或下坡；2）危险品或易燃易爆仓库，高压输电、输油或输气线路。

建设用地抗风适宜性评价体系如表 4-3 所示。

建设用地抗风防灾适宜性评价体系　　表 4-3

一级指标	二级指标	建议指标	定性分值
气象条件（40%）	基本风速（或基本风压）（50 年一遇）（100%）	＞35m/s（或＞0.8kN/m^2）	0.5
		30～35m/s（或 0.6～0.8kN/m^2）	1.5
		＜30m/s（或 0.6＜kN/m^2）	3
地形地貌（60%）	相对高程（25%）	＜100m	3
		100～200m	2
		200～300m	1
		＞300m	0
	坡角（25%）	＜10°	3
		10°～25°	2
		25°～30°	1
		＞30°	0

续表

<table>
<tr><th>一级指标</th><th>二级指标</th><th colspan="2">建议指标</th><th>定性分值</th></tr>
<tr><td rowspan="13">地形地貌
(60%)</td><td rowspan="4">是否处于山谷
(若是,山谷走向与台风季节主导风向夹角)
(15%)</td><td colspan="2">否</td><td>3</td></tr>
<tr><td rowspan="3">是</td><td>>60°</td><td>2.5</td></tr>
<tr><td>30°~60°</td><td>1.5</td></tr>
<tr><td><30°</td><td>0.5</td></tr>
<tr><td rowspan="4">是否处于谷口
(若是,谷口朝向与台风季节主导风向夹角)
(15%)</td><td colspan="2">否</td><td>3</td></tr>
<tr><td rowspan="3">是</td><td>>60°</td><td>2.5</td></tr>
<tr><td>30°~60°</td><td>1.5</td></tr>
<tr><td><30°</td><td>0.5</td></tr>
<tr><td rowspan="5">植被
(20%)</td><td rowspan="3">覆盖率(70%)</td><td>≥50%</td><td>3</td></tr>
<tr><td>20%~50%</td><td>2</td></tr>
<tr><td><20%</td><td>1</td></tr>
<tr><td rowspan="2">植被高度(30%)</td><td>≥2m</td><td>3</td></tr>
<tr><td><2m</td><td>2</td></tr>
</table>

注：定性分值 0—不适宜；1—低适宜性；2—中适宜性；3—高适宜性。

二、构建规则有序的建筑布局

构建规则有序的建筑布局，有利于降低风对各单体房屋的作用效应，提高建筑的整体抗风能力。建筑布局对抗风适宜性影响的指标体系如表 4-4 所示。

（1）在沿海农村地区的建筑物的总体平面布局应既有利于建筑抗风，又有利于自然通风。布局方式宜尽可能规则有序，成片布置，以有利于构建对强风有整体遮挡效应的建筑群。

（2）避灾场所的总体竖向布局应尽可能平稳光顺，屋脊沿山坡的边线宜成一较光滑的曲线，避免出现较大错落。

（3）在沿海农村地区的规划中，若当地年均遭台风正面袭击 1 次以上，基本风压大于 0.85（相当于 12 级台风），则可考虑采用在村镇外围建造乔灌木相结合的防风林的方法，以提高村镇的整体抗风能力。

(4) 由于避灾场所与相邻建（构）筑物保持一定间距，可避免因相邻建（构）筑物倒塌或局部塌落而阻塞疏散通道，因此，避灾场所与相邻建（构）筑物的间距应大于建（构）筑物的高度，并不得小于 6m，以满足人员疏散和消防要求。

(5) 由于过分突出于周围的建筑物，在台风经过时，较易受损发生破坏并且会连带造成对周围低矮建筑的损害，因此，避灾场所的高度宜与相邻建筑物接近，避免突出过高。

建筑布局对抗风适宜性的影响 **表 4-4**

影响因子	建议标准	抗风适宜性
建筑间距(建筑高度或顺风宽度的倍数)(30%)	＞5	较差
	1～5	中等
	＜1	良好
孤立房(20%)	是	较差
	否	良好
平面布局方式(25%)	不规则排列	较差
	规则排列	良好
竖向错落程度(25%)	较大	较差
	较小	良好

三、选择对抗风有利的建筑体型

优化建筑体型对于增强建筑物的抗台风能力具有十分重要的作用。从历次台风破坏的调查结果分析，建筑物遭受台风破坏的程度，除与台风风力的大小有关以外，尚与房屋的设计方案有关系。

当建筑物平面布置不对称、刚度不均匀时，质量中心与刚度中心偏离，结构扭转，从而产生附加扭矩，降低其抗风性能。良好的建筑体型能够在一定程度上减小来流风在建筑表面形成的风荷载，改善房屋的抗风能力。建筑体型对抗风适宜性影响的指标体系如表 4-5 所示。建筑物的长宽比、高宽比、层高、总高度及

建筑体型对抗风适宜性的影响 表 4-5

影响因子	建议标准	抗风适宜性
房屋高宽比(长细比)(40%)	<1.5	良好
	1.5～3	中等
	>3	较差
屋面坡角(20%)	<10°	中等
	10°～30°	良好
	>30°	中等
有无女儿墙(20%)	有	良好
	无	中等
局部突出(20%)	有	较差
	无	良好

屋面形式等均对结构的风荷载或结构构件的抗台风承载能力有较大的影响，应进行合理优化。

（1）避灾场所结构的平、立面布置应简单、规则、对称，质量分布与刚度变化应均匀，楼层不应错层。纵、横墙的布置宜均匀对称，沿平面内宜对齐，沿竖向应上下连续。纵墙宜拉通，尽量避免断开和转折。中部应至少有一道纵墙贯通对齐布置，且墙厚不应小于 240mm。房屋的长细比宜小于 3，避免局部突出。

（2）避灾场所应根据不同的结构体系选择适当的高宽比。为增强房屋的刚性，建议在建造时最好有三个以上的开间。严禁设计单间房屋，二间联建房屋不得超过二层。同一幢联建房屋的高度和层数应相同。

（3）避灾场所应采用现浇钢筋混凝土楼（屋）盖，最小板厚不宜小于 90mm。台风多发地区的避灾场所，屋盖应采取措施与相邻构件可靠连接，屋顶不应设置天窗，并对屋檐、屋脊、边缘和屋脊等几何突变部位，为了避免由于流动分离造成破坏，应采取恰当的局部加强措施。

（4）台风多发地区避灾场所的门窗洞开口不宜过大，门窗框与墙体应有可靠的锚固措施。

四、提高结构的整体性

风荷载特性研究表明：由于气流分离的作用，房屋的屋檐、屋脊、山墙顶边和四周外墙的转角等房屋外表面的交接部位容易出现较高的局部负压区，并且由于气流分离常在其尾流中形成较强的涡流脱落。这些部位的压力波动也往往较大，甚至有可能产生交变力的作用，在台风作用下，建筑物的破坏往往始于表面围护构件的脱落或局部破坏，因此，必须避免因局部破坏导致整体结构丧失承载能力和稳定性，通过加强各构件之间的连接，保证结构整体性，改善建筑物的抗风能力。在刚度和承载力有突变的部位，应采取可靠的加强措施。

房屋要抗御台风的袭击，屋盖和墙体是一个整体，需要认真处理两者的连接和锚固，与此同时要增大屋面材料的自重，使屋面不容易被吸掉，再则要注意迎风墙面的开孔部位不被风力所破坏，以免引风入室对屋盖加速揭顶，屋盖一旦被揭则四周墙体必将损坏或倒塌。因此，必须将屋盖、墙体和基础三大部件相互牢固连接成整体，以整幢房屋的刚度来抗御台风的侵袭，要切实做到“屋盖墙体要稳定，构造连接要牢靠，门窗开洞要抗风，墙角基础要防涝。”这是台风登陆地区建筑物抗御台风的最基本要求。

《住宅建筑规范》规定：为防止底层破坏导致上部结构的破坏或倒塌，对于底层框架、上部砌体结构的住宅，结构转换层的托墙梁、楼板以及紧邻转换层的竖向结构构件应采取可靠的加强措施；在抗震设施地区，底部框架不应超过 2 层，并应设置剪力墙。承重外墙在风荷载的侧向力及屋架传来的升力（拉力）作用下受力最为不利，且一旦破坏将引起房屋的倒塌，因此必须保证其具有足够的刚度和侧向承载能力。

避灾场所的结构设计原则是：结构应具有合理的刚度和承载力分布，结构体系要求受力明确、传力合理且传力路线不间断；对可能产生的薄弱部位，应采取有效措施，增强其抗震、抗风能力；同时结构宜具有多道抗力防线。

因此，结构体系应根据避灾场所的抗震设防烈度、抗风要求、建筑高度、场地条件、地基、结构材料和施工等因素，经技术、经济和使用条件综合比较确定，并应符合下列要求：

（1）应有明确的计算简图和合理的地震作用、风荷载传递途径。

（2）应避免由于部分结构或构件破坏而导致整个结构丧失承受重力荷载、水平风荷载以及地震作用的能力。

（3）应具备足够的抗震、抗风承载力，良好的变形能力和消耗地震能量的能力。

（4）对可能出现的薄弱部位，应采取措施提高抗震、抗风能力。

（5）结构体系应有冗余约束，并能防止其连续倒塌。

五、适当提高房屋的变形能力

通过整体结构的变形或位移消耗风能。理想的抗台风建筑最好采用框架结构，一方面可以利用其较好的变形能力来消耗风能，另一方面框架结构表面围护结构破坏也不会导致结构主体的破坏，即能做到“墙倒而屋不塌”。因此，避灾中心规模大、避灾人数多，为确保其避灾功能，应采用抗侧力性能良好的钢筋混凝土结构；它具有较好的变形能力来消耗风能，同时不会由于表面围护结构的破坏导致结构主体破坏。避灾所在当地条件许可的情况下优先采用钢筋混凝土结构，也可采用砌体结构。避灾点可采用砌体结构。

由于传统习惯和经济条件的限制，目前沿海农村地区指定为台风“避难所”的建筑物许多还是以砖混结构或砖木结构为主，其变形能力一般较小，为此可通过适当提高墙体中圈梁和构造柱的承载作用，增强房屋的整体性，提高房屋的变形能力。实践证明，钢筋混凝土构造柱在砌体房屋抗倒塌方面性能卓越。钢筋混凝土构造柱与钢筋混凝土圈梁相结合，可将砌体牢固约束，提高砌体的变形能力。

(1) 当砌体结构房屋采用木楼（屋）盖或预制板楼（屋）盖时，应在所有纵横墙的基础顶部及每层楼、屋盖（墙顶）标高处设置配筋砖圈梁（石砌体设置配筋砂浆带），经济状况好的可设置钢筋混凝土圈梁。圈梁宜连续地设置在同一水平面上，形成封闭状；当圈梁被门窗洞口截断时，应在洞口上部增设相同截面的附加圈梁。

(2) 配筋砖圈梁和配筋砂浆带的纵向钢筋配置不应低于 2Φ6，砂浆强度不应低于 M5；配筋砖圈梁砂浆层的厚度不宜小于 20mm，配筋砂浆带砂浆层的厚度不宜小于 50mm。

(3) 配筋砖圈梁和配筋砂浆带交接（转角）处的钢筋应搭接。

六、适当提高抗风设计标准

按现行荷载规范，建筑物所受的风荷载根据基本风压值计算得到。基本风压则根据气象台站记录的平均年最大风速，采用极值Ⅰ型的概率分布，确定重现期为 50 年的最大风速作为当地基本风速换算得到。确定年最大风速时，应有 25 年以上资料。对基本风压的取值决定了对建筑物抗风设防的标准。抗风设防标准定得太高则增加造价；定得太低就有可能遇到风险造成重大的风灾损失。

随着科技的进步，我国气象站布点数增多，气象数据记录也更趋准确和完备。在此基础上，有必要根据已掌握的风速数据对原基本风压取值作进一步核定。沿海台风登陆地带，风速变化梯度大，有必要增加风速观测点，对基本风速进行合理分区，以科学确定台风多发地区的基本风压值。

同时实际建设地点不一定处于标准地貌，而处于实际复杂的地面情况，尤其在沿海地区，较多低层房屋的建设在濒山临海的区域，地形地貌不仅十分复杂而且差别较大，当地的实际风压与规范提供的基本风压有较大的差别，因此对于这些建设在台风经常侵袭区域的房屋，在设计和加固时应适当提高风压设计值。

为此，在温州市建设局制定的《苍南村镇民房灾后重建技术指导意见》中明确规定：在风荷载计算时，基本风压不得小于 0.7kN/m^2，近海地区的地面粗糙度取 A 类。对檐口、雨篷、遮阳板等应进行抗上浮验算，计算上浮的局部风压体型系数取 2.0。女儿墙应按围护结构进行抗风计算，风压体型系数取 1.3，阵风系数取 1.9。屋面结构在风荷载作用下的动态响应是一个十分复杂的问题。

屋面相对于建筑物主体而言柔度较大，易产生弹性风致振动，同时建筑物内压紊流引起的屋面振动也不可忽视。在台风多发地区，强风引起的强大吸力及其脉动效应和因屋面结构的柔性而引起的风振等所致屋面结构在风荷载作用下的动力效应常会使屋面遭受破坏。目前国内在这方面的研究成果较少，为慎重起见，建议对屋面风荷载设计的安全系数加大 20%～30% 为宜。

七、台风“避难所”建造中材料选用

避灾场所可采用以下墙体材料：烧结黏土多孔砖、蒸压灰砂砖、蒸压粉煤灰砖、烧结页岩砖、混凝土多孔砖、混凝土砌块和蒸压加气混凝土砌块等。采用烧结黏土多孔砖时尚应符合国家、省、市和地方的有关政策规定。

墙体材料的外观、尺寸、强度等级等应符合相关国家规范、行业产品标准的要求。砌筑砂浆强度等级不应低于 M5。

应用于防潮层以下的墙体材料，其强度等级应提高一级。

据混凝土的基本材料性能，提出构件的最低混凝土强度等级的限制条件，以保证构件在荷载作用下有必要的承载力和可靠度。作为避灾场所的钢筋混凝土结构的混凝土强度等级，不应低于 C25；构造柱、圈梁的强度等级不应低于 C20。

结构构件中的普通纵向受力钢筋宜选用 HRB335、HRB400 级钢筋；箍筋宜选用 HPB235、HRB335、HRB400 级钢筋。

八、台风"避难所"地基基础设计要求

避灾场所地基基础设计应根据工程地质勘察资料进行。

避灾中心属于重要的建筑物，其地基基础设计等级应为甲级。

地基基础设计符合下列要求：

（1）同一结构单元的基础不宜设置在性质截然不同的地基上，基础底面宜在同一标高上。

（2）同一结构单元不宜采用不同类型的基础形式。

（3）地基为软弱黏性土、液化土、新近填土或严重不均匀土时，应估计地震时地基不均匀沉降或其他不利影响，并采取相应措施。

（4）台风多发地区避灾场所的地基基础设计符合下列要求：1）宜采用钢筋混凝土浅基础或桩基础；2）应考虑由于洪涝灾害导致地基土饱和、软化，引起地基承载力下降的可能性。

九、在普通的村镇民房中设置临时避难间

沿海地区遭受台风而使普通民房倒塌破坏的几率相当高，从历年的灾后调查情况来看，人员伤亡往往是由于房屋倒塌引起的。在台风来临时，当地政府往往将村民转移到抗风性能较好的建筑进行临时避难。针对这种情况，《苍南村镇民房灾后重建技术指导意见》提出了设置临时避难间的建议。村民居住分散的海岛、山地等地区，居住地至避灾场所距离远，为应对突发灾害，每户村民房屋可结合厨房间、卫生间的布置，设置避灾间，并采取以下措施：

（1）避难间四周纵、横墙应从底层至二层贯通布置。

（2）墙体应实砌，墙厚不小于 240mm。

（3）楼、屋盖处应设置现浇钢筋混凝土圈梁。

（4）纵、横墙结合处应设置钢筋混凝土构造柱。

（5）楼盖、屋盖应采用现浇混凝土板，板的厚度不小于

100mm，内配 Φ8@150 双层双向。

十、选择合理的施工顺序

施工顺序不当和在施工状态下墙体的风压体型系数较大是导致建房屋倒塌的主要原因。屋盖的架设可以加强结构的整体性。因此为防止在建房屋的墙体被风吹倒，正确的施工顺序应当是先完成框架柱，紧接着架设框架梁（或屋盖），使建筑物首先形成较好的抗风体系，然后再进行围护墙体的砌筑。对于已经加盖屋面，但门窗尚未安装的房屋，在台风季节，在门窗处需安装挡风板，以防止风从门窗涌入使内压增大。

第五节　台风“避难所”抗风构造措施

除了应对结构进行合理的抗风荷载设计以保证结构主体的强度以外，还应针对建筑物的各个薄弱环节，采取有效的抗台风结构构造措施，以加强结构各构件之间的连接和整体性，防止被台风各个击破。依据现行的《混凝土结构设计规范》、《建筑地基基础规范》、《砌体结构设计规范》等规范的相关规定，本文认为台风“避难所”的抗台风构造措施可从以下几个方面加以考虑。

一、钢筋混凝土结构的构造措施

若避灾场所采用钢筋混凝土结构，除了满足《混凝土设计规范》的构造要求外，还应该做好以下构造措施：

（1）混凝土结构构件应控制截面尺寸和纵向受力钢筋与箍筋的设置，应避免结构构件发生不可修复的脆性破坏，防止剪切破坏先于弯曲破坏、混凝土的压溃先于钢筋的屈服、钢筋的锚固先于构件破坏。

（2）现浇钢筋混凝土楼（屋）盖的板内钢筋宜拉通布置，以增强楼（屋）盖的整体刚度。

（3）主体结构构件之间的连接应遵守的原则：通过连接的承

载力来发挥各构件的承载力、变形能力，从而获得整个结构良好的抗震、抗风性能。即结构各构件之间的连接，应符合下列规定：1）构件节点的破坏，不应先于其连接的构件；2）预埋件的锚固破坏，不应先于连接件。

二、砌体结构的构造措施

若避灾场所采用砌体结构，除了满足《砌体结构设计规范》的构造要求外，还应该做好以下构造措施：

（1）由于空斗墙墙体整体性能较差，抗侧力能力较弱，故避灾场所应避免使用空斗墙体，所有墙体均应实砌。承重墙墙厚不应小于240mm，非承重墙墙厚不宜小于160mm，实心砖墙墙体的砂浆强度等级不应低于M2.5。

（2）砌体结构应采用横墙承重或纵横墙承重的结构体系，纵横墙间距不应过大，布置宜均匀对称，沿平面内宜对齐，沿竖向应上下连续；门窗洞口位置应上下对齐，同一轴线上的窗间墙宽度宜均匀。

（3）砌体结构避灾场所的局部尺寸限值应符合下列规定：1）承重窗间墙最小宽度：1.0m；2）外墙尽端至门窗洞边的最小距离：1.0m；3）内墙阳角至门窗洞边的最小距离：1.0m。

（4）砌体结构避灾场所应在楼梯间的四角、横墙与纵墙交接处、局部较小的墙垛处、外墙四角以及较大洞口两侧设置钢筋混凝土构造柱。台风多发地区构造柱间距不应大于层高的1.5倍。

（5）砌体结构避灾场所应在基础、每层楼盖、屋盖处所有纵横墙位置设置现浇钢筋混凝土圈梁。圈梁应连续设置在同一水平面上，形成封闭状。纵横墙交接处的圈梁应有可靠的连接。

（6）现浇楼（屋）盖板应在板边上部设置垂直于板边的构造钢筋，此钢筋在板角处应沿两个垂直方向或按放射状布置；当柱脚或墙的阳角突出板内且尺寸较大时，应沿柱边或墙阳角边布置构造钢筋。

（7）构造柱与圈梁交接处，构造柱的纵筋应穿过圈梁，保证构造柱纵筋上下贯通。

(8) 钢筋混凝土过梁的搁置长度不应小于 240mm，楼梯应采用现浇钢筋混凝土结构。

(9) 纵横墙体交接处如没有设置构造柱的应相互搭接同时砌筑，严禁无可靠措施的内外墙分砌施工。设构造柱时，构造柱的施工顺序必须先砌墙、后浇柱混凝土。

(10) 砖和石砌体的外墙转角及纵横墙交接处，宜沿墙高每隔 1000mm 设置 2Φ6 拉结钢筋或 Φ4@200 钢丝网片，拉结钢筋或网片每边伸入墙内的长度不宜小于 700mm 或伸至门窗洞边。

(11) 在外墙四角、较大洞口两侧、大梁支承处等结构薄弱部位，设置钢筋混凝土构造柱。前后立面开窗不宜过大，窗侧至横墙应保证不小于 370mm 长度的窗垛，当窗垛尺寸不足时，横墙端部应设钢筋混凝土构造柱。

(12) 避灾间应采取以下措施：1) 底层至顶层的纵、横墙应贯通布置；2) 墙体应实砌，墙厚不小于 240mm；3) 纵、横墙交接处应设置钢筋混凝土构造柱；4) 楼（屋）盖应采用现浇混凝土板，板厚不小于 100mm；5) 每层楼盖、屋盖处应设置现浇钢筋混凝土圈梁。

三、非结构构件的构造措施

非结构构件包括持久性的建筑非结构构件和支承于建筑结构的附属机电设备。建筑非结构构件指建筑中除承重骨架体系以外的固定构件和部件，主要包括非承重墙体，附着于楼面和屋面结构的构件、装饰构件和部件、固定于楼面的大型储物架等。建筑附属机电设备指为现代建筑使用功能服务的附属机械、电气构件、部件和系统，主要包括电梯、照明和应急电源、通信设备，管道系统，采暖和空调系统，烟火监测和消防系统，公用天线等。非结构构件的破坏会影响安全和使用功能，需引起重视，应采取适当的抗风构造措施。

(1) 非结构构件应进行抗震、抗风设计，并与主体结构可靠连接与锚固。

（2）填充墙应采取措施减少对主体结构的不利影响，并应设置拉结筋、水平系梁、圈梁、构造柱等与主体结构可靠拉结。

（3）避灾场所外墙不宜设置幕墙、装饰性贴面。

（4）避灾场所的建筑附属设备不应设置在可能导致其使用功能发生障碍等二次灾害的部位；对于有隔振装置的设备，应注意其强烈振动对连接件的影响，并防止设备和建筑结构发生谐振现象。建筑附属机电设备的支架应具有足够的刚度和承载力；其与建筑结构应有可靠的连接和锚固，应使设备在遭遇灾害影响后能迅速恢复运转。

四、对房屋地基、基础和结构体系的要求

由于建筑物在受到台风灾害的同时，往往会受到洪水的侵袭，致使地基冲垮，产生基础的不均匀沉降或塌陷，造成上部结构的开裂、倾斜乃至倒塌。因此在村镇规划时宜选择在地势较高、土质较好的避风处。住宅的地基基础应满足承载力和稳定性要求，地基变形应保证住宅的结构安全和正常使用。地基应夯实，基础可采用砖、石、混凝土、灰土或三合土等材料砌（夯）筑。同一房屋不应采用木柱与砖柱、木柱与石柱混合的承重结构，也不应采用砖墙、石墙、土坯墙、夯土墙等不同墙体混合的承重结构。

五、加强屋盖系统自身的整体性和连接

（1）屋面的防风措施：若避灾场所采用小青瓦双坡屋顶，必须按小青瓦木基层双坡顶的正规做法。屋面小青瓦要加密铺设，瓦的搭接应符合设计要求，禁止采用冷摊瓦，仰瓦间采用正规的篱瓦或铺设耐久性和放水性好的压条；挂瓦条下铺砖望板或木制屋面板和椽条，提高屋面部分的刚度和自重；屋面檐口挑出的尺寸应尽可能小，在檐口增设沿屋檐长度方向的纵向压条，并做好宣泄雨水的孔道；端头山墙檐口勿做悬山屋顶，以做硬山或出山

屋顶为宜；加强椽条和檩条的连接，必要时应按计算公式进行验算。

（2）加强屋盖系统的整体性（节点连接）的主要措施包括：屋架与柱的连接处应设置斜撑；屋架与屋架之间的连接可采用上弦水平支撑，下弦水平支撑，横向支撑及垂直支撑等方式，两端开间屋架和中间隔开间屋架应设置竖向剪刀撑，防止屋架随山墙的倒塌向外翻倒；山墙、山尖墙应采用墙揽与木屋架或檩条拉接；内隔墙墙顶应与梁或屋架下弦拉接；在房屋横向的中部屋檐高度处应设置纵向通长水平系杆，并在横墙两侧设置墙揽与纵向系杆连接牢固，或将系杆与屋架下弦钉牢，墙揽可采用木块、木坊、角铁等材料；屋盖系统中的檩条与屋架、椽子与檩条，以及檩条与檩条、檩条与木柱（小式屋架）之间应采用木夹板、铁件、扒钉、铅丝等相互连接牢固。

六、加强墙体自身的整体性和强度

建筑物的外墙受台风较大的横向水平风荷载的直接作用，其强度和稳定性不容忽视。我国现行的《砌体结构设计规范》规定，当刚性方案多层房屋的外墙符合：（1）洞口水平截面面积不超过全截面面积的 2/3；（2）屋面自重不小于 0.8kN/m^2 的要求时，静力计算可不考虑风荷载的影响。对基本风压为 0.4～0.7 kN/m^2 的砖混结构外墙规定了可不考虑风荷载影响的层高和最大高度，见表 4-6。

《砌体结构设计规范》规定：刚性方案房屋的静力计算时，单层房屋在荷载作用下，墙、柱可视为上端不动铰支承于屋盖，下端嵌固于基础的竖向构件。多层房屋在水平荷载作用下，墙、柱可视为竖向连续梁。控制墙体高厚比，保证墙身的稳定性，从基础顶面（一层没楼板时）或一层楼面至二层楼面，高度不得超过 5.2m，墙体若开窗面积较大时，高度应相应降低。建议房屋一层层高控制在 3.90m 以内，二层以上楼层层高控制在 3.30m 以内。墙体应采用 1∶3 水泥浆或 1∶1.6 水泥石灰砂浆粉刷，清水外墙面应平整，采用 1：2 水泥砂浆勾缝。严禁不经粉刷的墙体长期暴露在空气中。

外墙不考虑风荷载影响的最大高度　　　　表 4-6

基本风压值(kN/m²)	层高(m)	总高(m)
0.4	4.0	28
0.5	4.0	24
0.6	4.0	18
0.7	3.5	18

七、门窗的防风措施

(1) 墙体上的门、窗孔洞面积要有限制，门窗尽量少、面积尽量小。门窗应优先采用铝合金，位于山墙的窗，其宽度不宜大予 1.1m。

(2) 外门窗应居中布置，并在砌体内埋设同砖块规格的混凝土块（强度 C20）与外门窗用连接件连接。连接件间距应不大于 400mm，并在门窗框每一侧不小于三处。

(3) 采光玻璃加厚，玻璃嵌固装置要防脆，要进一步研究抗风玻璃和玻璃嵌固特殊装置；木窗采用普通玻璃时，窗玻璃厚度不得小于 4mm；铝合金门窗采用普通玻璃时，玻璃厚度不得小于 6mm，玻璃单块面积超过 1.0m² 时应采用安全玻璃。木门窗玻璃安装应采用落槽或木压条固定方式。不得直接采用圆钉固定方式。

(4) 对遭受台风袭击频率较高的沿海地区，门窗玻璃可采用简易有效的钢筋栅栏、铁丝网、尼龙网等防护措施，防止台风扬起物对门窗玻璃的打击破坏。

(5) 门窗框与洞口四周墙体应采用预埋木砖或铁件等连接牢固。

第六节　既有台风“避难所”的改建扩建

台风“避难所”可以采用新建方式来确定，但是受到资金、场地等多方面因素的影响，在沿海地区许多避灾场所是在台风到来时临时利用现有建筑物（如村办公楼、老人活动中心、学校、祠堂、教堂等）。在最初的规划建造时，并没有完全从防灾角度来规划，使得避灾场所存在分布不均、部分建筑物老化、道路宽窄不一等现象。对这些建筑物有必要根据避灾场所的特点进行改建扩建工作。

一、将既有建筑选用为台风“避难所”前提条件

由于避灾场所属于特殊用途的建筑物，一旦在人员避灾过程中破坏，将造成重大的生命财产损失，因此，既有建筑改扩建前应进行房屋质量鉴定和抗震鉴定，必要时应进行加固。既有建筑符合要求后方可用作避灾场所，并且避灾场所建设可优先以现有人防工程、体育馆、影剧院、会所、中小学校、社会福利设施、村办公和活动场所等满足避灾要求的公共建筑物为避灾场所。

二、既有台风“避难所”的鉴定

既有台风“避难所”的检测与鉴定是对其结构及部件的材料质量和工作性能方面所存在的缺损状况进行详细检测、试验、判断和评价的过程。其包含的项目内容大致上可分为如下两个方面：(1) 结构材料缺损状况诊断，包括材料损坏程度检测，材料物理、化学和力学性能测试及缺损原因的分析判断等；(2) 结构整体性能、功能状况鉴定，包括结构承载能力（强度、刚度和稳定性等）的鉴定等。

(一) 既有台风“避难所”鉴定的目的

对作为台风“避难所”的既有建筑物进行鉴定的目的是：全面、准确地掌握建筑物的性能、状况和所承受的各种作用，准确评价其可靠度水平，为建筑物的使用、管理提高依据，包括：

(1) 为建筑物的日常维护提供技术依据。

(2) 为建筑物的维修、加固提供技术依据。

(3) 为建筑物的用途变更和使用条件变化提供技术依据。

（4）为建筑物各种灾害事故的处理提供技术依据。

因此，在既有建筑物的鉴定中，应明确其目标使用期和前提条件，着眼于建筑物和环境未来可能的变化，以建筑物和环境自身的信息为依据，以建筑物完成新的预定功能（台风避灾场所）为目标，以现行标准规范为评定的基准，并赋予评定标准一定的弹性，采用基于性能分析、状态评估或载荷试验的方法评定建筑物的可靠度水平。

（二）鉴定方法

建筑物的鉴定是对已有建筑物承受的荷载、作用、结构抗力及相互关系进行检查、测定、分析和判断，并取得结论的过程。建筑物的鉴定方法主要有传统经验法、实用鉴定法和可靠度鉴定法几种。

（1）经验鉴定法。经验鉴定法是以原设计规范或规程为依据，按个人目测及定值计算结果来评定建筑物的一种经验评定方法。

（2）实用鉴定法。实用鉴定法是在经验鉴定法的基础上发展起来的。它的特点是重视检测手段和检测技术对于荷载、材料强度等有关力学参数，采用实测值并经统计分析后才用于结构的分析计算，要求鉴定人员根据鉴定目的进行详细的检查、分析，再按照现行的鉴定标准作出结论。强调成立调查委员会或调查小组以发挥每一成员的专长和集体研究的共同作用。

（3）可靠度鉴定法。可靠度鉴定法运用概率论和数理统计原理，采用非定值统计规律对建筑物的可靠度进行鉴定的一种方法，称为可靠度鉴定法，又称为可靠概率鉴定法。目前概率法的实际应用仅止于近似概率法，从概率分布曲线和形态，用均方差度量并找出“安全指标”。主要的鉴定标准采用《民用建筑可靠性鉴定标准》。以建筑结构可靠性（安全性、适用性、耐久性）状态来判定建筑结构的可靠性等级，按构件、子单元、鉴定单元三个层次，每一层次又分为四个等级进行鉴定的评级方法。构件是可靠性鉴定最基本的鉴定单元。子单元是由构件组成的，《民用建筑可靠性鉴定标准》按地基基础、上部承重结构和围护结构分为三个子单元。鉴定单元由子单元组成。

（三）鉴定的程序

房屋质量鉴定和抗震鉴定应依次按照下列程序进行：

1. 受理委托

根据避灾场所的要求，确定房屋质量鉴定和抗震鉴定的内容和范围。

2. 初始调查

收集调查和分析避灾场所原始资料，并进行现场查勘；开展初始调查时，除对原设计图、竣工图等有关原始资料与实物初步核对、检查和分析外，还应对建筑结构使用条件进行调查。使用条件的调查应包括结构上的作用、使用环境和使用历史三部分内容。结构上的作用调查，主要是确定结构验算所用的荷载和荷载效应；使用环境调查主要包括气象条件、工业环境、地理环境等内容；使用历史主要调查建筑物的使用情况如超载、受灾、受侵蚀等，特别注意因使用要求改变而产生的荷载变化史。

3. 检测调查

对避灾场所现状进行现场检测，必要时，采用仪器测试和结构验算；现场检测主要包括以下几项内容：

（1）结构布置、支撑系统、圈梁布置、结构构件、结构构造和连接构造的检查。

（2）地基基础的检查，必要时要开挖检查或进行试验。

（3）结构上的作用、作用效应及作用效应组合的调查分析，必要时进行实测统计。

（4）结构材料性能和几何参数的检测与分析，结构构件的计算分析、现场实测，必要时进行结构试验。结构材料性能检测结果的精度直接影响结构鉴定的可靠程度，材料性能的检测是可靠性鉴定的基础。

（5）建筑物结构功能及建筑构造的检查。

4. 鉴定评级

对调查、查勘、检测、验算的数据资料进行全面分析，综合评定，确定其是否适合作为避灾场所。

5. 处理建议

对符合鉴定要求的避灾场所应说明其后续使用年限，对不符合鉴定要求的避灾场所提出相应的对策和处理意见；

6. 出具报告。

由于既有建筑需要鉴定和加固的情况很复杂，抗震能力有很大的不同，需要根据实际情况区别对待和处理，使之在现有的经济技术条件下分别达到最大可能达到的抗震防灾要求。因此，既有避灾场所应根据实际情况，按照下列规定选择其后续使用年限（表 4-7）：

后续使用年限　　　　表 4-7

建造年代	后续使用年限
20 世纪 70 年代及以前	不应少于 30 年
20 世纪 80 年代	宜采用 40 年或更短，且不得少于 30 年
20 世纪 90 年代	不宜少于 40 年，条件许可时应采用 50 年
2001 年以后	宜采用 50 年

三、既有建筑的加固

建筑物加固是根据建筑物的鉴定结论，针对建筑物的缺陷和损坏进行修复，以恢复或提高建筑物的安全性和耐久性．也可结合加固改善建筑物的使用功能，满足新的适用性要求。避灾场所发生损坏或出现安全问题时应及时进行修缮，符合质量要求后方可继续使用。

避灾场所抗震加固前，应依据其设防烈度、抗震设防类别、后续使用年限和结构类型，按现行国家标准《建筑抗震鉴定标准》的相应规定进行抗震鉴定。

避灾场所经质量鉴定和抗震鉴定确认需要加固时，应根据鉴定结论和委托方提出的要求，由有资格的专业技术人员按有关规范标准的规定和业主的要求进行加固设计。加固设计的范围，可按整幢建筑物或者其中某独立区段确定，也可按指定的结构、构件或者连接确定，但均应考虑该结构的整体性。加固方法的选择，应根据可靠性鉴定结果、结构功能降低及加固原因（如完好情况下的加固及受损状态下的加固），结合结构特点、当地具体条件、新的功能要求等因素，并按加固效果可靠、施工方便、经济合理原则，综合分析确定。加固材料的选择，钢材一般选用HPB235 或 HRB335 等低强钢材。混凝土强度等级不应低于原构件的强度等级，且不应低于 C20，并宜采用收缩性小、微膨胀、黏结性强、早期强度高的混凝土。砌体加固所用块材及砂浆强度应高于原结构所用材料的强度等级，且烧结黏土砖的强度等级不应低于 MU10，砂浆强度等级不应低于 M5，墙面加固砂浆强度等级不应低于 M10。避灾场所的加固施工一般应由有加固资质的专业化队伍或经过专门培训的队伍进行，且不应破坏原有结构，应按加固设计图纸及现行规范标准验收。

一般而言，房屋经局部加固后，虽然能提高被加固构件的安全性，但这并不意味着该承重结构的整体承载便一定是安全的。

第七节　台风“避难所”的空间设施设置

台风“避难所”的避难空间设施是避难者避难生活的栖身之所，其防灾减灾设施的完善程度、基本生活保障能力、人均有效避难面积、避难疏散场所的管理水平等反映村民避难生活的安全程度与质量高低。

一、台风“避难所”功能设置

台风“避难所”的功能主要是为避难者提供基本生活条件和安全保障。显然，避难疏散场所持续时间较长的功能是安全、饮食、就寝以及排泄等。具体的避难功能包括就寝功能、救护功能、饮食功能、洗澡功能、排泄功能、安全功能等。这些功能，随着避难生活的推移而逐步变化。

（一）就寝功能

从近些年来发生的严重台风灾害下沿海农村地区村民避难的状况看，灾害初期，避难所里挤满避难人群，甚至出现不能完全满足避难空间需求的状况，人均就寝空间狭小，室内空气混浊，噪声声响干扰大，环境卫生条件差，不适应这种环境的避难者难以入眠，也容易发生、蔓延瘟病。有的人为了避开这样的生活环境，虽在避难所占有就寝空间，但并不住宿，只领取分发的生活用品，另谋栖身之所。但到了避难生活的稳定、缩小阶段，由于避难人数逐渐减少，人均避难空间不断扩大，就寝的空间环境有所好转，有的避难者可能在避难所内设置隔间，形成各个家庭或个人的避难空间，以提高就寝等避难生活的质量。如果各个避难所就寝的人数大幅度降低，有关管理部门将逐步撤销、合并避难所，避难所的数量相应减少，避难所的整体避难功能逐渐削弱。

（二）救护功能

避难所内设医疗点，救护危重伤员。待到条件基本成熟后，应果断将危重伤员转移到医院治疗。除设有医疗中心的中心避难所之外，其他的避难所救护功能时间比较短。一般的固定避难所，只是危重伤员的暂时收容、中转地，即使是设有医疗中心的中心固定避难所，其救护功能也随危重伤员的减少而减弱，并随医疗中心的关闭而消亡。

（三）饮食功能

饮用水是极为重要的生活必需品，村镇灾害管理部门在灾害发生后应调集给水车紧急为避难者供水或者调集大量矿泉水、纯净水等分发到各个避难所。可以利用避难所附近的河水、湖水和公园水景设施用水作为避难生活用水。严重灾害后，村民往往失去生产熟食的能力，避难者自身没有携带食品或携带的食品极为有限，避难所必须定时供应食品。避难生活开始时，避难者可以食用自带的或他人支援的饼干等食品或空投、分发的熟食或其他食品。

（四）排泄功能

避难疏散场所乃至整个城市保持必要的排泄功能，对于提高避难生活质量，抑制瘟病发生与蔓延有重要作用。避难疏散场所的厕所和垃圾应当及时安排专人管理，并采取人工清理、消毒等措施，改善避难所的卫生环境与生活条件。排泄功能不畅，是避难生活中最烦恼的问题之一。

（五）安全功能

安全避难和避难安全是规划建设避难疏散场所、组织村民避难的基本宗旨。避难所的其他功能可以变化，可以减弱，但避难所的安全功能必须逐步完善，绝不能轻视安全，忽视安全。避难生活中的安全不仅包括抗御严重灾害，还应当重视饮食安全、防疫灭病以及卫生安全等。避难疏散场所必须进行安全评价，采取各种安全措施，确保村民避难生活安全。

二、台风“避难所”内部硬件设施的配置

台风“避难所”是指能够保证灾时居民基本生活，帮助灾民顺利度过应急期的场所。避难生活是避难者在避难所的衣、食、住、行、医等生活状况。在避难生活中，必须为避难者储备必需的防灾减灾资源，合理配置避难空间，这样有助于提高避难者避难的生活质量。

避灾中心应分设男女休息室、特殊人员休息室、管理人员办公室、救灾物资储备室、厨房间和卫生间。避灾中心设置的特殊人员休息室为孕妇或残障人士单独提供；卫生间等设施尚需考虑无障碍设计。有条件的避灾场所宜设置医疗室。

灾害发生时，部分区域的给水、照明和其他公共服务设施可能遭到破坏，并可能发生部分人员伤亡。因此，避灾场所内须配置生活必需品、药品储备库、消防设施、应急照明设施、广播设施、临时发电设备、医疗设施等。避灾中心、避灾所应有完善的

给水、照明和通信设施，宜设置应急灯和净水器。避灾中心宜配置应急发电设备。避灾中心宜配备应对放射性辐射、有毒物质扩散及爆炸等的紧急处置措施。

因此，台风“避难所”应有一定数量和质量的各种设施和物资供应，包括生活必需品供应、通信设施供应、医疗配置情况等。

（一）生活必需品供应

1. 饮用水、食物供应

只要受灾人群被疏散到避难场所内就要满足避难人群的最基本的正常生活需要，包括洁净的饮用水和食物。例如，2005 年，美国南部地区受到超强飓风“卡特里娜”袭击，许多作为避难场所的场馆在供应饮用水和食物这方面做得并不尽如人意。有些避难场所提供的饮用水都已经发霉，无法饮用，有些避难场所则干脆无法提供饮用水和食物。

在供应饮用水和食物的方法上也应该予以注意和考虑，由于灾民过多，秩序混乱，为避免发生哄抢事件，再次造成人员伤亡和物资浪费，组织方应该尽可能让避难人员排队到指定地点领取所需物品。若人均应急食物以 400～900g/人日为标准，按至少 3 天的量进行存储，人均应急食物存储 1200～2700g，还有一些必备物资（参考表 4-8）。

避难所物资储备标准　　表 4-8

		必须物资	基本单位消耗量
食品类(72 小时用量)		饮用水	3 升/人/日
		食品	3 餐/人/日
		奶粉	140/人/日
		调味品	80/人/日
生活必需品	餐具	筷子・调羹	1 副/人
		盘	1 个/人
		碗	1 个/人
		奶瓶	1 个/人

续表

		必须物资	基本单位消耗量
生活必需品	厨房用品	锅	2个/户
		水壶	1个/户
		饭勺・勺子	1个/户
	衣物	毛衣・衬衫	1件/人
		裤装	1套/人
		鞋类	1双/人
		雨具	1件/人
		毛巾	1条/人
		漂白・消毒液	尽可能提供
	毛毯	毛毯	2条/人
	卫生用品	洗涤剂	1瓶/户
		盥洗用品	1套/户
		洗脸用品	1个/户
		卫生纸	2卷/户
		塑料袋	500个/避难所
必要器材	医药品・医疗器械	急救箱	1个/避难所
		担架	2副/避难所
	照明器材	手电筒	1个/户

注：本表来源，其中平均每1个避难所的预定避难人数大约为300人，该数字是依据日本神户市的实例取得的，当时该市的最高避难人数达到了317000人，最大规模的避难所达到1138个。

2. 住宿用品供应

台风“避难所”必须要有男女休息室、食堂、厕所、管理人员办公室以及物资储藏室，配备一定数量的床铺、被褥、草席、桌凳及日常生活用品，在为婴儿及老人专门准备的特殊避难场所中还要考虑为婴儿及老人准备的其他特殊用品，方便避难群众住宿。

3. 公共厕所的设置

在美国遭受“卡特里娜”飓风袭击后，受灾人群在避难场所中避难，但由于公共厕所的严重缺乏，无法满足近 2 万避难人群的需求，人们不得已只能随地大小便，痢疾等传染疾病也随时有可能爆发。因此，在规划建设应急避难场所的时候一定要注意避难人群解决大小便的问题，以防出现类似美国避难的情况。公共厕所在数量一定要充足且分布均匀。

（二）通信设施的供应

1. 指示标志

避难场所的指示标志的设置是为方便指引避难人群找到各种所需公用设施。对于临时转换功能成为避难场所的场所来说，只需做好常规的公共设施指示牌即可，包括场所平面布局图、场所公共设施指示标志。避灾场所门口设置应急灯，在醒目位置张挂避灾场所牌子，主要路口设置指示牌。对规划建设计划中的避难场所，除常规指示标志外，还应设置应急设施平面布局图和指示标志，例如，应急避难场所出入口、通道、应急水井、应急棚宿区、应急灭火器、应急供电、应急指挥、应急物资供应所在位置的指示标志。

2. 应急通信设施

避难场所内还应设置应急用的通信和供电等设施，以便避难人群与外界家属联系。在应急避难场所内，应设立应急广播中心和一定数量的公用电话。中心广播可以实时地向避难人群发布外界事态发展情况和相关部门准备采取的措施、行动。公共电话能帮助人们缓和心里的焦虑情绪，避难人群可通过公用电话与外界的亲人联系，了解家人状况并告知自己的状况，让彼此放心。

3. 应急供电设施

一旦诸如暴风、大雨的突发事件将电线刮断，将引起大面积的停电，这无疑会使本已混乱的场面雪上加霜。一旦没有电的功应，一切供暖、冷气设备都将停止运行，会给避难人群造成生活上的困难。因此，应急避难场所应配备应急供电设施，保障基本的供电和不同季节所需的供暖和冷气设备的运转。

（三）医疗配置情况

在疏散和避难的过程中，由于惊吓、恐慌，加之天气的缘故，难免出现某个人或小范围疾病的爆发，例如心脏病、中暑、发烧、呕吐、腹痛、蚊虫叮咬引发的传染病等等。这就要求避难场所储备常用药物和医疗器械，并要求避难场所内的服务人员具备基本的医疗常识，对并发症状进行及时的救助，以延缓病情加重的速度，争取时间送往医院进行正规救助。

第五章

沿海农村台风灾害防御政策与法规研究

“善弈者谋势，不善弈者谋子。”重视危机立法是政府应对突发危机时的明智之举。村镇台风灾害防御体系建设中很重要的一个方面就是健全台风灾害防御法律制度建设。它涉及台风灾害防御规划和防御方案的编制、台风灾害应急机制的健全、台风灾害公共预警体系的建立、各级政府及有关部门责任、权利与义务的划分、台风灾害综合防御和救助体系的建立等多个方面。整个村镇台风灾害防御体系的贯彻离不开法制保障和有效管理，而目前我国在村镇防灾方面的法律和法规尚不完善，存在着：缺乏减灾综合性法律法规，相关配套政策不够完善，灾害保险的作用未得到充分发挥，灾害救助、恢复重建等方面补助标准偏低等问题；因此，要研究如何建立有利于推进建设系统防灾减灾工作的制度，将城乡防灾规划、工程抗灾设防、防灾应急管理和灾后恢复重建的有关工作制度和政策措施纳入法制化的管理轨道，为防灾减灾工作提供制度保障。

第一节　浙江省沿海村镇防台救灾政策

我国沿海人民在长期与台风灾害的斗争中积累了丰富的经验，制定了“预防为主，防治结合”，“防救结合”等一系列方针政策。

一、浙江省台风防御方针的演变

回顾浙江省 60 年来防御台风的风风雨雨，“人定胜天”曾经是我们对待灾难的一种态度。曾几何时，台风来临，各地会组织大批的“敢死队”冲到第一线，拿胸膛堵风浪、扛草包堵缺口，以此体现一种壮举和展示一种精神，最终的结果是，生命的脆弱并不能改变自然的力量，反而是大量人员的伤亡使得灾后重建举步维艰。一次又一次，逐渐悟出一条从“硬拼”到“智擒”的思路。当灾害来临前，着重防灾，灾害来临时，着重避灾，而不是一味强调坚守岗位抗灾，这是我们 60 年来总结台风历史得出的结论。浙江省台风防御方针的演变可分为以下几个阶段：

（一）改革开放前的台风灾害防御方针——“人定胜天，全力抵抗”

改革开放以前的防台工作受“极左”思想影响，在相当长的一段时期，浙江省防台工作总体上实行“人定胜天，全力抵抗”的指导方针。每当有自然灾害（主要是气象灾害）来临时，总是采取全民动员，奋力抵抗的方式，极少考虑撤离躲避。由于当时气象保障能力有限，水利工程调节能力甚弱，极易酿成群死性大灾。

典型案例：5612 号台风的防御。1956 年 8 月 1 日半夜登陆浙江省舟山专区象山县（现属于宁波市）石浦的 5612 号台风是 60 年来登陆我国沿海的最强台风，登陆时最大风速 60m/s（推测极大风速高达 75m/s）。特殊的年代里有着特殊的意识形态。当时国内基本完成了三大改造，狂热而奋进的人们正欣喜地品尝着当家做主的滋味，“人定胜天”是当时人们的主导思想。当台风以 70m/s 的罕见强度逼近沿海时，象山县委、县政府不是组织沿海居民撤离，而是迅速动员大量干部、解放军及部分群众上一线海塘死抗，甚至还荒唐地喊出“人在海塘在”的口号！然而，事实证明这样做是愚蠢而徒劳的，无情的海浪将近千名干部群众从海塘上卷走，再也没有回来，伤亡极为惨重（全省公布死亡人数 4926 人）！伤 5 万余人，洪涝面积 735 万亩，毁房 85 万间，毁水利设施 2.7 万处，桥梁 1500 多座，39%公路被破坏，沉毁船只 3500 多条，死牲畜万头，经济损失难以估量。

数千条死去的冤魂和无数的财产损失告诉人们——“人定胜天”不能继续成为金科玉律，事实上它只是人类的一厢情愿。如今，当年干部群众冒着17级狂风去保卫海塘的做法已被认为是很不明智的。

（二）改革开放前期的台风灾害防御方针——“抗防结合，以抗为主”

改革开放前期，“极左”思想虽已受到较大程度的清算，但对如何“科学防台”尚未取得共识。这一时期指导方针转变为“抗防结合，以抗为主”。当有台风侵袭时，首先考虑的还是如何去“抗”（当时“抗台”一说仍很风行）。虽不再采取“蛮干”的方式，但对如何撤离躲避仍没有总体上的安排，尤其缺乏一套相对完善的应急指挥预案。照例是动员干部深入一线，组织群众临时加固海塘江堤，实在不行时也只撤离参加一线的“抗台”人员和少数高危地段的群众。此期气象预报能力有较大提高，水利工程调节能力也明显增强，但关键性工程（如标准海塘等）尚未建成，抗灾能力还相当有限。

典型案例：9417号台风的防御。1994年8月21日22时30分登陆瑞安梅头镇的9417号台风是一个影响深重的台风！台风登陆适逢农历七月十五天文大潮汛，风、雨、潮三碰头，温州及台州南部沿海出现历史极高潮位。温州沿海所有区县的一线海塘几乎全线崩溃，二线海塘决口无数，三线海塘也不同程度进水。浙江全省损毁海堤520.7km，其中影响最大的区域为飞云江以北至乐清湾一线，区内一线海塘基本上全部损毁，沿海1km左右尽遭海水入侵淹没，飞云江北岸海水入侵达7km，受淹区水深一般都在1.5m以上，最深达3m。海水倒灌淹没沿海大量村镇，位于瓯江口的灵昆岛、江心屿、七都岛竟被高于地平面2～3m的海潮淹没，直到第二天潮水退却才重见天日，这情景无异于一场海啸袭击！9417号台风路径与强度均相对稳定，来袭之时又值天文大潮汛，按理该引起温州政府的足够重视，但由于9414号台风“大虫头老鼠尾”的迷惑，再加上温州近年尚未出现过特强台风灾害，也没有大规模组织人员撤离的先例，因此防御措施明显不力，在台风登陆当夜，大量未入户口的农民工既没有被组织撤离，也无任何防台意识，很多人甚至连台风为何物也是一知半解，兵临城下之际依然照旧在简易工棚里歇息，更有甚者结伴上山感受这一难得的天象，最终酿成了死亡超千人的大灾！9417在浙江造成了自5612以来最大的人员伤亡和最惨重的经济损失，而正是此事促成了国家防总和浙江省委、省政府下决心全面修建一线标准海塘的决心。图5-1所示为标准海塘建设现场。

图5-1　浙东千里标准海塘建设现场（资料照片）

（三）9711号台风以来的台风灾害防御方针——“以人为本，科学防台”

进入20世纪90年代中叶，我国改革开放取得巨大成就，在9417号台风惨痛教训的警醒下，浙江省乃至全国的台风防御工作走上了“以人为本，科学防台”的正确轨道！此一时期“防台”说逐渐替代了“抗台”说，“撤离避险”开始成为临阵防台措施的首选。

转移不等于放弃，人员躲避了，我们的家园仍难逃狂风暴雨的“洗劫”。撤离背后，浙江省上下做足了防御工作，不断壮大抗风雨能力。自9711号台风以后，浙江省适时启动了“浙东千里标准海塘”建设工程，至2002年7月基本建成，从而极大提高了沿海地区防御台风的能力。

近年来浙江省的台风防御工作进一步走上了制度化轨道，逐渐建立了各级防汛指挥机构和办事机构，利用远程会商系统，提高防汛防台指挥效率；在试点取得成功的基础上，浙江省委办公厅、省政府办公厅2009年底出台《关于加强基层防汛防台体系建设的意见》文件，计划通过2年时间，基本建成“组织健全、责任落实、预案实用、预警及时、响应迅速、全民参与、救援有效、保障有力”的基层防汛防台体系，基本达到“乡自为战”、“村自为战”的能力水平。不仅在临阵防御上重视制订相关预案，更增大了气象装备（如中尺度自动站建设等）和水利工程的投入，使抗灾能力得以显著提高。

典型案例：9711号台风的防御。这是一次在浙江省防台史上有着里程碑意义的台风防御过程。9711号台风8月18日21时登陆浙江省温岭市石塘镇，适逢农历七月十六天文大潮汛，风、雨、潮三碰头，沿海沿江出现历史极高潮位，潮位高度为500年一遇。浙江省是此次灾害的重灾区。台风登陆时，北至钱塘江两岸，南至闽浙交界处，千里海堤有的整段整段被冲毁。巨浪狂涛排山倒海，风雨交加，山洪暴发，沿海平原地区城乡一片汪洋，其成灾范围之广，强度之大，为国内外历史所罕见。由于台风临近登陆前，浙江省委、省政府根据气象部门提供的预报，组织了前所未有的百万人口大撤离，终将这集“12级大风、特大暴雨和历史罕见风暴潮”于一体的巨型台风正面袭击所造成的灾害减小到了很低程度（全省死亡214人，远低于9417号台风死亡人数）。

二、浙江省沿海村镇台风救灾政策

传统的防灾救灾体系从救灾开始。救灾有广义和狭义之分。广义的救灾包括查灾、报灾、核灾、灾后救助等过程和内容。狭义的救灾仅指对灾民的生活与生产中的困难给予救济，如基本口粮救助、衣被救助、房屋救助、现金救助、药品救助、部分生产资料救助等。本文的救灾是指前者。沿海农村地区台风灾害发生频率高、危害程度大，给人民的生命财产造成了巨大的损失。台风灾害发生后，开展灾害救助工作无疑具有突出的地位和重大意义。它既是经济问题，直接关系到灾民的衣食住医等基本生活，关系到灾区的生产恢复和经济发展以及改革开放的顺利进行，同时又是政治问题，关系到灾民心理的稳定和社会政治的安定。

目前各项救灾制度规定都散见于某些政策性、行政措施性文件中（如民政部于 2004 年 11 月下发的《春荒、冬令灾民生活救助工作规程》、《灾害应急救助工作规程》、《灾区民房恢复重建管理工作规程》等）。这些政策性、行政措施性文件安排了我国灾害救助的一般情况。对灾害的救助包括灾后紧急救济和灾民安置、转移、建房、医疗等项目以及由政府提供口粮、衣被、医疗服务等，以解决灾民在吃、穿、住、医等方面的困难，维持灾民的基本生活。党和政府极为重视救灾工作，逐步形成了“依靠群众，依靠集体，生产自救，互助互济，辅之以国家必要的救济和扶持”这一具有中国特色的自然灾害救助体系。每次灾害发生后，各级党委、政府高度重视，迅速协调有关部门通力合作，组织社会各界共同参与，最大限度减少了灾害造成的人员伤亡和直接因灾经济损失，有效地保障了群众的基本生活，维护了灾区的生产、生活秩序，在促进国民经济健康、稳定、持续发展方面发挥了重要的作用。

（一）救灾制度的主体及职能

根据在救灾活动中的职责、角色和作用等方面的差异，可将救灾主体分为政府组织、非政府组织和其他主体三大类，其他主体涉及军队、灾民、社会公众等。

在救灾活动中，政府是神经中枢，是最权威的决策机构，是指挥者、协调者、监督者。加强政府对救灾工作的统一领导，是我国救灾制度的一大特点。所谓“统一领导”，是中央一级由国务院统一指挥、综合协调，地方服从中央，局部服从全局。其中，民政部是灾民生活救济工作的业务主管部门，指导全国救灾工作。在地方是指由省、地市、县级人民政府实施对救灾工作的领导，统一负责制定、实施有关灾害管理的政策、法规和规划，对灾害管理的各项措施实施领导、决策、指挥、监督和协调等职能。

非政府组织包括社团和民办非企业单位。它们具有贴近民众、与社会联系密切的特点，在救灾活动中理应有更大的贡献。我国主要的非政府组织包括：中国红十字会、中国慈善总会、中国救灾协会。

人民解放军和武装警察部队是高度统一的武装团体，具有快速反应、令行禁止的特点。在历年的防台风抢险中，人民解放军、武警官兵、公安干警发挥了中流砥柱的重大作用，关键时刻承担了大量急难险重的任务，发挥了突击队作用。

灾民并非单纯的受救助对象，同时也应成为救灾活动的主体。发动灾区群众自力更生，生产自救，互助互济，奋力防灾、抗灾、救灾，这是战胜自然灾害的重要途径。

每逢大灾，人民群众都自发地开展向灾区募捐的活动。同时，社会公众也是监督救灾活动的基本力量。

（二）救灾工作分级管理、救灾资金分级负担管理体制

救灾工作分级管理，救灾资金分级负担体制主要是指中央和地方各级政府都负有救灾责任，解决灾害带来的困难应主要依靠地方各级政府和灾区广大干部群众，通过自力更生、生产自救、互助互济等方式加以解决。当地方遭受特大自然灾害，地方政府无法依靠自身能力解决时，中央可予以适当补助。各级政府要对受灾人员进行过渡性安置，并对自行安置的受灾人员给予适当补助；有关部门要做好受灾农房恢复重建工作；要为受灾群众提供冬春救助；要做好政策衔接，对救灾工作结束后基本生活仍存在困难的受灾人员，依法给予最低生活保障或者实行贫困孤残供养。

（三）报灾、检灾制度

根据民政部关于灾情上报的规定，各级民政部门要配备专职或者兼职灾情信息人员，把责任层层落实到人。同时，要建立灾情信息传递制度，报告灾情，一要迅速，二要准确。

报灾体系的最大特点就是逐级上报。即按照行政区域划分，从下级行政单位及同级负责部门向上级行政单位及主管部门报告。具体而言，这种上报有两条线：第一条线由各级地方民政部门逐级上报，最后报到中央民政部，属于政府部门内部上报制度；另一条线则由省级人民政府向国务院上报，同时申请救灾拨款。当前已初步建成了中央、省、地、县四级联网的灾害信息平台。一旦发生重大灾害，民政部一般在两个小时左右就能得到灾情信息，并迅速启动应急预案。

民政部门要进行灾情上报工作，首先就要搜集所需要的信息。目前，主要的检灾方法有 5 种：(1) 普遍调查，对灾害损失情况进行普遍的调查；(2) 重点调查，从受灾单位中选择一部分进行核查；(3) 典型调查，选择有代表性的受灾单位进行核查；(4) 抽样调查，按照随机的原则，在受灾总体中选取一部分进行调查；(5) 专项调查，即对某项损失情况进行专题调查。但我国尚无一个灾情评估体系，因此只能从倒房数，受灾、成灾人口规模，因灾缺粮人口和需要救济的人口数量，作物成灾面积等数据推算。

（四）救灾保险制度

救灾保险制度是指由政府出面组织，以财政供款和社会筹资作为经济后盾，为灾民提供灾后生活的基本保障并维持其简单再生产的一种灾害社会保障制度。其产生于 1987 年，是对传统救灾制度的一项重要改革。其主要特点是强制推行，向农民收取一定的互济费，保障水平较高，保障面较宽。试点情况表明，这一制度在筹资上采取国家、集体、个人相结合的方法，按灾害损失程度，依靠社会力量，帮助受灾户解决困难，在一定程度上拓展了救灾渠道，增强了救灾的合力。同时，该保险机制提高了农民的自我保险意识，并体现权利与义务对等的原则，逐步解决“救济全靠政府”的依赖性。

为保障灾后农民及时重建家园、恢复基本生活，2006 年底浙江省在农村地区开始推行政策性农村住房保险制度，并制定出台配套政策措施，如省民政厅修改完善《农村住房保险倒塌房屋界定标准和裁定办法》，中国人民财产保险公司浙江分公司抓紧下发《政策性农村住房保险条款》，确保各地开展政策性农房险的需要；浙江省农房保险制度采取了“政府政策推动＋农户自愿参保＋公司市场运作”的模式，设立省、市、县、乡（镇）和村五级组织领导体系，通过建立“农户自愿参保与政府补助相结合、省财政补助与是否完成参保率相结合、中央及其他救灾资金补助与农户参保相结合”的激励机制，充分调动农户的积极性。同时，注重充分发挥保险公司专业化经营优势，通过建设农村保险服务网络等举措提高承保效率和服务水平。

（五）救灾款物管理使用制度

灾后的款物救济是灾区重建家园、恢复生产的有力保障。每年中央和地方都投放大量资金、物资用于解决灾民吃饭、穿衣、住房、治病等困难。

拨救济款的程序，一般首先由省级政府向国务院申请救灾款项。当国务院同意拨发救灾款项以后，民政部和财政部决定具体的事宜，两部审核同意后，按程序发文下拨。拨款按照省政府—地（市）政府—县政府—乡镇政府—灾民的顺序进行发放。在物资发放方面，建立中央级救灾物资储备制度，在全国建立了若干个储备点，分别承担不同地区的救灾需求，储备物以救灾粮、帐篷、衣被、紧急抢险设备、生活常用品等救灾物资为主。从申请程序看，按照各级民政部门到省级民政部门再到民政部的顺序申请。民政部核实申请内容以后，确定物资调拨方案。再向代储点和省民政部门发出调拨通知，迅即确定调运方式和运抵地点。物资运抵灾区后，由县级民政部门按照专物专用的原则，将救灾物资逐级分配，落实到灾民手中。救灾工作完成后，物资再逐级回收，清洗、维修、整理后返回中央代储点验收保存。

三、现行救灾政策存在的不足

虽然救灾工作取得了巨大成绩，但随着我国市场经济体制的形成、法制建设的推进救灾工作也面临着严峻的挑战。主要表现在：

1. 地区经济差异、资金投入不足制约了“以人为本”救灾理念的落实。按照救灾工作分级负责、分类管理原则，中等灾害和一般自然灾害由地市级以下政府自行负责，但经济欠发达地区灾后自救能力弱、无法独立完成救灾工作。这些地区一旦中等灾害发生，就需要上级的救灾资金补助。按照当前的政策，经济欠发达地区存在灾害补助标准与现实需要相背离的问题。灾民得到的救助资金量与保障其基本生活的资金需求量之间存在着不小的差距，降低了救灾工作的效益。由于受资金限制，目前只能侧重于解决口粮问题，灾后需医疗救助的问题、灾区民房恢复重建等问题较为突出。

2. 灾情信息管理网络仍存死角，基层灾害信息处理水平低下。目前县级以上基本建立了灾情信息管理网络但作为灾情信息管理源头的乡、村两级灾害信息处理水平堪忧，主要表现在四个方面：一是信息收集方法原始、数据准确度不高；二是信息传递途径落后；三是救灾装备落后；四是基层工作人员素质不高。这些都严重影响了灾情信息的准确性。

3. 防灾减灾体系不健全、措施不完备。从现行的民政防灾减灾工作来看，还存在薄弱环节。首先物质准备不充分防灾设备设施欠缺。目前，民政部门的救灾物资储备还处于低水平、低标准阶段。救灾仓库中一般只储备很少的基本生活用品粮食、食品、药品等救灾物资受保存期限、保管条件限制几乎没有储备难以满足现代灾害救助的需要。其次救灾预备金落实难。许多地方的干部工资尚难以保证各地的救灾预备金往往只是列而不支或虚列预算，救灾预备金难以真正落实到位。再次，防灾、减灾工作薄弱。防灾减灾是系统繁杂的社会工程，目前还难以形成一个比较完备的防灾减灾体系难以实现根本意义上的防灾减灾。

四、浙江省沿海村镇台风防灾应急政策

《国家综合减灾“十一五”规划》提出，综合减灾的基本原则之一是“以防为主，防抗救相结合”。“国际减灾十年”也曾经提出过“防灾优于救助”的理念。如果我们把减灾分成防灾、抗灾、救灾三个部分的话，防灾无疑是其中最重要的。防灾是抗灾救灾的基础，抗灾救灾能力的提高，需要有足够的抗灾救灾能力训练、需要有充足的抗灾救灾物资储备、需要有完备的抗灾救灾制度保障，而这些也都是防灾的重要内容。研究表明，无准备的灾害造成的直接损失，通常是用于进行灾害准备所必需的代价的十倍以上。浙江省沿海村镇在台风防灾应急方面采取的政策措施主要有以下几个方面：

（一）防台抗台应急预案体系

预案是科学防台、规范防台的前提。浙江省沿海各地因地制宜，按照以防为主、防避结合的原则，全面开展了防台风预案的编制和修订工作，形成了防台风预案体系。应急预案包括对台风灾害的应急组织体系及职责、预测预警、信息报告、应急响应、应急处置、应急保障、调查评估等机制，形成包含事前、事发、事中、事后等各环节的一整套工作运行机制。

目前，省、市、县（市、区）、大部分乡镇（街道）和部分村（社区）基本制定了防台风预案。水利、气象、国土资源、民政等部门都制定了相应的工作预案和规定。同时，规范预案制定和发布程序，组织开展预案演练。台风期间，适时启动预案，分阶段、分层次防御台风。

（二）避难场所设置

以温州市为例，2007 年，温州市启动了农村社区避险安置场所建设，除了县、乡镇建立避灾中心以外，每一个农村社区都充分利用新建或改建学校、村委会办公楼等公共设施的机会，建

有 1～2 处符合避险质量要求的避险转移安置场所，并落实场所管理人员，配备应急生活保障用品和夜间引导指示灯等，以保障本社区居民的避险安置之用，全市建有避险安置场所 1720000m²，可集中安置约 50 万人。

（三）台风灾害预报预警

随着现代气象科学技术的发展，天气预报水平越来越高，可用预报时效达到 3～5 天，这为组织实施台风防灾救灾、避免特大或重人员伤亡和经济损失提供了决策依据，基本避免了抗救台风灾害的盲目性、被动性。20 世纪 80 年代以前，由于受到科技水平的限制，气象预警预报能力较低，防御台风灾害时的指导思想，比较多强调："有灾无灾，作有灾准备"，"大灾小灾，作有大灾准备"，"迟灾早灾，作有早灾准备"，"多灾少灾，作有多灾准备" 等，类似抗灾思想在当时生产力条件下虽带有一定盲目性，但也有其现实意义。如今随着气象预警预报能力大大提高，传统的抗灾思想必须与时俱进，临近台风灾害已不宜再过分强调"小题大做"，应当树立科学的抗灾防灾观念，充分利用气象预警预报信息，减少防灾的盲目性。

在预警机制方面，从纵向看，气象系统内建立了会商机制，各级互相通报、交流监测分析结果；气象部门与政府之间建立了预测预报报告机制；气象、民政、水利、国土等系统内部建立了预警信息双向传递机制。从横向看，各级气象部门在对台风进行密切监测同时，能及时将分析预测结果通报给民政、水利、国土、海洋等有关部门。在预防措施方面，各级政府结合本地水文地质和人口经济分布情况，及时组织民政、水利、国土、渔业、农业等部门研究部署预防措施，组织开展水利工程巡检、地质灾害监测、涉险群众转移避险、渔船回港避风等工作。

健全覆盖全社区、传递到户到人的预警预报系统，为社区居民及时提供灾情信息。确定一名农村社区灾情信息员及时宣传减灾知识，及时掌握灾情信息，及时报送灾害损失，为指挥部门和居民提供决策依据。社区灾情信息员在发生灾害时严格按照"初报要快、续报要细、核报要实”的要求，及时向上级部门报送险情、灾情。在传递上，完善以村广播室、自然村高音喇叭、手机短信为主，以传统的民间的打锣和放鞭炮为辅的预警预报网络建设，做到预警预报信息全覆盖；对重点部位的人员、特殊人群的居住地，还就地落实信息收取反馈联络人员，确保灾情信息及时、准确地覆盖到全社区，传递到户到人。

（四）防台风安全教育

受灾地区民众既是台风灾害的受害者，也是参与抗灾救灾的主力军。要提高抗御台风灾害的社会效果，必须将受灾地区民众动员好、组织好。防灾减灾需要广大社会公众广泛增强防灾意识，了解与掌握避灾知识。组织民众开展经常性防灾避灾技能训练，增强其逃生自救能力，使得普通群众在台风灾害发生时，能够知道如何处置灾害情况，如何保护自己，帮助他人。

针对农村地区的特点，要从提高农村居民的减灾意识和自我防灾能力入手，农村社区设立图文并茂、通俗易懂、喜闻乐见减灾知识宣传栏，平时用于防灾减灾知识和灾害发生时自救知识的宣传。灾时用于公布台风、暴雨等重要信息，上级的减灾工作部署和农村社区组织的贯彻意见；灾后用于本村灾害损失和受灾群众应急救助等情况公示。同时，将减灾列入学校教学内容，从娃娃抓起；列入村规民约的约定内容，给每户发减灾手册学习；并寓教于乐，利用社区广场文化演出、社区知识竞赛、学生演出等宣传防灾减灾知识，使他们增强防灾减灾意识。

另外，为了加强全民的防汛防台意识，浙江省确定了每年的4月15日为本省“防汛防台日”，要求在这一天里集中开展防汛防台知识的宣传和必要的防汛防台演练工作。

（五）物资储备和调运

在每个农村社区建有应急物资仓库，根据本村抗灾救灾的实际需求、易灾地段人员分布和灾害规律，都备有小型发电机、水泵、喷雾器、救生衣、应急灯、手电筒、雨具、麻袋、绳索等应急救灾物资，还备有毛毯、草席、脸盆等生活必需品。应急储备仓库管理制度健全，做到专人负责，严格把关，对进出库物资都要登记造册，定期检查，并做好耐用物资的回收保养工作。

（六）社会援助动员与组织

防御和减轻台风灾害是人类面临的共同责任，遇到特大台风灾害，非灾区社会组织和群众也有参与抗灾救灾的义务。因此，特大台风灾害发生之后，迅速动员非灾区社会组织和群众支援抗灾至关重要，“一方有难、八方支援”，或组织人力直接奔赴灾区参与救灾，或组织自愿者从事相关救灾服务，或动员公众捐款捐物，才能增强灾区群众战胜灾害的信心，减少灾害造成的生命财产损失，尽快恢复灾后生产生活秩序。

第二节　加强沿海农村台风灾害防御能力的公共政策建议

随着我国市场经济体制的逐步完善，国家法治建设的推进，尤其是科学技术日新月异的发展，广大人民群众对台风灾害防灾减灾的时效性、规范性、保障性和人性化的要求越来越高，台风灾害防灾减灾工作的内容、方式、手段和能力都适应新的形势的要求。结合灾害应急救助的理论，借鉴国内外灾害防灾减灾做法，着眼于我省的台风灾害应急防灾减灾工作的具体实践，我们建议：

一、建立统一的防灾机构

通常来说，在灾害发生的时候，需要有一个高度集中的权力源作为指挥中枢。如果权力源缺乏足够的权威，那么就无法应对救灾工作中瞬息万变的状况。即便已经建立一系列的应对机制，也会因为缺乏权力源的调度而失效。比如，有时会出现相关负责人因为“做不了主”需要“请示一下”，而延误了救灾的最佳时机。

台风灾害严重威胁着公共安全，在全球气候变化的大背景下，极端天气事件呈现多发趋势，灾害更广泛更严重更复杂，经济、社会、生态、环境对灾害的敏感性和脆弱性也日益呈现。台风往往引发洪灾，但是台风由气象部门预报，洪水则属水利部门管。一个灾害往往引发出多种灾害隐患，需要有统一的综合防灾减灾体制和权威的统一防灾机构，负责统筹协调各个部门。

为此，通过借鉴国外灾害应急管理机构设置的经验，可以设立一个统一的灾害研究、预报、预警和防御机构，从全局出发，统筹中央和地方、各地区、各部门救灾工作职能，以形成一个各部门分工负责、各司其职、协调统一、有序高效的体制。一方面促进不同灾害研究的统一和协调，另一方面也可以加快将科研成果向实际应用的转化。我们无法阻止台风发生，但可以应用所掌握的科学知识和技术提高房屋和桥梁的抗风能力，准确预报热带气旋运移，并安排当地居民在收到这类预警后采取适当的应对措施。

二、农村防灾减灾应纳入国民经济与社会发展规划

目前减灾规划还没有较好地与国民经济和社会规划结合起来。虽然，单纯的减灾规划目标明确、措施配套，但是因为没有纳入各级政府国民经济发展规划之中，致使其实施缺乏足够的政府支持。

其次，各级地方政府制订的减灾规划对农村社区的关注程度不够。广大的农民群众是做好农村防灾减灾工作的主体。各级政府应该将防灾减灾工作延伸到农村基层，让农民直接参与，让农民从中得到实惠，这样农村的减灾工作才会有效率、有效果。政府防灾减灾经费一般来说是较少的，如果能够打破传统观念，直接把部分防灾减灾经费落实到农村，用于对农民防灾减灾具体行动的政策性引导，一定会收到事半功倍的效果。

三、建立救灾资金多元投入体制与救灾资金分级负担机制

政策设计与制定是我省沿海农村地区社会救助制度建设的核

心任务。体系建设归根结底就是要以管用的政策来解决社会救助工作的各类问题。社会救助资金无疑是体系的支柱。但资金如何来，如何发，如何管就要有资金使用管理方面的政策来规范。否则即使有了资金，也会出事。

加强政府对减灾工作的投入和管理是健全灾害资金保障体系的重点。政府减灾经费应纳入国家预算体系。救灾工作从根本上讲是一项利国利民的公益性事业，各级政府均应责无旁贷地承担起这项任务，各种抗灾救灾的资金投入均应在政府的统一领导之下进行。针对现在灾害损失越来越大的情况，应加大灾前主动性投资的比例，包括对各种已建工程的维护和改善。

在救灾投入政策方面，应实行分级管理、分级负责、分级负担的原则，采取小灾由地方各级政府承担，大灾巨灾由中央政府和地方政府共同承担（中央政府主要承担）的原则，并将减灾投资列入各级政府财政预算中，随着经济的发展逐步增加其比重。与此同时，地方政府则应把防灾减灾的重点放在中小城镇和农村，特别是县级以下政府应加强在农村地区防灾减灾工作中的职责。农村涉及的区域大、薄弱环节多、问题复杂，政府投入往往只是杯水车薪，如果地方政府忽视防灾那么有限的防灾投入很可能起不到任何实质性的作用。而如果地方政府重视，将这点经费用运得当，并且和其他农村政策相结合，那么农村社区的防灾工作局面就会大不一样。

在加大政府救灾方面投入的同时，应当拓宽救灾资金的渠道，建立企业、非政府组织、普通民众和灾民自己的社会化救灾资金投入体系。在完善现有的社会捐助、救灾基金、商业保险的基础上，还应该探索更多的资金筹集方式。

救灾资金和物资的筹集，在发挥政府财政投入主渠道作用的同时，广泛发动社会力量，拓宽筹集渠道，使灾害救助工作更具开放性。一是要进一步健全完善经常性社会捐助服务网络。结合各个乡镇社区建设，确定社会捐助接收工作站点的布局、规模和管理方式，实现社会捐助活动由集中性、突击性向经常性、日常性转变。二是要按照市场规律，研究充分利用企业、社会和资本资源，共同推进救灾工作的市场化运作，充分壮大救灾资源。

此外，要加强救灾资金的规范化管理。从一定程度上来说，救灾资金可以说是灾民的救命钱。因此，必须建立一个封闭运行、实体下拨、反应快速的救灾资金拨付制度，避免拖欠、挤占、挪用和截留救灾资金的现象的产生，确保救灾资金运行的安全性和及时性。民政、财政、审计、监察等部门要密切合作，建立良好的救灾款、物资运行管理体制；逐步建立和完善救灾款物发放制度，建立和落实使用公示制度，广泛接受群众和社会监督。如采取开设专门的救灾资金账号，实行专户存储、专项拨付的管理办法。救灾资金在专户里完全封闭运行，拨付速度大大加快，将彻底解决到位不及时、基层变现困难等问题。

四、利用市场机制，提高农村建设水平

市场经济给农村地区防灾减灾工作带来了新的选择。减灾的结果是效益，只要是有效益的事情，都可以探索利用市场机制获得支持和发展。

1. 需要增强农民市场介入能力，使其能够利用市场，获得减少自然灾害风险的帮助。农业灾害保险在我国还处于探索阶段。国家应该制定相关政策，有选择地鼓励自然灾害保险。而自然灾害保险的发展，必然会带动相关自然灾害研究和防灾技术的进步。

2. 加强农村金融政策研究与制定，让农民有获得优惠贷款的渠道。农村采用新技术或者实施防灾农业生产活动，往往需要小数额的资金，而农村在贷款方面还存在许多困难。可以考虑对农村进行适当的小额贷款优惠，让农村能够加快新技术推广的步伐，从而推进农村自然灾害防御能力建设。

3. 国家出台政策性激励措施，让农村减灾工作有管理、有指导，并给农民带来收益。虽然，强制性的政策已经不适合目前的农村，但是利导性的政策还是必要的。如果能够将国家的农村

政策与农村防灾减灾、农村社区科学合理规划与建设、良性发展结合起来，那么许多工作可以收到事半功倍的效果。不仅农村经济发展了，而且农村的生态环境也会改善，防灾减灾能力也将提高。

4. 需要加强农村建设管理，提高农村建设水平。目前除了少数地区，我国农村地区的建设还缺乏管理和指导，农村建设比较盲目混乱，这必然带来加重自然灾害、破坏生态环境的隐患。在某些地方，因为大量开垦河滩空地、淘砂挖石等，已经造成了局部生态环境失衡。因此，农村建设的发展需要加强科学管理和良性政策的指导。

五、加强台风灾害防灾减灾工作理论的研究

要在调查研究的基础上，认真总结多年来的防灾减灾工作经验，形成规律性的认识，为防灾减灾工作的顺利开展提供科学的理论指导。

1. 要认真研究并形成科学的台风灾情评估指标体系和方法体系，以及台风灾情等级划分和救灾责任界定方法。台风灾情评估指标的确定要统筹兼顾，既要考虑台风灾害造成的群众生活困难，也要顾及台风灾害给生产造成的损失以及对交通、通信、供电、农田水利等基础设施造成的破坏。救灾责任的界定，要以灾情评估和灾情等级为基础，也要考虑各地的经济基础差异，兼顾省以下政府的财政承受能力和灾区群众的自救和互助能力。

2. 要改革台风灾情统计办法。要进一步研究台风灾害统计制度，立足客观性、可操作性的原则，科学设置灾情信息上报的项目和内容，并根据救灾工作实际需要，改进统计方法和统计报表。统计报表可按救灾工作的几个阶段设置，如在台风应急救灾阶段，主要填报紧急转移灾民和绝收面积数量等；在恢复重建阶段，基层主要填报倒损房屋数、需重建房屋数及需上级救助资金数等。这样，既简单明了又客观可靠，既减少了工作内容又提高了工作效率。

3. 通过解剖典型案例，进一步明确灾害救助的内容，明确灾害救助的主要任务、实现手段和途径。要从提高灾害紧急救助能力入手，围绕受灾群众生活得到及时安排这一目标，在灾情掌握、救灾资金筹集、救灾物资准备、资金物资拨付、社会捐助活动的开展等方面积极探索应急工作机制以及相应的保证措施，全面建立应对灾害的紧急救助工作机制。

六、在建立救灾专业队伍的同时建立群众性防灾组织

根据台风灾害突发性和灾害应急工作的特点，市、县两级都要组建一支灾害应急救助队伍，重点要加强灾害应急救助队伍建设，通过培训演习，形成多层次综合应急救助队伍，并且配备必要的救灾装备，平时有针对性地开展紧急救助训练，台风灾害发生后及时赶赴灾区实施紧急救援。台风灾害紧急抢险救援队伍应坚持一专多用、平战结合、反应迅速、突击力强的特点，在减灾救灾活动中，既自成体系，又互有联系，统一指挥调度，加强组织协调和专业保障，提高队伍快速反应和协调作战能力。

在台风灾害发生的初期，尤其是大型灾难发生后，受难人数多，行政和社会组织暂时瘫痪，政府的紧急救援队伍不能完全满足救灾需要，建立群众性自主防灾减灾组织是一种应对灾难的积极而现实的解决方式。要在建立专业救灾队伍的基础上，建立群众性自主防灾减灾组织。要充分发挥社会团体在灾害救助中的作用，组织各方面力量参加紧急救援、社会捐赠、卫生防疫、恢复重建等灾害救助工作；依托基层社区、共青团组织以及非政府组织，建立形式多样的减灾志愿者队伍，力争每个社区都建立志愿者队伍，并开展志愿者减灾技能培训。实践证明，社区救灾队伍在日常灾难中扮演着很实用的角色，如对灾难中的受伤者提供最基本的医疗救助，安全搜寻并营救受难者等等。建立群众性自主防灾减灾组织的另一个作用是，通过对群众性救援队伍和志愿者队伍的培训，可以更好地普及灾害和防灾知识，提高社区群众的自我防灾能力，并最终提高社会的抗灾能力。

七、完善台风灾情信息报告及发布制度

灾情信息是救灾决策的基础，灾情信息的准确、及时和有效直接影响到灾害应急救助的成效。如果信息阻滞，传输短路，势必贻误应急反应，失去最佳挽救危机遏制损失的时机，以往我国诸多重大灾例留下深刻教训。灾情报告是灾民紧急救助工作的重要组成部分，是实施灾害紧急救助，切实保障灾民生活的重要前提，必须确保其准确性和时效性。

目前一些地方不同程度地存在灾情报告不及时、内容不全面、救灾信息系统建设缓慢等问题，对救灾工作的顺利开展造成一定影响。为此，要充分利用民政、气象、地震、水利、农业等有关灾害管理部门的灾害信息，建设灾害信息共享平台并定期更新、维护；加强对灾害信息的分析、处理，提高灾害信息服务水平。运用现代信息技术手段，加强灾情信息微机通信网络系统的建设和运用工作，提高核灾、报灾的时效性和准确性。

灾情信息的重点和源头是基层，为此要下大力气做好基层的灾情管理工作。首先，建立灾情档案制度。从乡到县建立灾情记录，统一格式，统一发放，定时记录，每年存档。对历次重大灾情，要形成规范的、详细的灾情文档，配备影像资料，随时备查。其次，建立灾情分级核查、评估制度。明确乡查村、县查乡、省市查县的核查方式；明确上级核查下级的核查报告的格式、内容、要求和应核查的范围、重点区域、重点对象、重点项目等；明确小灾由县级核查，中灾由地市级核查，大灾由省级核查，重大灾害由民政部核查或评估，这样既可避免一灾多查、多灾扰民的现象，又强化了各级政府的责任。第三，建立灾情信息管理监督机制。监控各地有无灾害及灾害范围大小，灾害等级大小及灾害损失程度，报灾、核灾及时性、规范性与准确性；综合运用卫星监控、抽样调查、现场勘测、灾情会商、灾情评估、灾情通报等方式进行监督；对救灾统计数据赋予法律效力，明确各级救灾统计人员应承担的法律责任，制定虚报、瞒报、漏报、迟

报灾情信息处罚措施。最后，建立救灾绩效考核制度。主要考核灾民生活保障落实情况，主要包括灾民的吃、穿、住、医、取暖等方面的落实情况；以及考核各级救灾款物管理发放情况，主要包括救灾资金预算、筹集、拨付、运转情况，救灾款物发放公示落实情况等。

第三节　现行台风灾害应急法规框架体系概述

在我国深入推进依法治国的大背景下，减灾管理工作被逐渐纳入了我国的政府职能体系。以往政府处理台风危机的被动，很大程度上是源于法律制度的缺失。没有完善的公共应急法律，突发危机事件就不可能及时、高效地得到处理。政府防抗台风公共安全管理体系要高效稳定运行，还必须以完善相关的法律法规作为保障。法律制度是各种制度中最强硬的一种，它是社会发展过程中不可或缺的一种稀缺资源，同样地，法制建设也是防抗台风公共安全管理建设中关键的一环。防灾减灾立法是以法律规范的形式把综合灾害管理系统固定化、制度化，赋予其权威性和强制性，它是防灾工作得以实施的基础和保障，也是开展各项防灾活动的依据。“依法减灾”是灾害也是强化我国减灾行动与灾害管理的必由之路。

目前，我国已出台《防洪法》、《突发事件应对法》、《抗旱条例》等法律、行政法规，以及《国家突发公共事件总体应急预案》、《国家自然灾害救助应急预案》等预案，对台风灾害的应对、抢险救灾和灾后恢复重建事项做了规范。

一、宪法

2004 年 3 月通过的《中华人民共和国宪法》修正案（四），对由于重大自然灾害、事故灾难、公共卫生事件、社会卫生事件等引起的紧急状态作了原则性的规定，为灾害应急法制奠定了宪法基础。

二、突发事件应对法

2007 年 8 月通过的《中华人民共和国突发事件应对法》将自然灾害作为突发事件的重要类型之一，对灾害应急的各个方面均作出概括性的规定，增设了应急物资保障制度等一些新的制度，是灾害应急法制不断完善的显著标志。

突发事件应对法规定，自然灾害发生后，履行统一领导职责的人民政府可以采取多项应急处置措施。这些处置措施包括：组织营救和救治受害人员，疏散、撤离并妥善安置受到威胁的人员以及采取其他救助措施；立即抢修被损坏的交通、通信、供水、排水、供电、供气、供热等公共设施，向受到危害的人员提供避难场所和生活必需品，实施医疗救护和卫生防疫以及其他保障措施；禁止或限制使用有关设备、设施，关闭或限制使用有关场所，中止人员密集的活动或者可能导致危害扩大的生产经营活动以及采取其他保护措施；启用本级人民政府设置的财政预备费和储备的应急救援物资，必要时调用其他急需物资、设备、设施、工具；组织公民参加应急救援和处置工作，要求具有特定专长的人员提供服务；保障食品、饮用水、燃料等基本生活必需品的供应。

三、防汛、防台、抗旱法规

1998 年 1 月 1 日起施行的《中华人民共和国防洪法》及此前的《中华人民共和国防汛条例》、《中华人民共和国河道管理条例》、《蓄滞洪区安全与建设指导纲要》等行政法规性文件，是我国防治洪灾的基本法律文件，目前已经形成防洪规划、治理与防护、防洪区和防洪工程设施的管理、防汛抗洪、蓄洪区的安全建设管理与补偿救助、防洪投入由政府和受益者合理承担相结合、洪水影响评价报告、保护范围与分工负责等系列制度。

2007 年 3 月浙江省人大常委员会通过《浙江省防汛防台抗旱条例》，该条例是全国首部整合防汛、防台、抗旱等三方面内容的法规。整部条例包括总则、防汛防台抗旱职责、防汛防台抗旱准备、防汛防台与抗旱、保障措施、法律责任和附则等七章，共56条。该条例在内容上具有较强的可操作性。如总则中确定的防汛防台抗旱工作的原则中，强调了“以人为本、安全第一”和“预防为主、防抗结合”的内容，包含了对人的生命权、健康权的重视，如遇大台风、大洪灾，强调了人的转移为首位，如遇大旱供水困难，则以饮用水安全为首位，如遇各种不同灾害，以防为主，能抢险则全力抢，不能抢就尊重科学及时撤。再如对每年遭遇大台风时，民房抗风问题，该条例规定，沿海地区县级政府应当组织有关部门、乡（镇）政府及有关专家对易受台风等自然灾害影响的农居房的防灾能力进行调查和认定；对存在安全隐患、防灾能力低的农居房，应当指导和督促住户加固维修、拆旧建新或者搬迁。这就是说，浙江将为农居房建立“健康档案”，农民住户可从自身的“档案”里知道自家房子对台风等自然灾害的抵抗能力有多强。又如针对台风来临时地方政府颇感难办的人员转移问题，过去由于找不到法律依据，对一些必须转移但又拒绝转移的情况很难处理，但现在该条例规定，对一些不听劝导、拒绝转移的人员，必要时可实施强制措施。同时，还规定了群众自己在转移时应承担的责任等。

四、气象法规

1999年10月全国人大常委会通过的《中华人民共和国气象法》在第四章“气象预报与灾害性天气预报”、第五章“气象灾害防御”对包括台风灾害在内的气象灾害防御作了规定。2004年8月，中国气象局下发了《突发气象灾害预警信号发布暂行规定》，该规定规范了突发气象灾害预警信号的发布与传播，有效防御和减轻突发气象灾害，保护人民生命财产安全。

地方性的台风灾害防御法规有：《浙江省气象条例》、《浙江省实施＜中华人民共和国气象法＞办法》、《杭州市气象灾害防御办法》、《杭州市突发气象灾害预警信号发布与传播管理办法》等。

五、地质灾害防治法规

国务院于2003年颁布了《地质灾害防治条例》。该条例明确规定，国家实行地质灾害预报制度和地质灾害调查制度。国务院国土资源主管部门会同国务院建设、水利、铁路、交通等部门，依据全国地质灾害调查结果，编制全国地质灾害防治规划，经批准后公布。县级以上人民政府应当将城镇、人口集中居住地区、风景名胜区、大中型工矿企业所在地和交通干线、重点水利电力工程等基础设施作为地质灾害重点防治区中的防护重点。国家建立地质灾害监测网络和预警信息系统，实行地质灾害预报制度。地质灾害预报由县级以上人民政府国土资源主管部门会同气象主管机构发布。任何单位和个人不得擅自向社会发布地质灾害预报。对出现地质灾害前兆、可能造成人员伤亡或者重大财产损失的区域和地段，县级人民政府应当及时划定为地质灾害危险区，予以公告，并在地质灾害区的边界设置明显警示标志。

地方性的地质灾害防御防治有：《浙江省地质灾害防治管理办法》、《浙江省地质灾害防治规划（2006—2010）》、《浙江省地质灾害防治项目和专项资金管理暂行办法》等。

六、村镇建设法规

2007年10月颁布的《中华人民共和国城乡规划法》。共7章70条，针对当前城市和村镇开发建设中存在的突出问题对城乡规划的制定、实施、修改、监督检查和法律责任作了规定。规范内容包括城市、建制镇、集镇、村庄的规划、建设及其布局。该法规定，“乡规划、村庄规划的内容应当包括：规划区范围，住宅、道路、供水、排水、供电、垃圾收集、畜禽养殖场所等农村生产、生活服务设施、公益事业等各项建设的用地布局、建设要求，以及对耕地等自然资源和历史文化遗产保护、防灾减灾等的具体安排”。显然，城乡规划法不仅确立了防灾规划的法定地位，而且“先规划后实施”、“乡村建设规划许可证”制度、“各级人民政府应当将城乡规划的编制和管理经费纳入本级财政预算”等规定，也为防灾规划的顺利实施提供了法律和经济上的保障。

1993年颁布的《村庄和集镇规划建设管理条例》是指导我国村镇建设的基本法规，有效促进了村镇建设活动及其管理行为的规范化和法制化。该条例明确指出，地处洪涝、地震、台风、滑坡等自然灾害易发地区的村庄和集镇，应当按照国家和地方的有关规定，在村庄、集镇总体规划中制定防灾措施。与此同时，原建设部（现为住房和城乡建设部）为规范农村建房防灾工作，先后颁布了《关于加强村镇建设工程质量安全管理的若干意见》（建质［2004］216号）、《关于加强农民住房建设技术服务和管理的通知》（建村［2006］303号）、《建设部关于加强建设系统防灾减灾工作的意见》（建质［2007］170号）、《关于做好损毁倒塌农房灾后恢复重建工作的指导意见》（建村［2008］44号）等多个部门规章指导村镇建设和农村建房。

地方性防台减灾方面的村镇建设法规有：《浙江省村镇规划建设管理条例》、《浙江省人民政府办公厅关于开展沿海地区农村住房防灾能力普查工作的通知》（浙政办发［2006］75号）、《浙江省避灾安置场所建设和管理办法（试行）》等。省建设厅制定了《农村住房防灾能力普查工作指导意见》、《农村住房防灾能力等级认定指导意见》和《农村住房防灾应急预案编制指导意见》等规范性文件。

七、应急预案等相关规范性文件

2006年1月国务院制定了《国家突发公共事件总体应急预案》和《国家自然灾害救助应急预案》，从组织体制、运行机制、应急准备、预警预报与信息管理、应急响应、灾后救助与恢复重建等方面对包括灾害在内的突发事件应急处理作出了概括性的规定。

近年来，浙江省各级各个部门基本完成了防台救灾预案的制定工作，省政府制定了《浙江省突发公共事件总体应急预案》、《浙江省重大洪涝台旱灾应急处置预案》，省防汛办和水利厅制定了《浙江省防台风应急预案》、《浙江省水库抢险管理办法》、《大型水库控制运行计划》、《浙江省沿海地区乡镇防台工作要求》等多项预案，省民政厅制定了《浙江省自然灾害救助应急预案》、《灾害应急救助工作规程》、《灾区民房恢复重建管理工作规程》、《春荒、冬令灾民生活救助工作规程》等。另外还有，省国土资源厅会同省级有关部门制订了《浙江省突发地质灾害应急预案》，省气象局制订了《浙江省气象灾害应急预案》等。

各市、县、乡镇也制定了相应的预案，这些预案以有关法律、法规和国务院规定为依据，有机衔接相关应急法律、法规，又对应急法律、法规加以具体化，使台风灾害应急法制体系便于实施和运行。

第四节　台风灾害应急法律体系建设存在的不足

在现实操作中，如果危机状态产生的原因非常复杂，政府就会出现无“法”可以适用的情况，形成法律“真空”和权力“真空”。同时，因为缺乏有关政府危机管理的统一法律体系，这就为某些行政部门缺乏或过度行使危机管理权力成为可能，造成行政不作为或乱作为。虽然在构建台风灾害应急法律体系方面我们已经取得一些成绩，但也存在如下问题：

一、现行台风灾害应急法律尚未形成统一、有序的体系

目前的台风灾害应急法制缺少综合性的基本法。现有框架体系中缺乏灾害救助法、灾后重建法、灾害保险法等重要的单行法，地方性立法也存在与法律、法规不配套、欠完备的状况。立法以行政法规和政府规章居多，立法层次偏低，而且部门和地方各自立法导致台风灾害应急法律体系内部存在许多冲突。

根据《突发事件应对法》第 3 条第 2 款规定：“按照社会危

害程度、影响范围等因素，自然灾害、事故灾难、公共卫生事件分为特别重大、重大、较大和一般四级。法律、行政法规或者国务院另有规定的，从其规定。”上述规定兼顾了突发事件的不同特点，建立了“一般与特殊相结合”的突发事件分类制度。然而，由于现有的一些法律、行政法规对某些特殊的自然灾害作出的分类明显不同于《突发事件应对法》，由此产生了突发事件应急预案和应急响应制度的不协调。例如《防洪法》中的有关规定就有与《突发事件应对法》存在出入和不一致的地方，应当通过修改法律的方式来统一突发事件的分类标准，建立统一和规范的突发事件应急分类体系。

二、台风灾害防御领域的应急法律体系规范仍不完善

目前，关于气象灾害只有《中华人民共和国气象法》中极其简单的规定，对我国东部沿海地区影响较大的台风灾害等也缺乏专门的应急立法。以应对紧急状态下的群众大转移以及被转移群众的安置、吃饭、疾病等情况，适应防御台风的现实要求。现行法律中对紧急状态下的群众大转移并无详细具体的规定。在此情形下，被转移的人们可以听政府的号令，也可以不听；用来安置的学校、民宅，可以接收转移过来的群众，也可以不接收。还有诸如被转移群众的吃饭与饮水问题如何解决，被转移人群中发生流行病怎么处置之类问题，现行法律法规都不够明确。为了进一步搞好台风应急工作，除了要依据《气象法》的规定搞好气象预报、预测工作，应当根据该法所确立的关于台风应急工作的总的指导思想来采取相应的应急措施，在时机成熟时，可以出台一个由国务院发布的《台风灾害应急条例》这样的应急法。

又如对处于危险中的灾民实施紧急抢救，转移安置，对生活困难的灾民进行救济和帮助是政府危机管理的重要内容。目前尚无一部《救灾法》，应对重大突发性自然灾害仅依据民政部门的一些行政规章，其法规效力级别低，应急机制有待健全，规章内容多有重复和漏洞，救灾工作涉及面广，参与部门多，涉及人口

多，一些重大问题急需以立法位阶更高的法律形式调整和规范。纵观国际上大部分国家都制定有《减轻灾害基本法》、《灾害救济法》等防灾救灾基本法。为防御、减轻灾害损失，规范救灾工作，提高救灾管理水平，完善紧急救援机制，维护灾民的基本生活权益，应及早将《救灾法》制定提上立法日程。

三、对公民权利的权利保障程序比较薄弱

保障公民的权利是政府应该履行的职责之一，但是，在台风灾害管理过程中，政府在保障公民权利方面做得还不到位，侵犯公民权利的行为时有发生。在灾害管理过程中，有些地方政府并未及时向公众发布有关灾害的信息，致使公众的生命财产受到威胁。另外，公众的社会保障权在灾害管理过程中也常受到侵害。一些官员挪用、截留救灾资金，没有及时足额地发放救灾款物，致使灾民的生活困难，导致社会秩序混乱。就我国的灾害应急法律体系现状而言，关于行政权力的程序规范比较欠缺，程序观念不强。灾害应急法律体系和常规立法相比具有权力的优先性，紧急处置性和程序的特殊性，程序不完备则极可能导致对公民基本权利的侵害。在灾害应急期，有权机关对物资、设备实行征用，均可以直接实施，对实施该项紧急措施应遵循何种程序，相关的灾害应急法律、法规、部门规章大都没有作出明确、具体的规定。

因此，为适应灾害应急活动，有必要制定相应的《灾害应急法》，规定灾害发生之非常时期有关应急活动所必须遵循的法律原则，确保救灾活动的集中性、强制性，并保障公民权利和促进依法行政原则的一贯实施，有效防止灾损扩大和纠纷的产生，对公民合法权利的侵害应当予以救济。

四、应急法律体系的实效性有待提升

应急法律体系的实效性是指应急法律制度效力和对应急机制保障效能的实现状态。台风应急法律体系的实效性还存在以下几

个方面的问题：

1. 应急立法在内容上较为原则，又缺乏具体的实施细则、办法相配合，致使可操作性不强。诸如军队等武装力量参加台风灾害应急救援和处置工作的具体条件、情形等事项；突发事件信息报送工作程序、时限、报送内容等；如何进入应急状态，应急主体是谁，有哪些程序，可以调用哪些资源，公民基本权利底线是什么，以及应急状态如何解除等方面缺乏程序性、操作性的内容。各地方已经制定的实施办法还存在简单套用的倾向。

2. 立法上因缺乏严密性和前瞻性而使应急法律体系的针对性不强。对类似台风灾害的突发事件中地方政权机构或人员残缺不全，法定应急职能行使的主体缺位时，立法上无针对性强的处理规定，如果出现此种情况，则会导致法定应急处置措施形同虚设。应把紧急状态下的政府行为纳入法治轨道，对政府在台风登陆的紧急状态下拥有的权力作出明确、详细的规定。如制定发布具有限制人身自由的强制措施与处罚的决定、命令权，强制疏散、强制隔离的权力等。

3. 已经出台的台风应急预案，大多比较简单。量化要求不足，预案本身不够细化，应急立法和应急预案的有效衔接不够，可操性不够强。

4. 应急制度支撑乏力。目前还没有完善的法规和严格的标准来衡量安全转移工作。在转移过程中，存在着相关标准的缺失和法规制度的障碍；在转移监管上，缺乏法治手段和有效措施。这在无形中抵消了政府为防灾减灾所作出的巨大努力。缺乏行之有效的台风灾害补偿保障制度，如捐赠制度、信息评估制度、巨灾风险保险制度、征用制度以及救助、补偿、抚慰、抚恤、安置等制度，灾害补偿仅依靠国家补偿是远远不够的。

第五节　完善台风灾害应急法律体系建设的建议

建立统一的防抗台风安全管理法律体系是政府依法处理台风

危机事件的法治原则，同时也能最大限度维护政府在危机状态下的合法性和权威性。因此必须建立、健全台风危机管理的相关法律法规建设，最大限度降低因国家立法、执法和司法活动的某些缺陷而导致防抗台风公共安全危机事件发生的可能性。近年来，随着台风灾害的频繁发生，目前的台风灾害防治机制和法律越来越显现出局限性。需要我们借鉴日本等国先进经验，加强灾害应急法律的理论研究，建立完善的防灾救灾法律体系，强化行政执法和司法职能，确保灾害应急法律的有效实施，规范减灾救灾工作，实施有效的综合减灾管理模式已是刻不容缓。

一、加强包括台风在内的灾害应急法律体系的理论研究

从世界各国相关立法的实践上看，灾害防治立法涉及的内容非常广泛，包括各个灾种和防治领域的各个环节，是一个由灾害预报、预防、应急抗灾行动、救助及灾后重建等多方面内容构成的十分复杂的社会系统工程，相关的法律法规无论在数量上，还是在相互间的体系结构上，都形成了一个庞大的法律领域。如日本在灾害对策相关法律上，分为基本法类、灾害预防和防灾规划相关法类、灾害紧急对应相关法类、灾后重建和复兴法类、灾害管理组织法类等五大类，每一类中又包括诸多具体的法律法规，形成了一个体系庞大、结构严谨的法律系统。

借鉴他人的先进经验，有助于科学构建我国的灾害应急法律体系，能够对灾害立法工作提供理论支持，避免主观性和盲目性，增加科学性和可操作性。对灾害应急法律体系进行调研和反思，加强对已有灾害法律的修订、完善，需要各个领域的专家、学者通力合作，对灾害应急法律体系建设进行理论研究。

二、逐步构建完备的台风灾害应急法律框架体系

台风灾害应急法律体系涉及的内容非常广泛，包括台风灾害防治领域的各个环节——灾害预报、预防、灾害应急、抗灾行动、救助及灾后重建等。其功能应采取预防与抗御并重的原则。

在预警和准备阶段，主要的法律关系是政府机关负有法定的作为义务及与此相应的积极责任，公民享有知情、参与的权利和配合的义务；如可能受台风影响地区的防汛防旱指挥机构应加强值班，跟踪台风动向，研究防御对策，明确防御重点，及时将有关信息向社会发布。

在应急处置阶段，法律关系的重心在于政府机关享有紧急处置权力并负有依法应急的义务，公民须履行服从管理、提供帮助的法定义务，但有权获得最低限度的人权保障；如地方政府对台风可能登陆和严重影响地区发出人员紧急转移命令，落实防台救灾措施。

在恢复阶段，主要调整的法律关系是行政紧急权力的确认、法律纠纷的解决、私人合法权利的救济等。如建设部门组织指导灾区抢修城镇供排水等市政设施和灾区的房屋重建工作；民政部门组织向灾区紧急调运救灾物资，接受捐赠，下拨救灾款；协助地方政府安置灾民，做好灾民救济救助工作等。

三、进行“一阶段一法”的尝试

除了现有的一事一法的模式外，在立法技术上可借鉴发达国家的经验，针对突发事件中的一些关键环节、共同特点、共通制度来单独立法。一阶段一法的优点在于立法数量少，相对于“一事一立法”的成本更小，同时有利于整合资源，发挥统一领导机关的拳头优势。如日本于 1974 年制定的适用于所有救灾事务的《灾害救助法》，适用于灾害保障的《受灾者生活重建法》、《关于拨发灾害抚恤等的法律》、《关于保护特定非常灾害受害者权益的特别措施的法律》等。

就我国情况看，在一事一立法时，关于《防洪法》和《气象法》都有有关预防条款，并有可能建立两套预警系统，而如采用一阶段一立法，这些法律中的预防部分就以整合为一部统一的《灾害预防法》，建立统一的预警系统，极大地节省应对台风灾害的成本。在此建议，政府在紧急状态下，法律应赋予在处理包括台风登陆等突发性事件需要享有的紧急权力，作出尽可能明确、详细的规定。如制定发布对个人活动有限制的紧急措施与处罚的决定、命令权，征用房屋和交通工具的权力，强制疏散、强制隔离的权力等。

四、确保台风灾害应急法律体系的有效实施

在应对台风灾害时，要正确理解和把握灾害防治执法的力度，全面提高行政机关的管理水平。在台风灾害应急法律体系的系统工程中，执法、司法是关键环节，一旦执法或司法被弱化或被忽视，就会损害立法的权威性，甚至有可能激化社会矛盾，难以实现台风灾害应急的目标。因此，在执法和司法的标准、尺度方面要具有一致性，遵循法治的理念和原则。

我国虽然没有自然灾害等紧急状态下的专门刑事立法，但刑法与相关司法解释对在灾害中发生的一些危害社会的刑事犯罪行为，基本规定了相关处理的具体条款。灾区常见的违法、犯罪行为通常有以下几种类型：贪污、渎职、挪用救灾物资等职务类犯罪，造谣散布虚假信息扰乱社会秩序，哄抬物价，以盗窃、诈骗和聚众哄抢为主要内容的财产型犯罪。例如 2006 年第 8 号超强台风“桑美”正面袭击温州，台风重灾区苍南县的近百家砖瓦窑在台风中也受到不同程度的损毁。因灾后重建需要大量的瓦片，使瓦片成了最紧俏的建材物资。于是，一些不法商贩哄抬价格，导致受灾严重的马站镇、霞关镇等地的瓦片价格从每张 0.2 元左右上涨至 1.5 元。针对灾害发生后出现的违法、犯罪行为，行政机关、司法机关应当依法追究相应人员的法律责任，及时恢复社会秩序的安定和平稳。对于在灾害中以权谋私、诈骗、盗窃等扰乱救灾秩序的违法、犯罪行为要依法从重处罚。

由于政府机关在灾害防治中起主导作用，权力相对集中而且非常时期政府有更大的行政紧急处置权、行政调拨权，权力不受制约则会损害公民、社会组织的合法权益。因此，对行政紧急权力的行使予以程序规范，通过权力机关、司法部门、社会舆论对

行政机关的工作进行监督就显得非常重要。

五、建立巨灾风险防范体系

日本专门建立由政府首相直接负责的中央防灾委员会，指导和部署全国的灾害应急工作，对于灾害科研、防灾设施、救灾行动、灾情监测等均有专门的国家预算予以特别支持，在灾害应急法制方面相继制定了《灾害对策基本法》、《大规模地震对策特别措置法》、《地震防灾对策特别措置法》等一系列法律法规，都涉及对于公民权利的保护。日本对于受灾民众以及受灾地区的援助体系也较为完备：包括经济和生活方面、住宅的修补或重建、对中小企业和个体经营者的援助以及对于地区整体规划的援助等。

抗灾、救灾，安置灾民，重建家园，恢复生产，都需要大量的资金和人力、物力。从长远的观点来看，应该建立全国性的防灾减灾基金，由中央政府的相应专门机构来管理，以解决目前普遍存在的减灾资金不足的严重问题。基金是指政府和社会筹集的专门用于灾后灾民生活救济的款项。国际经验表明，专项救灾基金的发放，对于灾区重建，人民生活安置所起的作用不可低估。在涉及“灾害救助”的法律规范中应明确根据分级负担的原则规定中央、地方政府在灾害应急工作中的责任和义务，确定减灾基金的来源。根据灾情的严重程度，按照不同的比例来确定各级政府应承担的减灾救灾费用。这样就可以充分调动地方政府的积极性和主动性，增强各级政府的灾害预防意识，减轻灾害所带来的损失。

第六章

沿海农村台风灾害防御队伍建设与演练研究

人既是灾害的承载体，同时也是抵御灾害的主体。工程措施的主要功能是保护人们免受灾害的伤害，是一种外在的保护，而非工程措施则能增强人的能动性，是抵御灾害的内在力量。加强台风灾害应急救援队伍建设。这里的队伍建设，既包括应急救援专业队伍建设，也包括非专业的志愿者队伍建设，目的在于共同做好防灾减灾工作。加强公众的安全文化、法制教育，提高公众的防灾减灾意识；并通过普及防灾减灾的基本知识，使公众掌握各种应急自救方法，消除对灾害的恐惧感，从而提高个人的灾害应急能力，实现从灾后的反应向灾前预防的转变。

第一节　沿海村镇专业防台救灾队伍建设

《中华人民共和国突发事件应对法》第六条规定：国家建立有效的社会动员机制，增强全民的公共安全和防范风险的意识，提高全社会的避险救助能力；第十一条第二款也规定：公民、法人和其他组织有义务参与突发事件应对工作。因此，各地要根据灾害实际情况，相应建立了专业队伍和准专业队伍，并在当地组织了临时的救灾组织，为防灾减灾工作奠定了人力基础。

专业防台救灾队伍主要提供专业抢险设备及相关技术人员，并承担专业性较强的抢险任务。它们通常采取分级、专业对口、平战结合的原则组建。通常在市和区县两级机构上设置，队伍根据任务的特点由相关的行业部门组织。队伍要做到组织落实、训练有素、召之即来、来之能战。主要任务是，对伤员进行医疗、转运，对次生灾害进行防护扑救，对生命线设施进行抢修。

一、专业防台救灾队伍的组成

专业防台救灾队伍通常由以下几支队伍：

（1）紧急救援队伍。主要任务是将人员救出，并进行紧急处理，转移群众任务；对抢险技术设备要求不高的抢险任务。该队伍通常由驻浙部队、武警边防、消防和民兵预备役等单位组成。

（2）医疗防疫队伍。主要任务是对伤员进行医疗、转运，采取措施，防治疫病，由医疗卫生部门组织。

（3）通信抢险队伍。主要任务是尽快抢修被破坏的通信设施，采取措施，保障应急抢险通信畅通，由电信部门组织。

（4）电力抢险队伍。主要任务是尽快抢修被破坏的发、送、变、配电设施和恢复电力高度通信系统功能，由电力部门组织。

（5）交通运输抢险队伍。主要任务是尽快抢修被毁坏的公路、铁路、港口、空港和有关设施，保障应急运输需要，由交通、铁道、民航部门组织。

（6）工程抢险队伍。主要任务是对各类建（构）筑物进行紧急防护加固和抢险抢修，及时组织修复水毁工程。一般由建设、市政、水利等部门组织。

（7）治安交通抢险队伍。主要任务是加强治安管理和安全保卫工作，打击违法犯罪活动，维护道路交通秩序，由公安武警部门组织。

（8）海洋渔业抢险队伍。主要任务是负责对沿海养殖业的生产人员、海上作业船只的抢险工作，根据指令指派渔政船只到指定地点或海域参加抗台抢险工作。由海洋渔业部门组织。

（9）特种抢险队伍。主要任务是采取有效措施防止或扑救放射性物质、化学危险品、生物危险品的扩散、泄漏，避免发生灾害或灾害蔓延。由消防、环保、化工部门组织。

（10）国土资源抢险队伍。主要任务是负责山体滑坡、泥石流等突发性地质灾害的防台抢险工作。由国土资源部门组织。

(11) 防汛防台抢险专家队伍。由水利、气象、国土资源、民政、海洋与渔业的有关专家组成。牵头单位为水利部门，主要职责：1) 负责汛情、灾情、工情的汇总；2) 负责台风、风暴潮、暴雨、洪水和地质灾害的预测预报；3) 负责水利工程防洪调度；4) 根据灾情、险情提出防御对策措施。

二、现行专业防台救灾队伍建设中存在的问题

(1) 非专业性的部队抢险队伍越来越难以胜任繁重的、专业性强的防台抗洪抢险任务。应对重大台风灾害，往往由军队、公安、武警快速进入，以其作为灾害救援骨干力量。但救灾只是军队、武警的临时性任务，编制、装备、训练都没有直接的针对性，缺少先进救援设备、缺乏救灾知识和专门训练，致使救援效率受到很大影响。

(2) 专业抢险队伍数量少，规模小。各专业防台抗洪抢险队伍大多建设时间不长，规模较小，独立承担大范围抢险任务的能力还欠缺。专业救灾队伍分部门、分系统组建，面临小规模灾害时，尚能基本应对，但一旦发生重大台风灾害时，就显现出应急救援功能单一、救援缺乏整体合力、资源配置不够合理等弊端。

(3) 人员经费、工作经费及地方配套资金，难以落实与保障。许多专业防台抗洪抢险队定性为自收自支、准公益性事业单位，还明确指出不得要求财政另行增加事业人员机构经费，导致经费保障途径尚未建立，办公经费问题一时难以解决，地方配套资金难以落实，收入渠道尚不明确，造成抢险队的队伍装备、培训与实战演练都难具体落实到位，严重制约了抢险队伍组建工作，特别是选调的人员原无人员经费渠道，造成现在编人员尚难到位，以及缺乏技术骨干、内部管理机构难设置等局面。

(4) 抢险机械、材料、方法技术含量低。抢险机械方面，大多数抢险队只配备了挖掘机、推土机、运输车辆、船只等通用机械设备，缺少适应我国防台防汛抢险的专用抢险设备，造成抢险

劳动强度大、进度慢、时间长、效率低，往往难以做到及时、有效地控制险情的发展。目前在抢险物料上用得最多的仍然是砂石料、草袋、编织袋等传统材料。而近年来在水利工程施工中应用较多的土工合成材料、高分子材料、特种混凝土材料等技术含量高、重量轻、储存方便、便于运输的新材料，在防台防汛抢险中应用较少。查险手段仍以人工目测和手、脚探摸为主，只有等到险情发生了才能发现，缺少探测设备。

三、加强专业防台救灾队伍建设的建议

专业的防台防汛抢险队伍要发展，领导重视、经费保障是关键；同时需要加强管理、不断完善自身体系，有所作为。下面对专业防台防汛抢险队伍体系建设提出几点建议：

（1）强化抢险队员的教育。抢险队不仅要熟知各类险情，还要掌握各种抢险方法和抢险器具的操作使用，而且要对当地群众抢险进行技术指导，因此，必须加强业务技术的培训，使每位抢险队员熟悉防台防汛基本知识和一般险情识别，熟练防台抗洪抢险基本技能，同时要让他们熟悉工程现状，可能出现的险情及抢护方案。此外，抢险队是一支组织纪律性强、反应迅速、不怕吃苦、不怕疲劳的队伍，必须有计划地对队员进行社会主义、爱国主义、集体主义及职业道德教育，并始终与本职工作结合起来。

（2）加快抗洪抢险新技术的研究和推广运用。防台抗洪抢险技术研究尤其要注重技术的可靠性、成熟性、适用性和经济性，要进行经济比较，要与抗洪抢险实际紧密结合，在应用中不断完善和提高。各专业防台抗洪抢险队伍具有特殊的优势，可以结合当地的实际情况。选择一些新材料、新产品进行试用，在实践中提出新的问题和要求，与科研单位共同寻求解决问题的技术途径。

（3）多渠道增加资金投入，提高防台抗洪抢险的专业化水平。要加大投入力度，多层次多渠道筹集建设资金，并争取地方政府政策上、税收上的支持和优惠。综合经营搞得好的抢险队可

以将综合经营收益投入再生产，购置抢险设备，进一步提高抢险能力。

(4) 注重演练，确保实战。实战演练是防台防汛抢险队建设中的一项重要工作。每年都要保证一定的实战演练时间，科目包括指挥、抢险、堵口、抢运物资、实施救人、设备抢修等。通过一次次地演练，大大提高抢险队伍的实际作战能力。

四、典型专业防台救灾队伍——温州专业防汛机动抢险队简介

根据国家防汛抗旱总指挥部办公室办减［2005］19号和浙江省人民政府防汛防旱指挥部办公室浙防［2005］66号文件要求，温州市建立“浙江省防汛机动抢险总队温州支队”（以下简称温州支队），并列入第八批国家重点防汛机动抢险队建设。2005年经市编委温市编［2005］88号文件批复同意设立，为温州市水利局所属社会公益类准公益性事业单位，业务上接受省、市防汛防旱指挥部领导，主要承担温州市海塘、水库、江河机动抢险任务，非汛期开展综合经营，做到自我维持、自我发展。核定事业编制6名，其中领导职数2名，经费自收自支，抢险突击人员100人实行季节性招聘，集中培训。

温州支队以《浙江省防汛机动抢险总队温州支队建设实施方案》为依据，围绕“有机构、有配套资金、有场地、有综合经营项目、有规章制度”的五大建设标准，逐步推进组建工作。经温州市水利局党组原则同意，组建两个大队，一是以温州市武警支队官兵为主体的抢险突击大队，初定60人，主要承担温州市海塘、水库、江河非技术性突击抢险及水上救援任务；二是以温州宏源水电建设有限公司（由原市水利水电工程处改制）中有水利施工技能和特长的干部职工为主体的抢险施工大队，初定40人，主要承担水利工程突击抢险施工、机械保养保障等任务；人员结构相对合理；并根据温州市水利局防汛工作预案，抢险指导组承担抢险技术指导工作，是温州支队的重要组成部分；在条件许可

时，可以根据工作需要，在社会上招募一定数量的防汛机动抢险志愿者，承担交通、医疗救护，以及水下抢修、救护等特种技能工作。

第二节　沿海村镇非专业防台救灾队伍建设

在遇到台风灾害时，以村居、社区为单位的社会防灾救灾功能作用日显重要。在政府专业救援力量有限的情况下，组织社区志愿者队伍开展自救互救，是赢得生命、赢得时间，最有效地减轻灾害造成的伤亡和财产损失的重要途径之一。非专业防台救灾队伍是指社区在有关的部门的指导下组成的防灾救援队伍，包括长期和临时救灾队伍。如志愿者组织、社区救灾组织、村民自救组织等。它们一般来说机构比较小、灵活性强、应对突发事件反应迅速等特点。

一、农村社区非专业防台救灾队伍建设的重要性

常言道“远水救不了近火”，近年来由于多次台风灾害的发生，一些社区成员已经体验到灾害的抢救不能只依赖政府、外来资源，也要靠自己的力量参与，进行社区的自救互救工作，可以减轻灾害所带来的影响。社区目前是整个社会的最基本构成单位，其防台救灾能力的强弱对减灾工作的开展起着至关重要的作用。从社区是最基层的居民组织，是联系政府与居民的纽带，其植根于老百姓之中。社区自救互救志愿者队伍代表着最广泛、最真实的声音，他们底子清、路子明，掌握最基本的情况，在防台救灾中发挥基础性作用。

农村社区非专业防台救灾队伍的主要职责：

一是在灾害发生前，进行相关的科普知识宣传。这样就增强了大家的防灾意识和在紧急情况下自救互救的能力，对于整个社会而言是非常有意义的。

二是当灾害发生时，启动救援预案，开展自救互救；组织、

帮助民众疏散；消除灾害后果，组织抢险抢修；对受灾群众进行适当的心理安抚；协助专业救援队伍，运送紧急救灾物资。同时，负责社区的信息采集工作，信息网也会信息来源和真实性得到了保证。

二、当前农村社区非专业防台救灾队伍建设中存在的问题

目前，农村社区非专业防台救灾队伍存在的问题主要表现为：

（1）农村社区非专业防台救灾队伍组织落实较难，成员在位率低，存在有名无实的现象。随着市场经济建设的深入和发展，众多的农村富余劳动力纷纷外出务工、经商。有的青、壮年长年在外打工挣钱，有的携妻带子在城里安家。在农村守家种田的多是老人、妇女和未成年的孩子，从而使组建的群众防台防汛救灾队伍人员名单，也只是落实在纸张上，造成部分有名无实。

（2）农村社区非专业防台防汛队伍抢险技术水平偏低，缺乏实战经验。组织管理存在着许多不到位问题，表现在个别防守责任段的领导不到位，防守力量没达到要求数，应配带工器具、料物不齐全，组织纪律涣散等情况。队员缺乏实践操作经验，对于通信、电力、交通设施的抢修，仍依靠外来的专业技术力量。

（3）防台防汛经费严重紧缺，日常防台防汛工作、演习和技术培训没有经济保证。乡镇（街道）级防台防汛组织应急救援装备不完备，专用防台防汛电脑和传真机配置率较低，小型发电机、手摇报警器、木船、帐篷等基本设备配制率很低。村级防台防汛装备主要以铜锣、雨衣、应急灯为主，大部分村级无任何防台防汛装备，电力中断后的应急设备（手摇警报器、电子喇叭等）的配制率也很低。

三、加强农村社区非专业防台救灾队伍建设的建议

要确保农村社区非专业防台救灾队伍的战斗力，为夺取防台防汛抗洪抢险的胜利奠定坚实的基础，必须从以下几方面着手：

(一) 做好农村社区非专业防台救灾队伍组织建设

农村社区非专业防台救灾队伍应分组工作，指定组织能力较强的人担任组长。宣传教育通常由党员干部等组成，平时做好科普宣传工作，应急时负责居民的思想发动工作，抗灾过程中做好居民的情绪稳定工作；应急疏散通常由转业退伍军人、预备役人员和民兵等组成，平时制定好应急疏散方案，组织应急训练，抗灾时按照预案迅速组织居民疏散；自救互救通常由医生、护士和青壮年居民等组成，平时负责对居民进行各种灾害自救知识辅导，帮助他们掌握自救互救的基本常识，抗灾时指导居民自救互救，并对老、弱、病、残、孕等重点人员实施救助；抢险抢修通常由电工、修理工、计算机维修人员、驾驶员和搬运工等组成，平时制定抢险抢修方案，并对电、气、消防设施等不安全因素进行检查，及时清除安全隐患，抗灾时确保重点目标的安全；精神救助通常由社区的调解员和思想工作骨干等组成，平时注意掌握社区居民的思想动态和不稳定心素，防止因谣传带来的恐慌，抗灾时进行有针对性的心理安抚和精神疏导；安全检查通常由社区的保安和治安联防队员等组成，平时做好社区的治安工作，抗灾时对交通要道、主要设施等重要部位进行安全巡逻，防止不法分子趁乱进行犯罪活动。

(二) 狠抓农村社区非专业防台救灾队伍的抢险技术学习和培训

1. 根据抢险队的任务，从查险、险情识别到各类险情的抢护原则及方法，图文结合，编写学习手册。

2. 根据群防人员的自身特点和外部环境，制定理论学习、实际操作演练计划。适当时机搞拉练比武活动。通过学习与训练相结合，循序渐进。逐步提高作战本领，从而真正做到来之能战，战之能胜。

3. 制定学习制度，逐步实现农村社区非专业防台救灾队伍抢险技术学习培训经常化、正规化、制度化。

4. 有关职能部门（如水利局）要积极协助地方政府搞好农

村社区非专业防台救灾队伍的抢险技术学习培训工作。要组织技术骨干到乡镇讲授防台抢险知识。

（三）加强农村社区非专业防台救灾队伍的管理

（1）有关部门应做好人员登记造班，并保持人员的相对稳定。这样，有利于对农村社区非专业防台救灾队伍的管理，有利于工作人员熟悉江河及防汛工作，有利于防台防汛工作的连续性、系统性。

（2）推行建立群防人员档案管理卡制度。将每个队员所在乡、村、文化程度、年龄、是否外出、外出地点、技术情况等记录在档。一方面便于对群防队伍的管理，另一方面便于防台防洪抢险时调用。每年台风季节前，要对群众防汛人员档案卡进行人卡核实。

（3）制定约束制度，提高队员遵守纪律的自觉性，做到服从组织管理、按时参加培训、一切行动听指挥。各地应建立奖励机制，对作风扎实、责任心强、技术熟练的队员给予奖励。从而带动整体素质提高，增强集体战斗力。

（四）真正将行政首长负责制落到实处

要将防台防汛责任制贯穿于思想、发动、组织建设、物资准备、工程建设、技术培训、抗洪抢险等防汛工作的各个环节。各级政府要切实担当起责任，及时研究解决防台防汛工作中的重大问题。

四、典型非专业防台救灾队伍——苍南县壹加壹应急救援中心简介

苍南县壹加壹应急救援中心，原名苍南县防汛抗台志愿者联盟，成立于2007年7月，2008年11月26日正式在苍南县民政局登记注册，登记主管单位为苍南县人民政府办公室（应急管理办公室），是至今为止苍南县唯一一家正式登记注册的民间应急救援组织，在全国也尚属首家。

苍南县壹加壹应急救援中心的具体业务范围是：积极协助政

府有关部门、乡镇做好森林防火、抗台救灾和处置其他重大突发事件，为人民群众提供应急救援服务；积极协助有关部门向人民群众宣传相关应急知识，提高其自救、互救能力；经常性地开展体能训练，并针对工作需要，不定期开展应急救援知识培训和团队素质训练；积极开展应急救援演练，每年不少于1次；围绕社会公益、社会服务等方面开展群众性的志愿服务活动。

苍南县壹加壹应急救援中心前身系苍南县防汛抗台志愿者联盟，由全县社会各界人士自发成立的民间应急救援组织，联盟下设：出租车防汛应急服务队、自备车防汛应急服务队、医疗应急志愿者服务队、灾后心理干预志愿者服务队、抢险救灾志愿者服务队、灾后重建义工分会等六个分队。联盟在成立一年多来曾参加8次抗击台风、1次抗击龙卷风、1次抗震救灾以及30多次各项爱心活动和创建省级文明城市活动，共转移群众6万多人，救助受伤人员100多人，募捐款项达130多万元，并先后获得了省级、市级、县级先进集体6个，获得省级、市级、县级先进个人30多个次。为苍南县全面防御台风、抗击台风、灾后重建以及全国抗震救灾中作出了突出贡献。此外，新华社、中新社、中央电视台、人民日报、经济日报、《新华纵横》、中国交通报、浙江日报、浙江电视台、钱江晚报、今日早报、文汇报等相关媒体作了近600多篇报道。

第三节　沿海村镇防台救灾宣传、培训

台风灾害不仅是对政府灾害管理能力的挑战，更是对社会整体能力的综合考验，而民众自身的防灾意识、灾害预防能力和灾害应对水平便成为政府灾害管理质量的重要因素。所以，政府应该组织公民进行有目的的防灾教育和应急训练，以提高民众的灾害应对能力，让民众真正了解灾害的特征，充分理解政府的防灾对策，并积极组织市民参加各种防灾减灾活动。只有这样，才能真正让民众勇敢地面对可能发生的灾害，并能积极配合政府做好

防灾减灾工作。

一、防台救灾宣传与培训的内容简介

灾害并不可怕，真正可怕的是群众防灾避险意识和自救自护知识的缺失。减灾意识是做好防灾减灾工作的基础。有些人对将要降临的危险浑然不知，有些人对政府实施的紧急转移置之不理。由于人们防灾避险意识淡薄，每次人员安全转移工作都要苦口婆心去做，对有些不愿离家避险的群众还须强制执行。群众防灾避险意识淡薄、自我救助能力差，这在一定程度上抵消着政府为防台抗灾所付出的巨大努力。这是造成人员伤亡和经济损失的一大主观原因。

日益增长的灾害损失使人们认识到，公众具有较高的防灾意识和正确的知识，对于提高他们的自护能力，减少灾害可能带来的生命财产损失非常重要。台风灾害的这种社会性决定了防灾、减灾工作的群众性。人类的意识具有能动性，公众正确的灾害意识可以变成一种物质力量，从而作用于灾害，增强人们战胜灾害的信心和能力，提高政府管理台风灾害的效率，以实现防灾、减灾的最终目标。因此，开展台风灾害教育，提高公众的灾害知识水平，是政府在自然灾害管理中应尽的职责之一。

防台救灾宣传与培训可从两个方面进行：一是对灾害本身的宣传。通过有针对性的灾害知识宣传，使农民了解自己可能会面临的灾害风险及其特点和危害。二是学习如何防灾和减灾。可以采用适当的技能演练等方式，教授村民预防、避险、自救、互救知识，使其掌握基本的逃生手段和保护措施。可利用村（社区）广播站、板报、图片展和村干部演讲等方式宣传应急法规和预防、避险、避灾、自救、互救的常识，增强广大居民的防灾减灾意识。

二、防台救灾宣传与培训面临的主要问题

迄今为止，无论是各级政府机构，还是各类组织以及公民个

人在台风灾害宣教与减灾知识培训方面还处于相对落后的水平，与应急指挥与管理发展不相适应。造成这一局面的原因是多方面的，主要存在以下几方面的问题。

（1）政府将主要精力投入到台风灾害应急指挥系统建设方面，对台风灾害应急宣传与减灾知识培训重视尚不够。各级政府和相关部门在多年的台风灾害应急管理实践中，已经积累了数量众多、内容丰富的各类信息资源，指挥系统的建设也已初具规模，但是，宣传教育基本处于空白状态，尚未进入正轨。

（2）台风灾害应急管理的宣传与减灾知识培训体系尚不完善。从目前的情况看，台风灾害应急管理的宣传教育并没有形成一个纵向到点、横向到边的体系。基层组织如社区居委会、学校和各企事业单位未能够积极主动地参与到应急宣传教育的体系当中来，宣传教育工作的无主管理的结果必然是体系松散，无人去督促、考核宣传教育的成果，长此以往，将陷入恶性循环。

（3）台风灾害应急管理的宣传与减灾知识培训制度尚不健全。宣传教育并没有制度化。从宣传教育的主体、受众和宣教的内容来看，均带有较强的不确定性，具有极大的随意性，这就大大地降低了宣传教育的效果。由于纵向的沟通、反馈体系和横向的交流体系都不畅通，每个基层单位都处在孤军作战的状态。

（4）台风灾害应急管理宣传教育的形式过于单一。宣传教育的形式单调乏味，目前还停留在贴海报和口头宣传的层面上，宣传内容缺乏趣味性，不能够提起广大公众对应急避险知识的兴趣。多数宣传教育的传统形式往往是信息的单向传递，缺乏反馈渠道，互动性较差，无法给人们留下深刻的印象。

三、完善救灾宣传与培训应采取的措施

要采取多种手段宣传、普及灾害知识，增强抗灾防灾意识，转变人们对抗灾救灾“等、靠、要”的观念，提高民众掌握灾害具备必要的科学常识和自护知识的程度，对于减少灾害造成的损失有着重要的作用。坚持从提高农村居民的减灾意识和自我防灾

能力入手，优化宣传教育制度，以提高民众的减灾自护能力。

(1) 气象、防汛、水利、国土资源、海洋渔业、交通港航、公安、消防、房管、规划建设、安全监督、农业等有关部门要根据法律、法规和规章规定，利用标语、黑板报、电视、广播等多种宣传媒介开展多形式、多层次、多途径的宣传教育工作，散播有关台风知识和注意事项，通过开展“防灾减灾进社区、进校园、进企业、进村庄”行动，使最基层的社区居民、广大中小学生、企业员工、广大农村特别是偏远地区的农民、社会弱势群体增强防灾减灾意识，掌握基本的避灾、自救、互救技能，达到减灾目的。各级政府要把防灾减灾意识教育列入工作责任制，并加以严格考核，保证防灾减灾工作真正落到实处。

(2) 农村社区要在本村人员经常集聚活动的地方，设立图文并茂、通俗易懂、喜闻乐见减灾知识宣传栏，平时用于防灾减灾知识和灾害发生时自救知识的宣传。灾时用于公布台风、暴雨等重要信息，上级的减灾工作部署和农村社区组织的贯彻意见；灾后用于本村灾害损失和受灾群众应急救助等情况公示。

(3) 通过各种媒体，提高广大公众对台风灾害的重视程度。由于广大民众的知识背景、文化程度和接受能力有很大的差异，因此给宣传教育带来了一定的难度。在宣传教育的过程中，应该采用一些广大公众喜闻乐见的形式，宣传一些已经发生的，且对人们的生命、财产造成严重危害的事件。如电影《超强台风》讲述2006年夏季18级超强台风“蓝鲸”来袭，东南沿海海通市组织全市百万人口大撤离的故事。其惊涛骇浪、龙卷风以及台风中心平静而壮丽的台风眼极具震撼：排山倒海的巨浪冲入街道，楼房倒塌，巨轮冲上街道，给人们留下了深刻的印象，让人们在不知不觉当中感受到了大自然难以抗拒的力量。另外，每次灾害之后是普及灾害知识的最佳时期。每次较大灾害发生之后，广大民众对灾害知识了解愿望就有自发的提高，选择灾后开展全民防灾减灾知识普及符合社会的心声，也是政府执政为民的职责所在。

(4) 要让公众充分认识灾害预警信息的重要作用，了解各类预警信息含义，在收到灾害预警信息时，根据不同预警信息、不同的预警级别，采取积极有效的应对。需建立广泛、畅通的预警信息发布渠道。利用广播、电话、手机短信、街区显示屏和互联网等多种形式发布预警信息，重要预警信息在电视节目中能即时插播和滚动播出。通信、传媒等有关部门须能确保灾害预警信息在有效时间内到达有效用户手中，使他们有机会采取有效防御措施，达到减少人员伤亡和财产损失的目的。

(5) 将减灾知识列入学校教学内容，从娃娃抓起。建立和完善中小学减灾防灾教育协调机制，统一指导中小学减灾防灾教育，形成减灾防灾基础教育的独特风格和体系。这主要包括：承担减灾防灾教师培训，编写减灾防灾教育教材，建立减灾防灾教育基地，逐步形成比较健全的减灾防灾网络。

(6) 结合农村社区实际，制定一个针对性强、操作方便的农村社区救灾工作应急预案。以温州市为例，该市指导农村社区结合实际情况，因地制宜编制农村社区减灾应急预案，着重明确了农村社区在应对灾害时的组织指挥、防灾减灾准备、灾情预警预报、应急响应、灾害损失采集报送、灾民生活应急救助和灾后恢复重建等工作环节，做到目标明确，各类人员分工清楚。将预案中明确的易灾地域、地质灾害监控点、危旧房的分布，需转移安置的避险人员、紧急转移的路线、避险场所的位置、负责人员的姓名及联系方式等张贴在社区人员集聚地和主要道路旁，向社会公布，使社区群众人人清楚。并通过演练与实战应用不断修改和完善预案内容，将修改的内容及时告知相关人员，严防预案修改后的衔接失误，做到社区预案每个社区居民心中有数。

第四节　沿海村镇防台救灾演练

一、防台救灾应急预案

由于在未来较长一段时间内，人类还无法完全抵御和消除台风灾害的潜在威胁和现实破坏，但是由于台风灾害的不确定性，可能发生也可能不发生，一旦发生会造成重大损失，针对台风灾害的这种性质，人们只能在力所能及的范围内立足于防灾、救灾工作，不但平时要积极预防，还要在台风灾害还没有发生的时候，预先制定台风灾害一旦发生时的应对方案即应急预案，才能在应对台风灾害的过程中有备无患，未雨绸缪。因此应急预案在应急管理中具有十分重要的作用，是应急救援系统的重要组成部分。

沿海村镇防台救灾应急预案，是针对可能的台风灾害，为保证迅速、有序、有效地开展应急与救援行动、降低事故损失而预先制定的有关计划或者方案。它是在辨识和评估潜在重大危险、事故类型、发生的可能性及发生过程、事故后果及影响严重程度的基础上，对沿海村镇有关的防台救灾应急机构职责、人员、技术、装备、设施、物质、救援行动及其指挥与协调等方面预先作出的具体安排。应急预案明确了在台风灾害发生之前、发生过程中以及刚刚结束之后，谁负责做什么，何时做，怎么做，以及相应的策略和资源准备等。针对不同等级台风灾害（包括热带低压、热带风暴、强热带风暴、台风、强台风、超强台风等）制定有效的应急预案，不仅可以指导应急行动按计划有序进行，减轻台风灾害造成的损失，还可以指导应急人员日常培训和演习，使得各种应急资源处于良好的备战状态。通过总结历史经验，发现突发事件的规律和处置的内在机理，建立完善合理的应急预案，为突发事件的及时处理提供一个平台或者依据，当台风灾害爆发时，可以根据当时的灾害状况、资源状况快速生成有效的处置方案。另外，通过总结历史经验还可以不断完善已有的应急预案，提高应急管理的能力。

沿海村镇防台救灾应急预案管理的方法是发挥人的预见和分析能力，预测事情的发展趋势，模拟事件的各种可能变化制订消除其不利影响的方案，一旦发生台风灾害可以按照预定的方案行动，控制事件的发展。针对各种不同的紧急情况制定有效的应急预案，不仅可以指导应急行动按计划有序进行，帮助实现应急行动的快速高效，还有助于指导应急人员的日常培训和演习，保证各种应急资源处于良好的备战状态。

沿海村镇防台救灾应急预案的管理从内容上主要包括制订应急预案以及对其评估、应急预案的实施情况以及评估，并在实施完毕后对应急预案进行修正和对预案库的维护。如何安全、有序地组织村民避难（疏散）；谁来组织，保证这些村民能够在第一时间进入预定位置，这就需要制定相应的应急避难（疏散）行动预案。预案内容包括：应急避难指挥机构、民众疏散路线、进入避难场所的位置、通知发放、疏散引导、安置的工作程序和有关保障。因此，避灾场所建成后，县（市、区）、乡镇、村各级都进一步细化了救灾应急特别是转移安置的预案，加强预案的演练和宣传，不断提高预案的科学性和可操作性。在预案中明确避灾场所的布局、避灾场所启用的程序、需要转移安置的人数和管理人员名单。实践证明，防灾抗灾工作必须强化未雨绸缪，常备不懈的意识，健全预案，建立起防灾抗灾的有效机制，是提升防灾减灾能力的根本保证。

沿海村镇防台救灾应急预案的功能，主要是（1）消除隐患：在应急预案的制定过程中通过风险评估和脆弱性评估可以尽可能消除隐患。风险评估是分析地区可能发生台风灾害的可能性以及严重级别；脆弱性评估是针对可能发生的台风灾害，分析地区的潜在不足，容易受到攻击的程度以及受到攻击潜在的损失等，通过这些分析来发现地区面对台风灾害的各种脆弱性信息，并进行加强，尽可能消除隐患，降低脆弱性，防止突发事件的发生。（2）及时出动：台风灾害的发生具有不确定性，往往是防不胜防，一旦发生，需要及时采取应对措施，制订应急预案有助于作出及时的应急反应，降低事故损失。应急行动对时间要求十分敏感，不允许任何拖延。应急预案预先明确了应急各方的职责和响应程序，在应急力量和应急资源等方面做了大量准备，可以指导应急救援迅速、高效、有序的开展，将事故的人员伤亡、财产损失和环境破坏降低到最低限度。

二、防台救灾演练

一旦发生突发台风灾害时，易产生通信中断、道路毁坏等危害。基层村民委员会组织要积极行动起来，以乡镇基干民兵、青年团员为主体，建立抗灾救灾志愿者队伍。组织应急志愿者队伍开展自救互救行动，发挥志愿者防灾宣传员、避难引导员、救灾工作员的作用。有关部门、单位要加强志愿者组织培训和演练工作，平时就熟悉防灾、避难、救灾程序。一旦有应急情况，配备必要的救助器材，就能引导村民有序、快速地进入台风避难所。

高度重视预案的演练，在演练中检验预案，发现问题，及时修订。演练的方式多种多样，既有单独演练，也有部门联合演练；既有视频演练、桌面推演，也有实战演练等，使群众熟悉预案，参与预案，提高自救互救能力。举行防台救灾演练的目的是为了加强防御台风能力，检验防汛防台工作预案的可行性和实用性，通过演练来发现预案中的不足，改正错误，弥补漏洞，提高县、乡、村三级防御台风的实战能力。

演练以气象部门设计的台风警报和预警信号等材料及水文部门设计的雨情、险情等为启动条件，先后开展防台准备、组织防御、避险、抢险、救援、救灾及后续工作等六个阶段的组织指挥演练，真实再现台风开始进入 24 小时警戒至台风警报解除的全过程。

各地要经常性地开展预案演练，做好各级、各类相关预案的衔接工作，加强预案的动态管理，不断增强预案的针对性和实效性。各级政府要为预案演练提供条件，每年应当在财政预算中列支预案演练专项资金。演练是对预案的质量、操作性、实用性的检验，通过演练可以修正、更新预案，使之具有更好的应急准备、指挥与响应能力。紧急救助演练不仅可以锻炼部门之间的协同与配合，更能检验救援队伍的快速反应能力与紧急救援效率，尤其在重点受灾地区（例如温州市苍南县、台州市温岭市）需要更多演练。演练形式可灵活多样，大规模的训练需要的资金多，不易举行，可以缩小范围，以社区或街道为单位进行专项演练，重点放在易发灾害的农村村民委员会。针对小范围的演练要从实战角度出发，深入发动和依靠群众。演练还可以请灾害的相关专家预先设计一些意外或突发情况，这样既可检验预案的质量又可锻炼群众与救灾人员。

第七章

沿海农村台风“避难所”的应急避难能力评价研究

本章研究内容以层次分析法为基础，根据台风避难所的功能特点，从台风避难场所的规划设计、内部硬件设施、外部软件环境三个方面出发，选定相应的评价指标；构造在台风袭击下紧急避难据点的应急能力影响因素的层次结构，建立综合评价模型，求出各指标的合成权重；利用线性加权模型得出综合应急适应能力评价结果，确定改进的工作重点；对评价模型的优缺点进行理论上的分析。

第一节　层次分析法简介

层次分析法（The analytic hierarchy process）简称 AHP，在 20 世纪 70 年代中期由美国运筹学家托马斯·萨蒂（T. L. Saaty）正式提出。它是一种将定性与定量分析方法相结合的多目标决策分析方法。该法的主要思想是通过将复杂问题分解为若干层次和若干因素，对两两指标之间的重要程度作出比较判断；建立判断矩阵，通过计算判断矩阵的最大特征值以及对应特征向量，就可得出不同方案重要性程度的权重，为最佳方案的选择提供依据。

一、层次分析法的基本原理与步骤

人们在进行社会的、经济的以及科学管理领域问题的系统分析中，面临的常常是一个由相互关联、相互制约的众多因素构成的复杂而往往缺少定量数据的系统。层次分析法为这类问题的决策和排序提供了一种新的、简洁而实用的建模方法。层次分析法基本思路是评价者通过将复杂问题分解为若干层次和若干要素，并在同一层次的各要素之间简单地进行比较、判断和计算。就可以得出不同替代案的重要度，从而为选择最优方案提供决策依据。

运用层次分析法建模，大体上可按下面四个步骤进行：

(1) 建立递阶层次结构模型；

(2) 构造出各层次中的所有判断矩阵；

(3) 层次单排序及一致性检验；

(4) 层次总排序及一致性检验。

(一) 递阶层次结构的建立与特点

应用 AHP 分析决策问题时，首先要把问题条理化、层次化，构造出一个有层次的结构模型。在这个模型下，复杂问题被分解为元素的组成部分。这些元素又按其属性及关系形成若干层次（图 7-1）。上一层次的元素作为准则对下一层次有关元素起支配作用。这些层次可以分为三类：

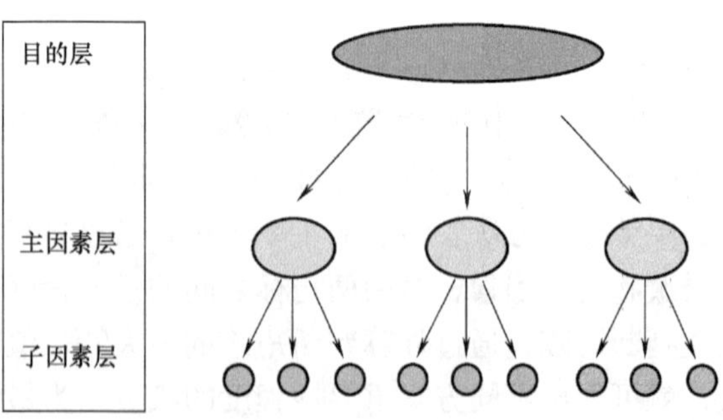

图 7-1　层次分析法图解

(1) 最高层：这一层次中只有一个元素，一般它是分析问题的预定目标或理想结果，因此也称为目的层。

(2) 中间层：这一层次中包含了为实现目标所涉及的中间环

节，它可以由若干个层次组成，包括所需考虑的准则、子准则，因此也称为准则层或主因素层。

(3) 最底层：这一层次包括了为实现目标可供选择的各种措施、决策方案等，因此也称为措施层、方案层或子因素层。

递阶层次结构中的层次数与问题的复杂程度及需要分析的详尽程度有关，一般层次数不受限制。每一层次中各元素所支配的元素一般不要超过 9 个。这是因为支配的元素过多会给两两比较判断带来困难。

(二) 构造判断矩阵

层次结构反映了因素之间的关系，但准则层中的各准则在目标衡量中所占的比重并不一定相同，在决策者的心目中，它们各占有一定的比例。

在确定影响某因素的诸因子在该因素中所占的比重时，遇到的主要困难是这些比重常常不易定量化。当影响某因素的因子较多时，直接考虑各因子对该因素有多大程度的影响时，常常会因考虑不周全、顾此失彼而使决策者提出与他实际认为的重要性程度不相一致的数据，甚至有可能提出一组隐含矛盾的数据。为看清这一点，可作如下假设：将一块重为 1kg 的石块砸成 n 小块，你可以精确称出它们的重量，设为 w_1，…，w_n，现在，请人估计这 n 小块的重量占总重量的比例（不能让他知道各小石块的重量），此人不仅很难给出精确的比值，而且完全可能因顾此失彼而提供彼此矛盾的数据。

假设现在要比较 n 个因子 $X=\{x_1, \cdots, x_n\}$ 对某因素 Z 的影响大小，怎样比较才能提供可信的数据呢？萨蒂等人建议可以采取对因子进行两两比较建立成对比较矩阵的办法。即每次取两个因子 x_i 和 x_j，以 a_{ij} 表示 x_i 和 x_j 对 Z 的影响大小之比，全部比较结果用矩阵 $A=(a_{ij})_{n\times n}$ 表示，称 A 为 $Z-X$ 之间的成对比较判断矩阵（简称判断矩阵）。

若 x_i 和 x_j 对 Z 的影响之比为 a_{ij}，则 x_j 与 x_i 对 Z 的影响之比

应为$a_{ji}=\frac{1}{a_{ij}}$。

定义 1 若矩阵$A=(a_{ij})_{n\times n}$满足

(1) $a_{ij}>0$，(2) $a_{ji}=\frac{1}{a_{ij}}$ $(i, j=1, 2, \cdots, n)$

则称之为正互反矩阵（易见$a_{ii}=1$，$i=1, \cdots, n$）。

关于如何确定a_{ij}的值，萨蒂等建议引用数字 1～9 及其倒数作为标度。表 7-1 列出了 1～9 标度的含义：

判断矩阵元素 a_{ij} 的 1～9 标度方法及其含义　　表 7-1

标　度	含　义
1	表示两个因素相比,具有相同重要性
3	表示两个因素相比,前者比后者稍重要
5	表示两个因素相比,前者比后者明显重要
7	表示两个因素相比,前者比后者强烈重要
9	表示两个因素相比,前者比后者极端重要
2,4,6,8	表示上述相邻判断的中间值
倒数	若因素 i 与因素 j 的重要性之比为 a_{ij},那么因素 j 与因素 i 重要性之比为 $a_{ji}=\frac{1}{a_{ij}}$。

从心理学观点来看，分级太多会超越人们的判断能力，既增加了作判断的难度，又容易因此而提供虚假数据。萨蒂等人还用实验方法比较了在各种不同标度下人们判断结果的正确性，实验结果也表明，采用 1～9 标度最为合适。

(三) 层次单排序及一致性检验

判断矩阵A对应于最大特征值λ_{max}的特征向量W，经归一化后即为同一层次相应因素对于上一层次某因素相对重要性的排序权值，这过程称为层次单排序。

上述构造成对比较判断矩阵的办法虽能减少其他因素的干扰，较客观地反映出一对因子影响力的差别。但综合全部比较结果时，其中难免包含一定程度的非一致性。如果比较结果是前后完全一致的，则矩阵A的元素还应当满足：

$$a_{ij}a_{jk}=a_{ik}, \forall i,j,k=1,2,\cdots,n \quad \cdots\cdots\cdots\cdots\cdots (1)$$

定义 2 满足关系式（1）的正互反矩阵称为一致矩阵。

需要检验构造出来的（正互反）判断矩阵 A 是否严重地非一致，以便确定是否接受 A。

定理 1 正互反矩阵 A 的最大特征根 λ_{max} 必为正实数，其对应特征向量的所有分量均为正实数。A 的其余特征值的模均严格小于 λ_{max}。

定理 2 若 A 为一致矩阵，则

（1）A 必为正互反矩阵。

（2）A 的转置矩阵 A^T 也是一致矩阵。

（3）A 的任意两行成比例，比例因子大于零，从而 rank（A）=1（同样，A 的任意两列也成比例）。

（4）A 的最大特征值 $\lambda_{max}=n$，其中 n 为矩阵 A 的阶。A 的其余特征根均为零。

（5）若 A 的最大特征值 λ_{max} 对应的特征向量为 $W=(w_1,\cdots,w_n)^T$，则 $a_{ij}=\frac{w_i}{w_j}$，$\forall i$，$j=1$，2，…，n，即

$$A=\begin{bmatrix} \frac{w_1}{w_1} & \frac{w_1}{w_2} & \cdots & \frac{w_1}{w_n} \\ \frac{w_2}{w_1} & \frac{w_2}{w_2} & \cdots & \frac{w_2}{w_n} \\ \cdots & \cdots & \cdots & \cdots \\ \frac{w_n}{w_1} & \frac{w_n}{w_2} & \cdots & \frac{w_n}{w_n} \end{bmatrix}$$

定理 3 n 阶正互反矩阵 A 为一致矩阵当且仅当其最大特征根 $\lambda_{max}=n$，且当正互反矩阵 A 非一致时，必有 $\lambda_{max}>n$。

根据定理 3，我们可以由 λ_{max} 是否等于 n 来检验判断矩阵 A 是否为一致矩阵。由于特征根连续地依赖于 a_{ij}，故 λ_{max} 比 n 大得越多，A 的非一致性程度也就越严重，λ_{max} 对应的标准化特征向量也就越不能真实地反映出 $X=\{x_1，\cdots，x_n\}$ 在对因素 Z 的影响中所占的比重。因此，对决策者提供的判断矩阵有必要作一

次一致性检验，以决定是否能接受它。

对判断矩阵的一致性检验的步骤如下：

(1) 计算一致性指标 CI

$$\mathrm{CI}=\frac{\lambda_{\max}-n}{n-1}$$

(2) 查找相应的平均随机一致性指标 RI。对 $n=1$，…，9，萨蒂给出了 RI 的值，如表 7-2 所示：

平均随机一致性指标 RI 的取值表　　表 7-2

n	1	2	3	4	5	6	7	8	9
RI	0	0	0.58	0.90	1.12	1.24	1.32	1.41	1.45

RI 的值是这样得到的，用随机方法构造 500 个样本矩阵：随机地从 1～9 及其倒数中抽取数字构造正互反矩阵，求得最大特征根的平均值 $\lambda'_{\max}$，并定义

$$\mathrm{RI}=\frac{\lambda'_{\max}-n}{n-1}。$$

(3) 计算一致性比例 CR

$$\mathrm{CR}=\frac{\mathrm{CI}}{\mathrm{RI}}$$

随机一致性比较结果 CR 的判断标准为：

CR<0.10：说明判断矩阵有很好的一致性，判断合理。

CR=0.10：说明判断矩阵有较好的一致性，判断较为合理。

CR>0.10：说明判断矩阵不符合一致性原则，需要进行重新调整，直到满意为止。

(四) 层次总排序及一致性检验

前面得到的是一组元素对其上一层中某元素的权重向量。最终要得到各元素，特别是最低层中各方案对于目标的排序权重，从而进行方案选择。总排序权重要自上而下地将单准则下的权重进行合成。

设上一层次（A 层）包含 A_1，…，A_m 共 m 个因素，它们的层次总排序权重分别为 a_1，…，a_m。又设其后的下一层次（B

层）包含 n 个因素 B_1，…，B_n，它们关于 A_j 的层次单排序权重分别为 b_{1j}，…，b_{nj}（当 B_i 与 A_j 无关联时，$b_{ij}=0$）。

现求 B 层中各因素关于总目标的权重，即求 B 层各因素的层次总排序权重 b_1，…，b_n，计算按表 7-3 所示方式进行，即 $b_i=\sum_{j=1}^{m} b_{ij}a_j$，$i=1$，…，$n$。

组合权重计算表 **表 7-3**

层 A / 层 B	A_1 a_1	A_2 a_2	… …	A_m a_m	B 层总排序权值
B_1	b_{11}	b_{12}	…	b_{1m}	$\sum_{j=1}^{m} b_{1j}a_j$
B_2	b_{21}	b_{22}	…	b_{2m}	$\sum_{j=1}^{m} b_{2j}a_j$
⋮	…	…	…	…	⋮
B_n	b_{n1}	b_{n2}	…	b_{nm}	$\sum_{j=1}^{m} b_{nj}a_j$

对层次总排序也需作一致性检验，检验仍像层次总排序那样由高层到低层逐层进行。这是因为虽然各层次均已经过层次单排序的一致性检验，各成对比较判断矩阵都已具有较为满意的一致性。但当综合考察时，各层次的非一致性仍有可能积累起来，引起最终分析结果较严重的非一致性。

设 B 层中与 A_j 相关的因素的成对比较判断矩阵在单排序中经一致性检验，求得单排序一致性指标为 CI(j)，（$j=1$，…，m），相应的平均随机一致性指标为 RI(j)（CI(j)、RI(j) 已在层次单排序时求得），则 B 层总排序随机一致性比例为

$$\mathrm{CR}=\frac{\sum_{j=1}^{m} CI(j)a_j}{\sum_{j=1}^{m} RI(j)a_j}$$

当 CR<0.10 时，则层次总排序结果具有较满意的一致性并

接受该分析结果。

二、层次分析法的应用

在应用层次分析法研究问题时，遇到的主要困难有两个：(1) 如何根据实际情况抽象出较为贴切的层次结构；(2) 如何将某些定性的量作比较接近实际定量化处理。层次分析法对人们的思维过程进行了加工整理，提出了一套系统分析问题的方法，为科学管理和决策提供了较有说服力的依据。

层次分析法也有其局限性，主要表现在：(1) 它在很大程度上依赖于人们的经验，主观因素的影响很大，它至多只能排除思维过程中的严重非一致性，却无法排除决策者个人可能存在的严重片面性。(2) 比较、判断过程较为粗糙，不能用于精度要求较高的决策问题。因此，AHP 至多只能算是一种半定量（或定性与定量结合）的方法。

由于层次分析法在处理复杂的决策问题上的实用性和有效性，很快在世界范围得到重视。AHP 方法经过几十年的发展，许多学者针对 AHP 的缺点进行了改进和完善，形成了一些新理论和新方法，像群组决策、模糊决策和反馈系统理论近几年成为该领域的一个新热点。它的应用已遍及经济计划和管理、能源政策和分配、行为科学、军事指挥、运输、农业、教育、人才、医疗和环境等领域。

第二节　台风“避难所”应急避难能力评价指标体系的构建

台风“避难所”的规划建设是一项复杂的社会系统工程。如果台风“避难所”没有科学的规划、建设和管理，将会造成应急避难能力不足，给应急救援带来许多困难。科学地规划、建设和管理台风“避难所”，对于沿海农村地区在台风灾害下的应急救援及恢复重建都有着重要的意义。因此，非常有必要对台风“避难所”的应急避难能力进行综合评价，以便为提高沿海农村地区的应急避难水平提供定量依据。但是，目前对台风“避难所”的应急能力缺乏评价指标体系，仅停留在对其各要素进行单项评估和定性分析的层面上，还不能够对其应急能力作出综合评价。为此，本文将提出用综合评价模型对其进行评价。

一、台风“避难所”应急避难能力评价指标选取的原则

台风“避难所”的应急能力综合评价的关键，是如何科学、客观地将一个多指标问题综合成一个单指标的形式，以便在一维空间中实现综合评价。

评价指标中的每一项都应有据可查，并易于量化分析，能反映出沿海农村地区的特点和实际情况。同时，评价指标应与我国现行统计部门的指标相互衔接，并尽可能保持一致，这样才便于工作、测量和计算。可操作性还表现在决策者可以利用这些简便易行的结果，进一步提高台风灾害的救援能力。

由于这项研究还处于起步阶段，救援能力方面的统计资料还比较零散、不完整，这就要求我们最大限度地利用现有的各种资料，并从中提取相关信息。

（一）科学性和可靠性原则

评价标准的理论必须建立在科学的基础上才能反映实际，对实践具有指导作用；评价指标必须可靠，起实际作用，才能构成评价标准的基础，否则评价标准就失去了意义。建立本指标体系，是为了评价现有的应急能力，并对今后的完善和发展起重要的引导和指导作用。因此，它的科学性和可靠性尤为重要。

（二）代表性原则

当我们探讨台风“避难所”的应急避难问题时，必将涉及法律、管理、医疗、通信、后勤物资、装备等方方面面。如果选择所有的因素作为评价指标，既不现实，也没必要。台风“避难所”避难能力评价指标应力求突出主要影响因素、尽量简单，所选的指标必须具有代表性，能全面地反映救援能力的客观情况，

以便在评价台风“避难所”是否具有防灾避难功能，方而发挥应有作用。

（三）实用性原则

评价台风“避难所”应急避难能力的目的在于分析当前台风“避难所”的应急避难的现状、发现问题、有针对性地实施科学管理，提高救援能力。因此，拟定的评价指标体系应当思路清楚、层次分明、能准确全面的对应急能力的实际状况。评价指标应当简单明确、使用方便、便于统计和量化计算。评价指标的测定必须有良好的可操作性，才能保证评价指标值可以准确、快速获取，以确保评价工作的正常进行。指标个数的多少应以说明问题为准，同时保证指标的公正性。

综上所述，台风“避难所”的应急能力的评价准则多，并且其中所含定性因素也很多，需要考虑应急避难所的规划设计、内部硬件设施、外部软件环境等，许多评价指标难以定量描述，而层次分析法（AHP 法）是处理这类综合评价问题的有效模型，它可以将决策人的思维过程数学化，将人的主观判断的定性分析进行定量化，帮助决策者保持思维过程的一致性，因而在系统工程实践中得到了极为广泛的应用。

二、台风“避难所”应急避难能力评价指标的类型

（一）安全性评价指标

安全保障是规划建设避难疏散场所以及组织、管理行动和避难生活的核心问题。相对于其他场所，避难场所必须具有较低的避难危险性，为避难行动和避难生活提供安全保障。为确保村民的避难安全，必须充分研究备选场所的安全保障体现、环境、规模、综合防灾设施与措施、避难人员基本生活保障等。由于影响避难场所安全性因素多元化、复杂化，必须按照科学的方法对其进行评价。

1. 场址环境安全评价

作为应急避难场地，首先应该确保其自身的安全，我们分别

从自然和人为两个方面来对其进行安全评价。

(1) 场地自然环境安全评价

场地的自然条件，是指场地的自然地理特征，包括气候、工程地质、水文及水文地质条件，它们在不同程度上以不同的方式对场地设计和建设产生影响。一般考虑以下几个因素：①气候条件，包括风向、日照、气温、降水等；②工程地质，包括地形地貌、地质构造、地层等；③水文条件，一般指地下水的存在形式，包括水层厚度、矿化度、硬度、水温及动态等条件。

场地的自然环境报告由相关踏勘部门出具，设计人员需要综合场地的自然环境条件作出其是否可以作为应急避难场地的判断建议，如已经确定使用的，则需要将具体的避难设施设计与场地自然条件结合考虑。

(2) 场地人工环境安全评价

场地人工环境安全评价是相对于自然条件而言的，主要着重于各种对场地防灾工作可能造成影响的人为因素或设施，特别是其中的各种地标有形物的数量、分布、构成等状况，场地内的全部和场地外的有关设施及其相互关系。人工环境安全评价一般考虑以下几个因素：①周围道路交通条件，是否与防灾道路相邻或相接，周围的道路性质、等级和走向情况等；②相邻场地的建设状况，使用状况、布局模式和基本形态等；③避难场所必须远离易燃易爆物品生产工厂与仓库、高压输电线路；④安全性能较高的生命线系统保障能力以及必要的配套设施等。

2. 设施安全评价

避难设施是避难场所具有防灾功能的基础与保障，也是确保避难者安全避难最重要的条件之一。主要避难设施有情报设施(灾时广播设备、通信设备和标志、情报设备)、水设施（抗灾贮水槽、灾时用水井、散水设备以及水池、水流等）、能源与照明设施（各种备用电源与太阳能照明设备)、灾后用厕所、救灾物资储备仓库（内存确保居民基本生活条件的紧急救灾物资，例如灾后居民 3 天所需的饮用水，每天不能少于 3kg 等）。规划防灾设施应当考虑防灾减灾性能、美观与安全，有利于平时利用，方便残疾人与伤病员，充分利用太阳能发电和电器设备的备用手工启动，易于检修与管理等。

（二）有效性评价指标

由于避难场所需要提供大量的避难人口来进行避难，避难场所在区位上的供给能力成为重点考虑因素，其中避难场所本身应具有足够的空间，有效地提供避难灾民的需求。因此，必须确定可作为避难所的空间可容纳的人数、所在位置、收容居民的地理范围。如果避难所的总面积小于总需求面积，应增加避难所数量。

避难场所容量即避难场所可容纳的避难人数是由其可用避难面积决定的，某一场所的面积分为占地面积、建筑面积（使用面积）等。对于不同的用地类型，可利用的避难面积计算方法是不同的，例如教育科研设计用地类型的某学校，其避难场所容量即为在校学生人数。

避难场所的容量越大，其可能接纳的受灾人群数量就越大，虽然该避难场所对容量有一定的使用计划，但很多未知因素会导致其接纳的人员越来越多，最终远远超出预计的容量限制。由于可能会受到各种未知因素的影响，所以一方面要将避难场所的容量预计扩大，另一方面要将预计到达的避难人数扩大，尽量防止避难人群数量超负荷，导致避难场所的避难服务质量大幅下降。最好将避难场所可用避难面积进行70%折减，并且将避难人数乘1.5倍。下面以教育科研设计用地类型中的某学校为例说明避难场所容量的计算方法。

在不影响学校正常教学秩序的情况下，例如学校放假期间，可选择学校为避难场所。基于学校的特点，可以利用校内各教学楼、食堂的座位以及学生宿舍的床位作为疏散人群的避难用地，这时只需确定各院校的相关容量数据即可准确地确定避难场所容量。

避难所容量＝住宿生人数－留校生人数＋教学楼容量

（三）可达性评价指标

台风“避难所”的交通可达性指疏散车辆从村民居住或工作所在地到达避难场所的难易程度，其影响因素包括避难场所自身的状况、事发地到避难场所的距离、路径的交通成本等等。但由于避难场所的确定与路径的选择是相互影响的，即从事发地到应急避难场所的路径要根据最终确定的避难场所的位置来选择，而路径的交通成本也影响着避难场所的交通可达性。因此，为了避免混淆，可将应急避难场所的交通可达性的影响因素简化为事发地到避难场所的距离、避难场所的出入口数、与避难场所出入口相连的道路等级。

避难场所的可达性主要考察其与外界联络的能力，尤其是与消防、公安、医疗、物质供应等防灾空间系统的联系，集中反映灾害发生时能发挥的救灾效率。选择与医院、消防、公安系统的最近网络距离作为可达性指标。

三、确定台风“避难所”应急避难能力评价指标

台风“避难所”是预先经科学划定并进行规范化管理，在重大台风灾害发生时能给村镇居民提供基本生活保障，可用于躲避台风灾害的安全避难场所，是沿海农村地区应对重大突发事件应急的空间资源储备。

台风“避难所”应急避难能力是指重大台风灾害发生后，与避难所相关的组织、人力、科技和资源等要素所表现出的敏感性，从而最终能够减少人员伤亡和财产损失的能力；它是与避难所相关的自然要素与社会要素、硬件设施与软件环境、人力资源和体制资源、工程能力与组织能力等多方面因素所表现出来的绩效。

台风“避难所”应急避难能力是一项复杂的系统工程，既涉及科学、技术领域，也涉及计划、管理、政策等部门，同时还涉及社会公众的广泛参与。笔者通过研究相关文献，在本研究报告中对台风“避难所”应急避难能力的评价，主要从规划设计、内

部硬件设施、外部软件环境3个方面进行。在认真研究3个方面内在特点及相互关系的基础上，选取了18个评价指标。其中，规划设计的主要指标包括：合理选址，避难空间规划，避难道路交通系统，避难责任区，建筑物的安全性；硬件设施：应急避险指挥中心，应急供电系统，应急棚宿区，应急供水装置，应急简易厕所，应急物资储备室，紧急医疗救助室，应急消防设施，监控系统，应急广播和通信系统；软件环境：应急预案，宣传教育，培训演练，维护与管理。

(一) 台风“避难所”的规划设计类指标 (B_1)

(1) 合理选址 (C_1)：避难是受灾人群从不安全的场所向更安全场所转移，因此要对台风“避难所”的环境进行安全评价，得出满足防灾避难安全需求的确切结论。台风“避难所”的环境安全评价包括地质环境、自然环境和人工环境，台风“避难所”选址应避开地震活断层、岩溶塌陷区等具有安全隐患的地区；应设在地势较高，场地平坦开阔的地带，不会被地震次生水灾和洪水淹没，不受海啸袭击，应避开烂泥地、低洼地；应远离易燃易爆品生产工厂和仓库、高压输电线路，有较好的交通环境和生命线系统的安全保障能力以及必需的配套设备。

(2) 避难空间规划 (C_2)：台风“避难所”的避难空间规划是指从防灾减灾的角度合理利用建筑物的空间，实现各个空间的防灾功能互补，有效利用建筑物内的各种空间资源。为确保居民安全避难，还必须充分考虑居民从社区到避难所的避难道路以及与其他道路和设施的关系。避难空间规划评价指标包括防灾救灾通道规划、出入口设置和应急避难疏散区规划。

(3) 避难道路交通系统 (C_3)：台风“避难所”应该具有明确的避灾疏散线路图和设施分布导示系统。在避难所附近道路和避难所内的醒目处，设置各种类型的避难疏散所标示牌，标明避难疏散场所的名称具体位置和前往的方向。通过避灾疏散线路图和设施分布导示系统明确避难场所内各种防灾设施以及具体位置，以便灾民以最快的速度转移到安全区域。

（4）避难责任区（C_4）：当灾难发生时，人们会从不同方向向最近的避难场所集结，因此避难空间系统的形成会以避难所为中心，以一定距离的避难路径为半径，大约形成一圆形范围，被称之为避难生活圈。

（5）建筑物的安全性（C_5）：为确保防救据点的安全性，使避难人员进入避难据点后，可安全避难，必须确保建筑物有足够的抗台风性能。

（二）台风“避难所”的内部硬件设施类指标（B_2）

一个理想的应急避难场所应当基本保证饮食、起居卫生通信、交通功能，能够保证村民的基本生存需要和政府相关机构的基本运转功能。因此，台风“避难所”的建设应该包括以下基本内容：

（6）应急避险指挥中心（C_6）：是应急避险系统的核心和中枢机构，承担政府在应急时期的指挥调度及防灾应急通信联络系统和快速评估与辅助决策系统的保障工作，一旦灾难发生，这里将负责指挥、协调各系统快速有效运行。

（7）应急供电系统（C_7）：为保证灾难发生后的用电要求，应急场所应备有应急供电设施，有条件的可建立太阳能或风能等可再生资源供电系统，既可作为应急供电设施，又能提供照明和日常办公用电，节约管理成本。

（8）应急棚宿区（C_8）：用作人们避难的主要疏散区，临时居住。

（9）应急供水装置（C_9）：满足避险人员的饮用水需求；应急简易厕所；保证避险人员如厕需要。

（10）应急物资储备室（C_{10}）：用作物资储备，存放帐篷食品、医疗设备药品、急救包等物资，给人们提供必要的生活用品。

（11）紧急医疗救助室（C_{11}）：为医疗工作人员提供救助办公地点。

（12）应急消防设施（C_{12}）：以防备次生灾害，如火灾等的发生。

(13) 监控系统 (C_{13})：作为应急避难场所的"眼睛"，能使救灾工作人员作出科学调度，保证指挥安排的快捷准确。

(14) 应急广播和通信系统 (C_{14})：广播系统用于发送指挥中心的指令，将救灾等信息及时传送给群众，以方便指挥和稳定灾民情绪。通信在防灾应急上具有重要的地位，灾难发生后如通信中断与外界失去联系，会延误救援工作，造成援救的困难，更会引起人们的恐慌。所以，有条件的应急场所可根据实际情况建立相对独立的通信系统，以保证通信的畅通。

(三) 台风"避难所"的外部软件环境类指标 (B_3)

(15) 应急预案 (C_{15})：制订应急预案并编写社区应急手册；建立当地应急疏散指挥机构；发生重大突发事件时，按照程序启用应急避难场所；应急避难场所内要按照乡镇政府、村委会、家庭预先划分疏散区位。

(16) 宣传教育 (C_{16})：进行社区的防灾知识宣传普及教育。

(17) 培训演练 (C_{17})：先就各居民点做演习，最后集合全社区演习；配合演习，举办灭火、包扎、救护等项的专业训练。

(18) 维护与管理 (C_{18})：当地政府或所有权者负责应急设施的维护保养；按照平灾结合的原则所建立的应急避难场所，平时完全服务于本身原有的功能和服务对象：启用应急避难场所后，灾民不得随意破坏场地内原有设施；解除启用命令后，灾民应无条件立即撤出；建立应急避难场所数据库。

四、建立台风"避难所"评价的递阶层次结构

根据层次分析法 (AHP) 的原理，将评价指标按其属性进行分组，各组构成递阶结构，形成多层次评价指标体系。一般层次分析结构可以分为3层：目的层（最高层）G、主因素层（中间层）C和子因素层（最低层）I。主因素层C的某些元素对子因素层I的某些元素起支配作用，同时它本身又受到目的层G元素的支配。因此，台风"避难所"的3个方面是一个有机整体，

根据其相互关系的内在特点，建立应急避难所应急能力评价指标递阶层次结构，如图 7-2 所示。

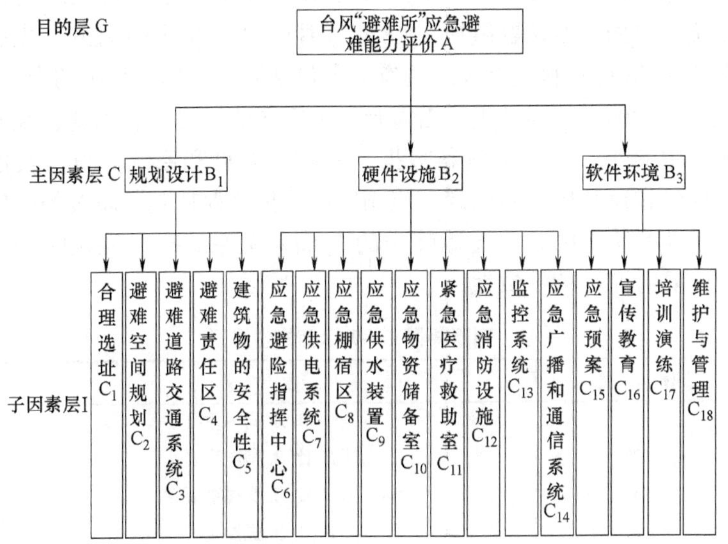

图 7-2　台风“避难所”避难能力评价指标递阶层次结构模型

五、构造判断矩阵

从层次结构的方案层开始，将隶属于同一指标的各指标之间的相对重要性进行比较，形成判断矩阵。一般隶属于指标 A 的指标 B_j（$j=1$，2，…，m），其判断矩阵为一个 m 维方阵，如表 7-4 所示。

判断矩阵的一般形式　　　　表 7-4

A	B_1	B_2	…	B_m
B_1	b_{11}	b_{12}	…	b_{1n}
B_2	b_{21}	b_{22}	…	b_{2n}
…	…	…	…	…
B_m	b_{m1}	b_{m2}	…	b_{mm}

表中 b_{ij} 表示在隶属于 A 的各个指标中，指标 i 与指标 j 相比，对于指标 j 的相对重要性程度，一般采用萨蒂提出的 1～9 比率标度法（见表 7-5）。为了收集确定评价指标权重矩阵的原始统计数据，本课题组从 2008 年 8 月中旬开始至 10 月底，先后发放了 75 份资料调查表，调查对象包括温州市建设系统的专家、温州大学的教师与学生、沿海台风灾害区的居民等。因此，判断矩阵中的 b_{ij}，是根据资料数据、专家的意见和系统分析人员的经验经过反复研究后确定。应用层次分析法保持判断思维的一致性是非常重要的，只要矩阵中的 b_{ij} 满足关系式时，就说明判断矩阵具有完全的一致性。

判断矩阵 1～9 标度的含义　　　**表 7-5**

标　度	含　义
1	B_i 和 B_j 同等重要
3	B_i 比 B_j 稍微重要
5	B_i 比 B_j 明显重要
7	B_i 比 B_j 强烈重要
9	B_i 比 B_j 极端重要
倒数	$B_{ji}=1/B_{ij}$（与上述说明相反）
2,4,6,8	重要程度介于上述奇数之间

六、求解特征值和特征向量

以上判断矩阵 $A=(a_{ij})$ 具有如下特征：

$$a_{ij}>0;a_{ij}=1/a_{ji}(i,j=1,2,\cdots,n)$$

$$a_{ij}=a_{ik}/a_{jk}(k=1,2,\cdots,n)$$

根据正矩阵理论，该矩阵具有最大特征值 λ_{max}，其他特征值为 0，实际上对 A 很难求出其精确的特征值和特征向量。但是，在 AHP 法中计算判断矩阵的最大特征值与特征向量并不需要很高的精度，故用近似计算即可。常用的方法有：“乘幂法”、“方根法”，“和积法” 3 种方法。本文使用科学实用的“方根法”。

(1) 计算判断矩阵每一行的乘积 M：

$$M_i = b_{i1} \cdot b_{i2} \cdots b_{in} (i=1,2,\cdots,n) \cdots\cdots\cdots\cdots\cdots (2)$$

（2）计算 M_i 的 n 次方根 $\overline{W}$：

$$\overline{W_i} = \sqrt[n]{M_i} \cdots\cdots\cdots\cdots\cdots\cdots\cdots\cdots (3)$$

（3）将方根向量归一化：

$$W_i = \overline{W_i} / \sum_{i=1}^{n} \overline{W_i} \cdots\cdots\cdots\cdots\cdots\cdots\cdots\cdots (4)$$

得近似特征向量 $W=(W_1, W_2, \cdots, W_n)^T$，即为排序权向量。

（4）计算判断矩阵最大特征值 λ_{max}。

$$\lambda_{max} = \sum_{i=1}^{n} [(AW)_i / nW_i] \cdots\cdots\cdots\cdots\cdots\cdots (5)$$

式中 $(AW)_i$——向量 AW 的第 i 个元素。

七、一致性检验

为保证得到的权重合理，通常要对每一个判断矩阵进行一致性检验，以观察其是否具有满意的一致性。否则，应重新根据专家的意见修改判断矩阵，直到满足一致性要求为止。判断矩阵一致性指标 CI（Consistency Index）计算公式如下：

$$CI = \frac{\lambda_{max} - n}{n-1} \cdots\cdots\cdots\cdots\cdots\cdots\cdots\cdots (6)$$

一致性指标 CI 的值越大，表明判断矩阵偏离完全一致性的程度越大，CI 值越小，表明判断矩阵越接近于完全一致性。一般判断矩阵的阶数 n 越大，人为造成的偏离完全一致性指标 CI 值便越大：n 越小，人为造成的偏离完全一致性指标 CI 值便越小。对于多阶判断矩阵，引入平均随机一致性指标 RI（Random Index），表 7-6 给出了 1～15 阶正互反矩阵计算 1000 次得到的平均随机一致性指标。

1～15 阶正互反矩阵平均随机一致性指标 RI 数值　表 7-6

n	1	2	3	4	5	6	7	8	9	10	11	12	13	14	15
RI	0	0	0.58	0.90	1.12	1.24	1.32	1.41	1.45	1.49	1.52	1.54	1.56	1.58	1.59

当 $n<3$ 时，判断矩阵永远具有完全一致性。判断矩阵一致性指标 CI 与同阶平均随机一致性指标 RI 之比称为随机一致性比率 CR（Consistency Ratio）。

$$\mathrm{CR}=\frac{\mathrm{CI}}{\mathrm{RI}} \quad \cdots\cdots (7)$$

$$\mathrm{CR}=\frac{\lambda_{\max}-n}{(n-1)\mathrm{RI}} \quad \cdots\cdots (8)$$

当 CR<0.1 时，便认为判断矩阵具有可以接受的一致性。当 CR≥0.1 时，就需要调整和修正判断矩阵，使其满足 CR<0.1，从而具有满意的一致性。

八、合成权重的计算

合成权重的计算要自上而下，将单一准则的权重进行合成，并逐层进行，直至计算出最底层中各元素的权重和总的一致性检验，即：

$$\begin{aligned} W^{(k)} &= [W_1^{(k)}, W_2^{(k)}, \cdots, W_{nk}^{k}]^{T} = p^{(k)} W^{(k-1)} \\ &= p^{(k)} [W_1^{(k-1)}, W_2^{(k-1)}, \cdots, W_{nk-1}^{(k-1)}]^{T} \end{aligned} \quad \cdots\cdots (9)$$

式中　$W^{(k)}$——第 k 层上 n_k 个元素对于总目的层的合成排序权重向量；

$p^{(k)}$——第 k 层上 n_k 个元素对 $k-1$ 层上所有元素为主因素层排序权重向量；

$W^{(k-1)}$——第 $k-1$ 层上 n_{k-1} 个元素对于总目的层的合成排序权重向量。

九、台风"避难所"应急避难能力

利用线形加权模型，结合专家的评分，台风"避难所"应急避难能力可以由下式计算：

$$Z=\frac{1}{n}\sum_{i=1}^{m}\left(U_{\mathrm{i}}\sum_{j=1}^{n}F_{\mathrm{ij}}\right) \quad \cdots\cdots\cdots\cdots\cdots\cdots \quad (10)$$

式中　Z——台风“避难所”应急避难能力；

n——参加评价的专家个数；

F_{ij}——第 j 个专家对指标 i 的实际评分值，$0\leqslant F_{\mathrm{ij}}\leqslant 100$；

U_{i}——各个指标 i 的合成权重值。

根据计算出的台风“避难所”应急避难能力值，即可参照表 7-7 对应急能力作出客观的评价，定出相应的等级，并按照表中的要求采取相应的对策。

综合应急适应能力状态等级　　表 7-7

等级划分	工 作 状 态	综合应急适应能力值	对　策
A	优秀	$80\leqslant Z<100$	保持
B	良好	$70\leqslant Z<80$	适当加强
C	一般	$50\leqslant Z<70$	加强
D	较差	$Z<50$	急需加强

根据计算出的综合应急能力值，即可参照表 7-7 对应急能力作出客观的评价，定出相应的等级，并按照表中的要求采取相应的对策。

台风“避难所”应急避难能力确定后，在采取相应的对策时，还应该找出加强的重点，以便有的放矢。显然，对于每个单一指标，如果专家给的平均分较低，那就要在此方面采取相应的措施。另外，按照线性关系可以计算每个指标对于提高应急适应能力的效果，并从大到小进行排序。

$$\delta=U_{\mathrm{i}}\left(100-\frac{1}{n}\sum_{j=1}^{n}F_{\mathrm{ij}}\right) \quad \cdots\cdots\cdots\cdots\cdots\cdots \quad (11)$$

式中　n——参加评价的专家个数；

F_{ij}——第 j 个专家对指标 i 的实际评分值，$0\leqslant F_{\mathrm{ij}}\leqslant 100$；

U_{i}——各个指标 i 的合成权重值。

上式可以说明，δ 越大，强化该指标，对提高台风“避难所”应急避难能力的效果越明显，因此是改进的工作重点。

第三节　苍南县藻溪流域避灾救灾中心的应急避难能力评价

苍南县 2006 年以来，以“避灾工程”试点工作为抓手，加快避灾场所建设。以村居为基本单位，按照就近、方便的原则，全县 875 个村居建立了 1196 个避灾点，在全市率先实现避灾场所全覆盖。这些避灾点，有的是闲置的旧办公楼，有的是旧校舍，也有的是使用时间不多的纪念馆、宗祠、教堂等场所，通过修缮加固，盘活资源。

根据全县六大流域地理位置特征，选择灵溪、龙港、金乡、赤溪、马站、桥墩六个乡镇建设 6 所“避灾中心”，从而实现每个流域都有避灾中心的目标。每个“避灾中心”兼具救灾设备和救灾物资储备功能，配置小型救灾仓库，储存床或席子、毛巾及食品等，为辖区内和邻近“避灾点”转移安置人员提供应急物资。

一、苍南县藻溪流域避灾救灾中心的概况

藻溪流域是苍南县三大平原地域之一，这一带灵溪、藻溪等乡镇水网密布，整体地势较低，2006 年在“桑美”中损失惨重。苍南县藻溪流域避灾救灾中心是藻溪镇一带灾害避难的转移要地。该避灾点位于一个小山坡上，整体设施完全符合避灾建筑建设标准。使用的正是灵溪镇福利中心院利用率不太高的综合活动楼。首期建筑面积达 5000 多平方米的综合活动楼有四层，其中固定的避灾场所 3100 多平方米，内设餐厅、医务室、避灾仓库和 12 个避灾室，可安置 2000 多人避灾。由于建设时就考虑用作避灾场所，一楼的地势比户外的地面足足高出很多。这个避灾救灾中心，就建在灵溪和藻溪两大流域居住较为集中的地段，涉及

周边近 7 万人的生命财产安全。一旦发生严重的台风灾害，周围需要避灾的老百姓有充足的临时性安置空间了，不必担心没有地方躲避台风了。苍南县藻溪流域避灾救灾中心地理位置见图 7-3 中的 A。

图 7-3　苍南县藻溪流域避灾防灾中心的地理位置

藻溪镇位于苍南县城东南 10km，北与灵溪镇交界，西依观美镇，南连昌禅、南宋、龙沙乡，东倚望里镇。全镇总面积 78.2km^2，下辖藻溪、盛挺、繁枝三个办事处，31 个行政村，1 个居民区，农户 9800 多户，总人口 37000 多，而灾害来时，大部分的居民都往该避灾中心转移，西程村的“苍南县藻溪流域避灾救灾中心”在建设时是苍南县避灾建筑建设的一个重点。由图 7-4 可见，该避灾中心的地理位置正好是各个受灾严重乡镇的中心位置。

二、对苍南县藻溪流域避灾救灾中心的防灾减灾设施的调查

为了了解苍南县藻溪流域避灾救灾中心的防灾减灾机能，我

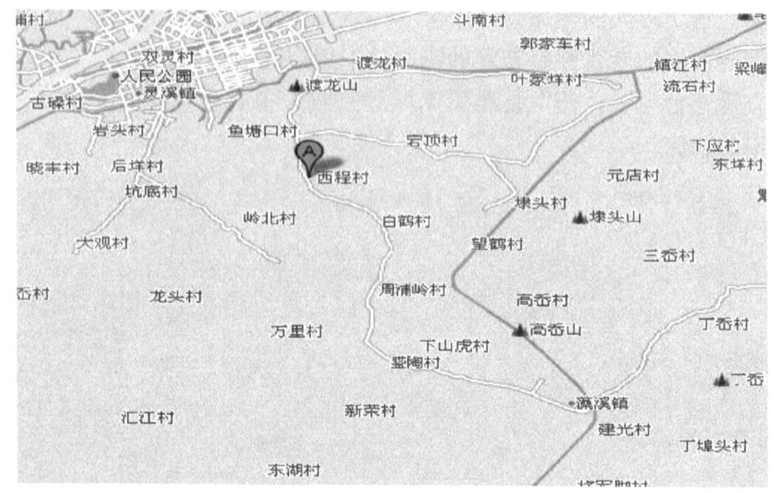

图 7-4 苍南县藻溪流域避灾防灾中心的范围区域

们深入该避难所内部开展调查研究工作，分析结构、环境布置和内部空间分布。该中心如图 7-5、图 7-6 所示。

图 7-5 苍南县藻溪流域避灾救灾中心的指示牌

在建设之初，苍南政府就把藻溪流域避灾救灾中心的建设放在了首位。该避难所设备齐全，室内分布合理，而且充分利用了

图 7-6　苍南县藻溪流域避灾救灾中心的内部设置

避难所的闲时的功能，在闲时，苍南县藻溪流域避灾救灾中心是灵溪中心敬老院，平时有轮流的值班人员定期打扫维护，而且各个楼间有一定的相互联系。

苍南县藻溪流域避灾救灾中心在建设时很人性化，考虑到了各个避灾的细节，楼梯宽敞，平坦，各个救灾避难室设备都很完善齐全。

三、苍南县藻溪流域避灾救灾中心应急避难能力评价

台风“避难所”应急避难能力评价指标递阶层次结构模型如图 7-2 所示，设评价目的层 G 权重为 1.0，评价层次权重采用九度标度定义、判断矩阵法确定。有 10 位专家参与评分，取其平均值完成其判断矩阵如表 7-8～表 7-11 所示。

（一）建立评价准则层（主因素层 C）判断矩阵并计算各准则权重

本研究报告所建立的评价模型中，规划设计、内部硬件设施、外部软件环境是 3 大评价准则。这 3 个评价准则对应台风“避难所”建设的主要内容，是衡量一个沿海乡村台风“避难所”

避难能力的核心要素。基于上述3者之间相互关系的分析，得到以下比较关系表（表7-8）：

判断矩阵 A-B　　表 7-8

A	B_1	B_2	B_3	W
B_1	1	3	5	0.648
B_2	1/3	1	2	0.230
B_3	1/5	1/2	1	0.122

整理得到评价准则层判断矩阵：

$$A=\begin{bmatrix}1 & 3 & 5\\ 1/3 & 1 & 2\\ 1/5 & 1/2 & 1\end{bmatrix}$$

计算得特征向量（权向量）：

$$W=\begin{bmatrix}0.648\\ 0.230\\ 0.122\end{bmatrix}$$

由 $AW=\lambda W$，得到 λ 为最大特征根，$\lambda_{max}=3.0037$

由式（6）可知：$CI=\frac{\lambda_{max}-n}{n-1}=\frac{3.0037-3}{3-1}=0.0019$

查表7-6可知：$RI=0.58$

$CR=\frac{CI}{RI}=0.0033<0.1$ 满足一致性要求，计算所得准则层各权重是可信的。

（二）建立评价因子层（子因素层I）判断矩阵并计算因子权重

对3个评价准则下属的评价因子分别采用上文所述方法建立判断矩阵、计算因子的相对权重和绝对权重，并分别进行一致性检验（表7-9～表7-12）。

其中，评价因子层的最终权重＝其对应的评价准则层权重×其相对于准则层的权重；

判断矩阵 B_1-C　　表 7-9

B_1	C_1	C_2	C_3	C_4	C_5	W
C_1	1	4	4	2	1/4	0.217
C_2	1/4	1	2	1/2	1/6	0.066
C_3	1/4	1	1	1/2	1/6	0.066
C_4	1/2	2	2	1	1/5	0.119
C_5	4	6	6	5	1	0.533

判断矩阵 B_2-C　　表 7-10

B_2	C_6	C_7	C_8	C_9	C_{10}	C_{11}	C_{12}	C_{13}	C_{14}	W
C_6	1	1	1/3	1	1/5	3	1	3	3	0.281
C_7	1	1	1/3	1	1/5	3	1	3	3	0.068
C_8	3	3	1	3	1/3	5	3	5	5	0.157
C_9	1	1	1/3	1	1/5	3	1	3	3	0.068
C_{10}	5	5	3	5	1	7	5	7	7	0.280
C_{11}	1/3	1/3	1/5	1/3	1/7	1	1/3	1	1	0.026
C_{12}	1	1	1/3	1	1/5	3	1	3	3	0.068
C_{13}	1/3	1/3	1/5	1/3	1/7	1	1/3	1	1	0.026
C_{14}	1/3	1/3	1/5	1/3	1/7	1	1/3	1	1	0.026

判断矩阵 B_3-C　　表 7-11

B_3	C_{15}	C_{16}	C_{17}	C_{18}	W
C_{15}	1	2	2	1/3	0.209
C_{16}	1/2	1	1	1/5	0.109
C_{17}	1/2	1	1	1/5	0.109
C_{18}	3	5	5	1	0.573

通过计算可知：$\lambda_{max}=5.1090$　CI＝0.0273　RI＝1.12　CR＝0.0243＜0.1 满足一致性要求，计算所得准则层各权重是可信的。

通过计算可知：$\lambda_{max}=9.1045$　CI＝0.013　RI＝1.45　CR＝0.009＜0.1 满足一致性要求。

苍南县藻溪流域避灾救灾中心应急避难能力各指标合成权重计算及专家给分 **表 7-12**

	$B_1=0.648$	$B_2=0.230$	$B_3=0.122$	合成权重	专家1	专家2	专家3	专家4
C_1	0.217			0.141	90	88	92	86
C_2	0.066			0.043	88	90	88	87
C_3	0.066			0.043	80	78	81	77
C_4	0.119			0.077	90	92	88	91
C_5	0.533			0.345	95	93	96	92
C_6		0.281		0.065	80	78	78	77
C_7		0.068		0.016	80	82	77	76
C_8		0.157		0.036	85	82	83	85
C_9		0.068		0.016	80	78	79	77
C_{10}		0.280		0.064	80	81	78	79
C_{11}		0.026		0.006	80	78	80	81
C_{12}		0.068		0.016	75	72	70	73
C_{13}		0.026		0.006	70	65	65	68
C_{14}		0.026		0.006	70	68	68	72
C_{15}			0.209	0.025	80	78	79	81
C_{16}			0.109	0.013	80	78	81	81
C_{17}			0.109	0.013	85	86	82	88
C_{18}			0.573	0.070	85	82	80	83

通过计算可知：$\lambda_{max}=4.004$　$CI=0.0013$　$RI=0.90$　$CR=0.0014<0.1$ 满足一致性要求。

根据式（10），可得该台风避难所的应急避难能力综合得分为：

$$Z=\frac{1}{n}\sum_{i=1}^{m}(U_i\sum_{j=1}^{n}F_{ij})=\frac{1}{4}\sum_{i=1}^{18}U_i\sum_{j=1}^{4}F_{ij}=87.20\text{ 分}$$

（满分 100 分）。属于 A 级，优秀，应该继续保持。即该场所作为台风避难所是可以满足当地的要求的。

苍南县藻溪流域避灾救灾中心的应急避难能力确定后，在采取相应的对策时，为了能够找出需加强的重点，以便有的放矢。

显然，对于每个单一指标，如果专家给的平均分较低，那就要在此方面采取相应的措施。另外，按照线性关系可以计算每个指标对于提高应急适应能力的效果，并从大到小进行排序。

根据式（11），$\delta=U_{\mathrm{i}}\left(100-\frac{1}{n}\sum_{j=1}^{n}F_{\mathrm{ij}}\right)$ 可以计算出各个指标的 δ 值

$$\delta=\begin{Bmatrix}\delta_1\\\delta_2\\\delta_3\\\delta_4\\\delta_5\\\delta_6\\\delta_7\\\delta_8\\\delta_9\\\delta_{10}\\\delta_{11}\\\delta_{12}\\\delta_{13}\\\delta_{14}\\\delta_{15}\\\delta_{16}\\\delta_{17}\\\delta_{18}\end{Bmatrix}=\begin{Bmatrix}1.551\\0.505\\0.903\\0.751\\2.07\\1.414\\0.34\\0.585\\0.344\\1.312\\0.122\\0.44\\0.198\\0.183\\0.513\\0.26\\0.192\\1.225\end{Bmatrix}$$

从计算结果可以看出，δ_1，δ_5，δ_6，δ_{10}，δ_{18} 的值比较大，因此，合理选址、建筑物的安全性、应急避险指挥中心、应急物资储备室、维护与管理等指标，对提高苍南县藻溪流域避灾救灾中心应急避难能力效果比较明显。

参考文献

[1] 胡方西，胡辉，胡嘉敏，陈西庆，谷国传. 9417 号台风对温州造成灾害的因子分析及预防对策 [J]. 华东师范大学学报（自然科学版），1996（3）：82-89.

[2] 浙江省人民政府防汛防旱指挥部办公室. 浙江省防御超强台风的实践与思考 [J]. 中国防汛抗旱，2006（4）：2-4.

[3] 张晓华，沈锡权，傅丕毅. 执政能力在抗台风中经受考验——浙江抗御超强台风"桑美"纪实 [EB/OL]. 新华网时政频道 2006.9.3 http：//news. xinhuanet. com/ politics/2006-09/03/content _ 5041256. htm.

[4] 姚清林. 关于优选城市地震避难场地的某些问题 [J]. 地震研究，1997，20（2）：244-248.

[5] 吕振平，姚月伟. 浙江省台风灾害及应急机制建设 [J]. 灾害学，2006（3）：69-71.

[6] Richard Larson. Emergency Response：OR Models for Homeland Security. OR/MS Today，2004，10.

[7] Goldberg J. Operations Research Models for the Deployment of Emergency Services Vehicles. EMS Management Journal，2004，1（1）：20-39.

[8] 周天颖，简甫任. 紧急避难场所区位决策支持系统建立之研究 [J]. 水土保持研究，2001（1）.

[9] M. S. Daskin. Network and Discrete Location：Models，Algorithms，and Applications. New York：John Wiley&Sons，1995.

[10] Drezner，T. Drezner，Z. Salhi，S.，Solving the multiple competitive facilities location problem，European Journal of Operational Research，1995，142（1）：138-151.

[11] Drezner，T.，Drezner，Z. A note on Applying the gravity rule to the airline hub problem，Journal of Regional Science，2001，41（1）：67-73.

[12] Drezner Z，Hamacher H W. Facility Location：Applications and

Theory [M]. Berlin：Sp ringer-Verlag，2002.

[13] Drezner，T. Locating a single new facility among existing unequally attractive facilities，Journal of Regional Science，1994，34：237-252.

[14] Owen，S. H，Daskin，M. S. Strategic facility location：A review，European Journal of Operational Research，1998，111：423-447.

[15] Hakimi，S. L. Optimum locations of switching centers and the absolute centers and medians of a graph，Operations Research，1964，12：450-459.

[16] Hakimi，S. L. Optimum distribution of switching center in a communication network and some related graph theoretic problems，Operations Research，1965，13：426-475.

[17] Teitz，M. B.，Bart，P. Heuristic methods for estimating the generalized vertex median of a weighted graph，Operations Research，1968，16：955-961.

[18] 王铮，邓悦，等. 理论经济地理学 [M]. 北京：科学出版社，2002.

[19] C. ReVelle，D. Marks，J. Liebman. An analysis of private and public sector location models. Management Science，1970，16 (11)：692-707.

[20] S. L. Hakimi. Optimum locations of switching centers and the absolute centers and median of graph. Operations Research 1964，12：450-459.

[21] 宁艳梅. 应急系统选址的模型与算法研究 [D]. 西安：西安电子科技大学硕士论文，2007.

[22] 吕元. 城市防灾空间系统规划策略研究 [D]. 北京：北京工业大学博士论文，2005.

[23] 陈建国. 区位分析中的若干可计算模型研究 [D]. 华东师范大学硕士论文，2005.

[24] 王慧. 村镇建筑风压系数数值模拟及抗风措施研究 [D]. 天津：河北工业大学硕士学位论文，2007.

[25] 陈志宗. 城市防灾减灾设施选址模型与战略决策方法研究 [D]. 上海：同济大学博士论文，2006.

[26] 施小斌. 城市防灾空间效能分析及优化选址研究 [D]. 西安：西安建筑科技大学硕士论文，2006.

[27] 吴宗之，黄典剑，蔡嗣经，蒋仲安. 基于模糊集值理论的城市应急

避难所应急适应能力评价方法研究 [J]. 安全与环境学报，2005. 12，第5卷第6期.
[28] 李开兵，钱红波，李素艳. 基于优先度的城市避难场所最优投资规划 [J]. 自然灾害学报，2007. 10，16卷5期.
[29] 蒲德群，刘西拉. 特大城市安全设施——应急避难所的建设 [J]. 四川建筑科学研究，2007. 4，第33期第2卷.
[30] 黄典剑，吴宗之，蔡嗣经，蒋仲安. 城市应急避难所的应急适应能力——基于层次分析法的评价方法 [J]. 自然灾害学报，2006. 2，V01. 15 (1)：52-58.
[31] 常建娥，蒋太立. 层次分析法确定权重的研究 [J]. 武汉理工大学学报，信息与管理工程版，2007. 1，第29卷第1期.
[32] 庄锁法. 基于层次分析法的综合评价模型 [J]. 合肥工业大学学报（自然科学版），2000年8月，第23卷第4期.
[33] 王之宏. 风荷载的模拟研究 [J]. 建筑结构学报，1994，V01. 15 (1)：44-52.
[34] 庞加斌. 沿海和山区强风特性的观测分析与风洞模拟研究 [D]. 上海：同济大学博士学位论文，2006.
[35] 王辉，陈水福，唐锦春. 低层双坡屋面房屋表面风压的数值模拟 [J]. 浙江大学学报（工学版），2003，V01. 37 (6)：634-638.
[36] 葛学礼，朱立新，等. 浙江苍南县“桑美”台风建筑灾害与抗风技术措施 [J]. 工程质量，2006，(10)：18～22.
[37] 董安委，赵国藩. 建筑结构设计中实际风压的模糊确定 [J]. 哈尔滨工业大学学报，2003，Vol (4)：394-397.
[38] 付国宏. 低层房屋风荷载特性及抗台风设计研究 [D]. 杭州：浙江大学博士学位论文，2002.
[39] 张相庭. 结构风工程——理论·规范·实践 [M]. 北京：中国建筑工业出版社，2006.
[40] 温州市建设局. 苍南村镇民房灾后重建技术指导意见 [Z]. 2006.
[41] 孙炳楠，付国宏，等. 94年17号台风对温州民房破坏的调查 [J]. 浙江建筑，1995，(4)：19—23.
[42] 陈平. 地形对山地丘陵风场影响的数值研究 [D]. 杭州：浙江大学硕士学位论文，2007.
[43] 张相庭. 工程抗风设计计算手册 [M]. 北京：中国建筑工业出版

社，1998.
[44] 王绍玉，冯百侠. 城市灾害应急与管理 [M]. 重庆：重庆出版社，2005.
[45] 丁石孙. 城市灾害管理 [M]. 北京：群言出版社，2004.
[46] 苏幼坡，刘瑞兴. 城市地震避难所的规划原则与要点 [J]. 灾害学，2004，(1)：87～91.
[47] 浙江省建设厅、浙江省建筑科学设计研究院有限公司；浙江省农村困难群体危旧住房基本情况研究 [Z]. 住房和城乡建设部研究项目研究报告，2008 年 12 月.
[48] 浙江省人民政府防汛防旱指挥部办公室编制.《浙江省防台风应急预案》http：//www. zjwater. gov. cn/pages/document/49/document_037. htm.
[49] 姚润丰. 抗击台风“云娜”应对突发事件的一个成功范例 [J]. 今日浙江，2006.（3）：20.
[50] （美）M. Janssen，et al. Scholarly networks on resilience，vulnerability and adaptation within the human dimensions of global environmental change，Global Environmental Change 2006，16（3）：240-252.
[51] （美）Burton I，Katers R W and White G F. The environment as hazard，second edition [M]. New York：The Guiford Press，1993：21-35.
[52] （美）Blaikie P，Cannon T，Davis I，etal. At Risk：Natural Hazards，Peoples，Vulnerability and Disasters [M]. Routledge，London，1994.
[53] （美）Mileti D S. Natural Hazard sand Disasters-Disasters by Design A Reassessment of Natural Hazard sin the United States [M]. Washington DC：Joseph HenryPress，1999.
[54] （美）Kates RW，etal. Sustain ability science [J]. Science，2001，292：641-642.
[55] （日）Okada Norio. Conference Road Map，3 rd International Symposium on Integrated Disaster Risk Management（IDRM-2003）[M]. Kyoto International Conference Hall，Kyoto，Japan，3-5 July，2003.
[56] （美）Burton I，Kates R W and White G F. The Environment as Haz-

ard [M]. Second Edition, New York: The Guilford Press, 1993.
[57] (美) Kenneth Hewitt. Regions of Risk [M]. Produced by Longman Singapore Publisher (Pte) Ltd. Printed in Singapore, 1997.
[58] (美) Alexander D. Natural Disasters [M]. New York: Chapman and Hall, 1993.
[59] (美) Edwin L. Harp, Mark E. Reid, Jonathan P. McKenna, John A. Michael. Mapping of hazard from rainfall-triggered landslides in developing countries: Examples from Honduras and Micronesia [J]. Engineering Geology, Volume 104, Issues 3-4, 23 March 2009, Pages 295-311.
[60] 马宗晋,高庆华,张业成,高建国. 灾害学导论 [M]. 长沙:湖南人民出版社,1998.
[61] 席西民,唐易成,郭士伊. 和谐理论 [M]. 西安:西安交通大学出版社,2004.
[62] 刘燕华,李秀彬. 脆弱生态环境与可持续发展 [M]. 北京:商务印书馆,2001.
[63] 尚春明,翟宝辉. 城市综合防灾理论与实践 [M]. 北京:中国建筑工业出版社,2006.
[64] 唐黎标. 美国灾害紧急救援管理的主要特点 [J]. 环球博览,2004. (4):84-85.
[65] 白超海. 浅谈对美国防洪减灾工作的认识 [J]. 湖南水利,1999. (2):51-55.
[66] 袁艺. 日本的灾害管理二——日本灾害管理的行政体系与防灾计划 [J]. 一中国减灾 2004. (12):54-56.
[67] 翟久刚. 中美防抗台风体制之比较 [J]. 中国海事,2006. (2):52-56.
[68] 姚文广. 浅析我国台风灾害及防范措施 [J]. 人民珠江,1995. (3):13-14.
[69] 张文渊. 我国防台风工作中存在的问题及对策 [J]. 中国减灾,1999. (4):38-40.
[70] 杨军. 社区防灾减灾对策的复杂性科学问题 [J]. 防灾减灾工程学报,2003,23 (3):105～115.
[71] 金磊. 中国综合减灾法律体系研究 [J]. 世界标准化与质量管理,

2004（5）：4-7.
[72] 初建宇，苏幼坡，刘瑞兴．城市防灾公园“平灾结合”的规划设计理念［J］．世界地震工程，2008，24（1）：99-102.
[73] 建设部．工程建设标准体系（城乡规划、城镇建设、房屋建筑部分）［M］．北京：中国建筑工业出版社，2002.
[74] 赵群雄．东南沿海低层房屋抗风研究［D］．上海：同济大学硕士学位论文，2007.
[75] 建设部．工程建设标准强制性条文（房屋建筑部分）［M］．北京：中国建筑工业出版社，2002.
[76] 武振，叶英华，张智慧．新型工程建设标准体制研究［J］．华中科技大学学报（城市科学版），2006，23（1）：71-75.
[77] 高庆华等．自然灾害系统与减灾系统工程［M］．北京：气象出版社，2008，（5）.
[78] 李学举．中国的自然灾害与灾害管理［J］．中国行政管理，2000（8）.
[79] 袁丽．建立符合我国国情的灾害应急管理体系［J］．城市与减灾．2004（4）：10-12.
[80] 朱坦，刘茂，赵国敏．城市公共安全规划编制要点的研究［J］．中国发展，2003（4）：10-12.
[81] 王东耀．低层房屋风荷载及抗风措施研究［D］．杭州：浙江大学硕士学位论文，2007.
[82] 王苏舰．加强城市危机管理系统的研究与建议［J］．中国发展，2003（4）：5-9.
[83] 顾林生．日本大城市防灾应急管理体系及其政府能力建设［J］．城市与减灾，2004（6）：4-9.
[84] 翟晓敏，盛昭翰，何建敏．应急研究综述与展望［J］．系统工程理论与实践，1998，（7）：17-24.
[85] 陈强，徐波，尤建新，关贤军．城市公共安全管理体系研究［J］．自然灾害学报，2005，14（4）：90-94.
[86] 冯凯，徐志胜，冯春莹，王冬松．城市公共安全规划与灾害应急管理的集成研究［J］．自然灾害学报，2005，14（4）：85-89.
[87] 国务院《国家突发公共事件总体应急预案》，http：//news. xinhuanet. com.（新华网，2006. 1. 8）.
[88] 孙建平．大都市灾害应急管理体系研究［D］．上海：同济大学博士

论文，2004.

[89] 程占云. 村镇建筑风压分布数值模拟及抗风设计研究 [D]. 天津：河北工业大学硕士学位论文，2007.

[90] 浙江省水利厅编写. 浙江省“强塘固房”工程（水利部分）总体方案 [EB/OL]. http：//www. zjsmsl. gov. cn/up/news/200931834350641.doc.

[91] 孙才洋. 我国灾害应急救助体系建设的内容和建议 [EB/OL]. http：//www. sgyjb. gov. cn/show. aspx? id=183&cid=38.

[92] 安树志，常振广，文学工. 关于加强社区应急志愿者队伍建设的思考 [J]. 高原地震，200719（2）：19-21.

[93] 陈立梅. 突发公共事件应急管理宣传教育对策研究 [J]. 南京邮电大学学报（社会科学版），2007，9（2）：17-24.

[94] 王兰民，袁中夏. 社会主义新农村建设中的防灾减灾 [EB/OL]. http：//www. dem-league. org. cn/html/article/1247/5116587. htm.

[95] 周子康，刘为纶. 浙江省台风灾害的成因因子与危害分析 [J]. 科技通报，1994，10（3）：156-160.

[96] 瞿光中，等. 浙江乐清湾台风暴潮灾害及防御对策 [J]. 灾害学，1999，14（3）：64267.

[97] 刘庭杰，等. 浙江省台风灾害的统计分析 [J]. 灾害学，2002，17（4）：64271.

[98] 陈海燕. 浙江省陆域主要自然灾害概述 [J]. 科技通报，2004，20（4）：283-288.

[99] 薛根元，俞善贤，等. 云娜台风灾害特点与浙江省台风灾害初步研究 [J]. 自然灾害学报，2006，15（4）.

[100] 高建华，朱晓东，等. 我国沿海地区台风灾害影响研究 [J]. 灾害学，1999，14（2）.

[101] 陈东升. 温州转移50万人避台风考察：基层缺应急安置细则 [EB/OL]. http：//www. ybqx. gov. cn/showfangzaijianzai. asp? Unid=3083.

[102] 郅伦海，周会平. 浅谈建筑结构的鉴定与加固 [J]. 国外建材科技，2006，27（1）：54-56.

[103] 徐波. 城市防灾减灾规划研究 [D]. 上海：同济大学博士论文，2007.